高等院校计算机任务驱动教改教材

MySQL
数据库应用开发

吴广裕 主 编

U0386600

清华大学出版社

北京

内 容 简 介

本书是面向高等院校编写的专业基础课教材,系统全面地讲述了数据库技术基础和MySQL的主要操作。本书共分为15章,内容涵盖高等院校对数据库和MySQL的教学要求,主要包括数据库技术和MySQL的概念及编程基础知识,关系模型和数据库的设计,如何进行存储引擎、字符集和数据库的管理,对表的定义与完整性约束,对记录的操作,并介绍了索引和视图、存储过程与存储函数、触发器和事件、事务和锁的概念及应用,以及用户和权限的管理,备份和恢复数据库,日志文件的管理等内容。本书免费提供配套的教学资源,包括电子课件、习题答案等,便于开展教学和上机实验。

本书内容丰富,结构清晰,在讲述基本理论知识的同时,注重操作技能和解决实际问题能力的培养。本书案例丰富且准确易懂,突出了实用性和专业性。本书从基本概念出发,通过大量案例由浅入深、循序渐进地讲述数据库技术和MySQL的基本概念和基本方法。本书适合作为高等院校本科和高职高专层次计算机相关信息技术类专业的基础教材,也可作为各类培训班的培训教材。

图书在版编目(CIP)数据

MySQL 数据库应用开发 / 吴广裕主编 . -- 北京 : 清华大学出版社,2021.12(2025.2 重印)
高等院校计算机任务驱动教改教材

ISBN 978-7-302-59816-9

Ⅰ.①M…　Ⅱ.①吴…　Ⅲ.①关系数据库系统—高等学校—教材　Ⅳ.①TP311.138

中国版本图书馆 CIP 数据核字(2021)第 271775 号

责任编辑:张龙卿
文稿编辑:李慧恬
封面设计:范春燕
责任校对:李　梅
责任印制:沈　露

出版发行:清华大学出版社
　　　　　网　　　址:https://www.tup.com.cn,https://www.wqxuetang.com
　　　　　地　　　址:北京清华大学学研大厦 A 座　　邮　　编:100084
　　　　　社 总 机:010-83470000　　　　邮　　购:010-62786544
　　　　　投稿与读者服务:010-62776969,c-service@tup.tsinghua.edu.cn
　　　　　质量反馈:010-62772015,zhiliang@tup.tsinghua.edu.cn
印 装 者:涿州市般润文化传播有限公司
经　　销:全国新华书店
开　　本:185mm×260mm　　印　张:20　　字　　数:483 千字
版　　次:2022 年 2 月第 1 版　　　　印　　次:2025 年 2 月第 3 次印刷
定　　价:59.00 元

产品编号:095578-01

前　言

　　MySQL 是当前较流行的关系数据库管理系统之一。MySQL 数据库以其语言标准、运行速度快、性能卓越、开放源代码等优势,获得许多中小型网站开发公司的青睐。

　　本书从教学实际需求出发,结合初学者的认知规律,由浅入深、循序渐进地讲解 MySQL 数据库管理系统的功能和应用。本书将数据库理论嵌入 MySQL 的实际应用中,能够让学生在操作过程中进一步认知数据管理的理念,体察数据操作的优势,提高数据处理的能力。

　　本书在内容的编排上体现了新的教学思想和方法,内容编写遵循"从简单到复杂""从抽象到具体"的原则。全书体系完整,可操作性较强,以大量的例题对常用知识点操作进行示范。所有的例题全部通过了调试,内容涵盖了设计一个数据库应用系统需用到的主要知识。在上机实践应用中,兼顾了在 MySQL Command Line Client(命令行客户端程序)和 Navicat 客户端程序中的应用。

　　本书共分为 15 章。第 1～2 章介绍数据库技术基础知识以及数据库开发的基本概念及专用术语;第 3～4 章介绍 MySQL、存储引擎、字符集和数据库管理的基础知识及应用;第 5 章介绍表的定义与完整性约束;第 6 章介绍记录的插入、修改、删除等操作;第 7 章主要讲解利用各种不同方式进行条件查询表记录;第 8 章介绍索引和视图;第 9～10 章介绍 MySQL 编程基础以及存储过程与存储函数;第 11～15 章分别介绍触发器和事件、事务和锁、用户和权限的管理、数据库的备份和恢复、日志文件的管理。

　　本书内容全面,案例新颖,针对性强。本书所介绍的实例都已在 Windows 10+MySQL 8.x+Navicat 15 下调试通过。

　　本书配有电子课件、源代码、示例数据库文件及课后习题答案,每章都有案例代码和实验代码,以方便教学和自学参考使用。

　　本书作者长期从事数据库课程教学,具体分工为吴广裕编写第 1～7 章,王蓓编写第 8～10 章,李曼编写第 11～14 章,刘克纯编写第 15 章。本书由吴广裕统编定稿。在本书编写过程中,参考了大量中外资料,包括已出版的教材和网络资源,限于篇幅不再一一列出,在此表示衷心的感谢。

　　由于作者水平有限,书中难免存在不足和纰漏之处,恳请读者批评指正。

作　者

2021 年 9 月

目　录

第1章 数据库技术基础

本章主要讲述数据库技术基础知识和相关概念,包括信息、数据和数据处理,数据管理技术的发展历史,数据库系统的基本概念,数据库的数据模式结构,数据库管理系统的功能等。

1.1 信息、数据和数据处理

信息和数据是两个比较容易混淆的概念,真正了解它们的含义很有必要。

1. 信息

信息是现实世界中各种事物(包括有生命的和无生命的、有形的和无形的)的存在方式、运动形态,以及它们之间的相互联系等诸多要素在人脑中的反映,是通过人脑抽象后形成的概念。人们不仅可以认识和理解这些概念,还可以对它们进行推理、加工和传播。信息甚至可为某种目的提供某种决策依据。例如,根据当前的天气进行天气预报。信息有多种表现形式,它可以通过手势、眼神、声音、图像等方式表达。

2. 数据

数据是信息的载体,是信息的一种符号化表示。符号是人为规定的,数据通过能书写的符号表示信息。数据的概念包括两方面的含义:一是数据的内容是信息;二是数据的表现形式是符号。数据不仅可以是数值,而且可以是文字、图形、动画、声音、视频等。由于数据能够被记录、存储和处理,因而可以从数据中挖掘出更深层次的信息。例如,用表1-1描述某高校计算机系学生的基本信息。

表1-1 某高校计算机系学生的基本信息

学　号	姓名	性别	出生日期	籍贯	所在院系	专业
202113020125	李梦瑶	女	2002-3-11	上海	计算机	软件工程
202113020127	王泽铭	男	2002-5-23	北京	计算机	网络工程
……	……	……	……	……	……	……

表1-1中的一行组成一条记录,这些符号被赋予了特定的语义,具体描述了一条学生信息,具有表示信息的功能。数据具有以下两个基本特征。

1）数据有"型"和"值"之分

数据的型是指对某一类数据的结构和属性的描述,数据的值是型的一个具体值。

例如,表1-1中的学生信息是由"学号""姓名""性别"等数据项构成的。表1-1的栏目(学号、姓名、性别、出生日期、籍贯、所在院系、专业)可以看作学生数据的型;表1-1栏目下的数据(202113020125、李梦瑶、女、2002-3-11、上海、计算机、软件工程)等,可以看作学生数据型的值。

2）数据有类型和取值范围的约束

数据类型是针对不同的应用场合设计的数据约束。数据类型不同,则数据的表示形式、存储方式以及能进行的操作运算也各不相同。常见数据类型有字符型、数值型、日期型等。数据的取值范围也称数据的值域,为数据设置值域是保证数据的有效性,避免数据输入或修改时出现错误的重要措施。

例如,表1-1中学生性别的值域是{"男","女"}。在使用计算机处理数据时,应该为数据选择合适的类型和值域。

3. 信息与数据的关系

信息与数据既有联系又有区别。数据是承载信息的物理符号,或称为载体,而信息是数据的内涵。同一信息可以有不同的数据表示方式。例如,描述某人的生日,可以用文字、照片、录像等多种形式作载体。

数据可以表示信息,但不是任何数据都能明确表达信息,同一数据也可以有不同的解释。例如,2021可以理解为一个数值,也可以理解为2021年。

所以,数据和信息两个概念不能混为一谈,数据不等于信息,数据只是信息表达方式中的一种。正确的数据可表达信息,而虚假、错误的数据所表达的是谬误,不是信息。

4. 数据处理

数据处理与用数据表示信息不同。数据处理是指对各种形式的数据进行收集、存储、传播和加工,直至产生新信息输出的全过程。数据处理的目的是从大量、已知的原始数据出发,抽取和导出对人们有价值的、新的信息。

例如,学生的"出生日期"是基本特征之一,属于原始数据,而"年龄"是当前年份与出生日期相减而得到的数字,具有相对性,可视为二次数据。

5. 数据管理

数据管理是指数据的收集、整理、组织、存储、查询、维护和传送等各种操作。数据处理任务的矛盾焦点不是计算,而是如何把数据管理好。数据库技术正是瞄准这一目标而逐渐完善起来的一门计算机软件技术。

数据处理和数据管理是相互联系的,数据管理中各种操作都是数据处理业务必不可少的基本环节,数据管理技术的好坏,直接影响到数据处理的效率。

1.2 数据管理技术的发展历史

所谓数据管理,是指对数据进行收集、整理、存储、检索、加工和传递等一系列活动的总和。

1.2.1　手工管理阶段

　　手工管理阶段是指计算机诞生的初期,即20世纪50年代之前。这个时期的计算机主要用于科学计算。从硬件来看,外存只有纸带、卡片、磁带,没有直接存取的储存设备;从软件来看,那时还没有操作系统,没有管理数据的软件。数据的组织和管理完全由程序员手工完成,因此称为手工管理阶段。在手工管理阶段,应用程序与数据之间的关系是一一对应的。

1.2.2　文件系统阶段

　　20世纪50年代后期至60年代中期,在硬件方面,外存储器有了磁盘、磁鼓等直接存取的存储设备;在软件方面,操作系统中已经有了专门用于管理数据的软件,称为文件系统。在文件系统阶段,文件系统把数据组织成文件形式,存储在磁盘上,这些数据文件相互独立,长期保存在存储设备上。文件可以命名,应用程序利用"按文件名访问,按记录进行存取"的方式,对文件中的数据进行修改、插入和删除操作。文件系统阶段的数据还是面向应用程序的,数据文件基本上与各自的应用程序相对应。

1.2.3　数据库系统阶段

　　从20世纪60年代中后期开始,计算机数据管理技术进入数据库系统阶段。与文件系统不同的是,数据库系统是面向数据的而不是面向程序的,各个处理功能通过数据管理软件从数据库中获取所需要的数据和存储处理结果。它克服了文件系统的弱点,为用户提供了一种方便的、功能强大的数据管理手段。

1.3　数据库系统的基本概念

　　数据库系统作为信息系统的核心和基础,涉及一些常用的术语和基本概念。

1. 数据库管理系统

　　数据库管理系统(database management system,DBMS)安装于操作系统之上,是一个管理、控制数据库中各种数据库对象的系统软件。数据库管理系统能够为数据库提供数据的定义、建立、维护、查询和统计等操作功能,并完成对数据完整性、安全性进行控制的功能。

　　数据库管理系统的目标是让用户能够更方便、更有效、更可靠地建立数据库和使用数据库中的信息资源。数据库管理系统不是应用软件,它不能直接用于诸如工资管理等事务管理工作。数据库管理系统是为设计数据管理应用项目提供的计算机软件,利用数据库管理系统设计事务管理系统。现今广泛使用的数据库管理系统有微软公司的Microsoft SQL Server、甲骨文公司的Oracle和MySQL以及IBM公司的DB2和Informix等,其中,Oracle、DB2属于大型DBMS,Microsoft SQL Server、MySQL、Informix属于中型DBMS。

2. 数据库

数据库(database,DB)是按照一定数据结构来存储和管理数据的计算机软件系统,是用数据库管理系统定义的,是长期存储在计算机内的、可共享的大量数据的集合。概括起来说,数据库具有永久存储、有组织和可共享三个基本特点。

3. 数据库应用系统

使用数据库技术管理数据的系统都称为数据库应用系统(database application system)。一个数据库应用系统应携带有较大的数据量,否则它就不需要数据库管理。数据库应用系统的应用非常广泛,它可以用于事务管理、计算机辅助设计、计算机图形分析和处理及人工智能等系统中,即所有数据量大、数据成分复杂的地方,都可以使用数据库技术进行数据管理工作。

4. 数据库系统

数据库系统(database system,DBS)是指带有数据库并利用数据库技术进行数据管理的计算机系统。数据库系统应包括计算机硬件、操作系统、数据库管理系统、数据库、数据库应用系统和数据库管理员,即由计算机硬件、软件和使用人员构成。数据库的建应、使用和维护等工作只靠一个DBMS是不够的,还需要专业人员协助完成。DBS简化表示如下:

DBS=计算机系统(硬件、软件平台、人)+DBMS+DB

数据库系统包含了数据库、DBMS、软件平台与硬件支撑环境及各类人员;DBMS在操作系统(operating system,OS)的支持下,对数据库进行管理与维护,并提供用户对数据库的操作接口。一般在不引起混淆的情况下,常常把数据库系统直接简称为数据库。

1.4 数据库的数据模式结构

数据有"型"和"值"之分。模式是对数据逻辑结构和特征的描述,它仅为型的描述,不涉及具体的值。模式的一个具体值称为模式的一个实例。模式反映的是数据的结构及其联系,而实例反映的是数据某一时刻的状态。因此,数据模式是稳定的,而实例是在不断变化和更新的。

1.4.1 数据库系统的三级模式结构和优点

为了有效地组织和管理数据,提高数据库系统的逻辑独立性和物理独立性,数据库采用三级模式结构来组织和管理数据。数据库的三级模式结构由外模式、模式和内模式三级模式构成,它们分别代表了看待数据库的3个不同角度。在三级模式之间还提供了二级映像,即外模式/模式映像和模式/内模式映像,以保证数据的逻辑和物理独立性。数据库系统的三级模式结构如图1-1所示。

1. 数据库系统的三级模式结构

(1) 模式

模式也称逻辑模式、概念模式,是数据库中所有数据的逻辑结构和特征的描述。它通常以某种数据模型为基础,定义数据库全部数据的逻辑结构。例如,数据记录的名称,数据项的名称,类型和值域等。另外,它还要定义数据项之间的联系,不同记录之间的联系,以及与数据有关的安全性和完整性。

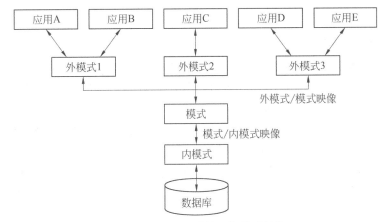

图1-1 数据库系统的三级模式结构

模式是数据库系统模式结构的中间层。模式与硬件和软件环境无关,也不与任何计算机语言有关。一个数据库只有一个逻辑模式,是数据的逻辑表示,即描述数据库中存储具体的数据及其之间存在的联系。

(2)外模式

外模式也称子模式、用户模式,是局部数据的逻辑结构和特征的描述。外模式是模式的子集,一个数据库可以有多个外模式,是各个用户的数据视图。不同用户的外模式也是不同的,但不同用户的外模式可以相互覆盖。外模式是数据库安全的一个有力保障措施,每个用户只能访问与外模式中对应的数据。

外模式完全是根据用户自己对数据的需求,站在局部的角度进行设计的。由于一个数据库系统有多个用户,因此就可能有多个数据外模式。由于外模式是面向用户和应用程序的,所以它被称为用户数据视图。从逻辑关系上来看,外模式是模式的一个逻辑子集,从一个模式可以推导出多个不同的外模式。

(3)内模式

内模式也称存储模式、物理模式,是数据物理结构和存储方式的描述,是数据在数据库内部的表达方式,对应于实际存储在外存储介质上的数据库。例如,记录的存储方式是顺序存储还是链式存储,数据是否压缩、加密存储等。一个数据库只有一个内模式。

2. 三级模式结构的优点

三级模式结构是数据领域的标准结构,是数据库实现数据逻辑独立性和物理独立性的基础。将外模式和模式分开来保证数据的逻辑独立性;将模式和内模式分开来实现数据的物理独立性。三级模式结构主要有以下3个优点:

(1)有利于数据的安全性;

(2)有利于数据共享,减少数据冗余;

(3)简化了用户接口。

1.4.2 数据库的二级映像

在数据库系统三级模式结构的基础上,DBMS在三级模式之间提供了二级映像来保证数据的物理独立性和逻辑独立性。

1. 外模式/模式映像

外模式/模式映像定义了外模式和模式之间的对应关系。外模式描述数据的局部逻辑结构,模式描述数据的全局逻辑结构。数据库中的同一模式可以有多个外模式,对于每个外模式,都存在一个外模式/模式映像。

外模式和模式之间的对应关系称为映像。这些映像确定了数据的局部逻辑结构与全局逻辑结构之间的对应关系。当模式改变时(如增加新关系、新属性等),由数据库管理系统对这个外模式/模式映像进行相应的改变,可保证外模式不变。应用程序是根据数据的外模式编写的,外模式没有变,则应用程序不需要修改,保证了数据的逻辑独立性(数据与程序之间的逻辑独立性)。

2. 模式/内模式映像

模式/内模式映像定义了数据的全局逻辑结构与存储结构之间的对应关系。数据库中的模式和内模式都只有一个,因此模式/内模式映像也是唯一的。应用程序依赖于数据的外模式,独立于数据的模式和存储结构。当数据库的存储结构发生变化时,只需要数据管理员对模式/内模式映像进行相应的改变,就可以使模式保持不变,从而保证用户程序不需要改变,保证了数据的物理独立性。

1.5 数据库管理系统的功能

在计算机系统中,对数据的管理是通过DBMS和数据库实现的。DBMS是提供建立、管理、维护和控制数据库功能的一组计算机软件。DBMS的目标是使用户能够科学地组织和存储数据,能够从数据库中高效地获得需要的数据,能够方便地处理数据。DBMS能够提供以下几个方面的主要功能。

1. 数据定义功能

DBMS提供数据定义语言(data definition language,DDL),对系统中的数据及结构进行定义,DBMS根据其定义执行建库、表、视图、索引、存储过程等操作。

2. 数据操纵功能

DBMS提供数据操纵语言(data manipulation language,DML)。用户可以使用DML操纵数据,实现对数据库的基本操作,如插入、修改、删除、查询、统计等数据存取操作。

3. 数据库的运行管理

数据库在建立、运用和维护时由DBMS统一管理、统一控制,以保证数据的安全性、完整性和多用户对数据库使用的并发控制及发生故障后的系统恢复等。数据库的运行管理功能是DBMS的核心功能。

4. 数据库的建立和维护功能

数据库的建立和维护包括初始数据的输入、转换,数据库的转储、恢复,数据库的重组织和性能检测分析等功能。上述功能主要由一些实用软件或管理工具完成。

5. 其他功能

其他功能主要包括DBMS与其他软件系统的数据通信功能、不同DBMS或文件系统的数据转换功能以及异构数据库之间的互访和互操作功能等。

1.6 信息的三种世界及描述

计算机系统不能直接处理现实世界中的客观事物,只有将它们数据化后,计算机才能处理。将现实世界中的信息转换为数据库中的数据,不可能一步到位,通常分为三个阶段,称为三种世界,即现实世界、信息世界和计算机世界(也称数据世界)。

1.6.1 现实世界

现实世界是指我们要管理的客观存在的各种事物、事物之间的相互联系及事物的发生、变化过程。现实世界通过实体、特征、实体集及联系进行划分和认识。

1. 实体

现实世界中存在的可以相互区分的事物或概念称为实体。实体可以分为事物实体和概念实体。例如,一个学生、一个工人、一台机器、一部汽车等是事物实体,一门课、一个班级等称为概念实体。

2. 实体的特征

每个实体都有自己的特征,利用实体的特征可以区别不同的实体。例如,学生通过姓名、性别、年龄、身高、体重等许多特征来描述自己。尽管实体具有许多特征,但是在研究时,只选择其中对管理及处理有用的或有意义的特征。例如,对于人事管理,职工的特征可选择姓名、性别、年龄、工资、职务等。现实世界就是通过每个实体所特有的特征来相互区分的。

3. 实体集及实体集之间的联系

具有相同特征或能用同样特征描述的实体的集合称为实体集。例如,学生、课程、汽车、计算机等都是实体集。实体集不是孤立存在的,实体集之间有着各种各样的联系,例如学生和课程之间有"选课"联系,教师和所在系之间有"工作"联系。

1.6.2 信息世界

信息世界是现实世界在人们头脑中的反映,人们以现实世界为基础,用思维对事物进行认识、选择、命名、分类等抽象工作之后,并用文字符号表示出来,从而得到了信息。当用信息来描述事物时,就形成了信息世界。信息世界对现实世界的抽象重点在于构造数据结构。信息世界主要涉及以下3个概念。

1. 实例

实体通过其特征(属性)的表示称为实例。实例与现实世界的实体相对应。实体与实例是不同的,例如,张三是一个实体,而"张三,男,25岁,计算机系学生"是实例。现实世界中的张三除了姓名、性别、年龄和所在系外还有其他的特征,而实例仅对需要的特征通过属性进行了描述。

2. 属性

实体的特征在人们思想意识中形成的知识称为属性。一个实例可能拥有多个属性,其中能唯一标识实例的属性或属性集合称为码。每个属性的取值是有范围的,称为该属性的域。属性与现实世界的特征相对应。例如,学生李四有学号、姓名、性别、出生日期等属性。其中学号能唯一标识该学生,则学号就是该学生实例的码。性别的取值不是男就是女,则该属性的域就是(男,女)。

3. 对象及对象间联系

同类实例的集合称为对象,对象即实体集中的实体用属性表示,得出的信息集合。实体集之间的联系用对象间联系表示。对象及对象间联系与现实世界的实体集及实体集间的联系相对应。例如,所有学生实例的集合就是学生对象,即全体学生。每个学生之间都可能发生联系,例如,同班的学生,班干部和普通学生之间有管理联系。

按用户的观点对现实世界的抽象,即对现实世界的数据信息建模就称为概念模型(也称信息模型)。信息世界通过概念模型以及过程模型、状态模型反映现实世界,它要求对现实世界中的事物之间的联系和事物的变化情况能准确、如实、全面地表示。

1.6.3 计算机世界

计算机世界又称数据世界,是将信息世界中的信息经过抽象和组织,按照特定的数据结构,即数据模型,将数据存储在计算机中。数据模型应符合具体的计算机系统和DBMS的要求。计算机世界主要涉及以下5个概念。

1. 数据项

数据项是对象属性的数据表示,数据项与信息世界的属性相对应。数据项有型和值之分,数据项的型是对数据特性的表示,它通过数据项的名称、数据类型、数据宽度和值域等来描述;数据项的值是其具体取值。数据项的型和值都要符合计算机数据的编码要求,即都要符合数据的编码要求。

2. 记录

记录是实例的数据表示。记录有型和值之分:记录的型是结构,由数据项的型构成;记录的值表示对象中的一个实例,它的分量是数据项值。例如,"姓名,性别,年龄,所在系"是学生数据的记录型;而"张三,男,23,计算机系"是一个学生的记录值,它表示学生对象的一个实例,"张三""男""23""计算机系"都是数据项值。

3. 文件

文件是对象的数据表示,是同类记录的集合,即同一个文件中的记录类型应是一样的。例如,将所有学生的登记表组成一个学生数据文件,文件中的每条记录都要按"姓名,性别,年龄,所在系"的结构组织数据项值。文件与信息世界中的对象相对应。文件的存储形式有很多种,如顺序文件、链接文件、索引文件等。

4. 文件集

文件集是若干文件的集合,即由计算机操作系统通过文件系统来组织和管理。它与信息世界中的对象集相对应。文件与文件之间是有联系的。文件系统通过对文件、目录、磁盘的管理,可以对文件的存储空间、读写权限等进行管理。

5. 数据模型

现实世界中的事物反映到计算机世界中就形成了文件的记录结构和记录,事物之间的相互联系就形成了不同文件间的记录联系。记录结构及其记录联系的数据化的结果就是数据模型。

1.6.4 三种世界的转换及关系

1. 三种世界的术语对应关系

现实世界、信息世界和计算机世界这3个领域是由客观到认识,由认识到使用,由使用到管理的3个不同层次,后一领域是前一领域的抽象描述。每种世界都有自己对象的概念描述,但是它们之间又相互对应。信息的三种世界之间术语的对应关系如表1-2所示。

表1-2 信息的三种世界术语的对应关系

现实世界	信息世界	计算机世界
实体	实例	记录
特征	属性	数据项
实体集	对象	数据或文件
实体间联系	对象间联系	文件集(数据间的联系)
—	概念模型	数据模型

2. 三种世界的转换关系

现实世界、信息世界和计算机世界的转换关系如图1-2所示。

图1-2 信息的三种世界之间的转换关系

从图1-2中可以看出,人们首先将现实世界的事物及联系抽象为概念模型,然后将概念模型经过数据化处理转换为数据模型。也就是说,首先将现实世界中客观存在的事物及联系抽象为某一种信息结构,这种结构并不依赖计算机系统,是人们认识的概念模型,这个过程由数据库设计人员完成;然后将概念模型转换为计算机上某一具体的DBMS支持的数据模型,则成为计算机世界的数据,这个过程由数据库设计人员和数据库设计工具共同完成。

1.7 概念模型

概念模型是对信息世界的建模,概念模型应当能够全面、准确地描述出信息世界中的基本概念。在把现实世界抽象为信息世界的过程中,实际上是抽象出现实系统中有应用价值的元素及其关联。这时所形成的信息结构就是概念模型。这种信息结构不依赖具体的计算机系统。

1.7.1 概念模型的基本概念

概念模型用于信息世界的建模,是对现实世界的抽象和概括,是现实世界到信息世界的第一层抽象,是数据库设计人员进行数据库设计的有力工具,也是数据库设计人员和用户之间进行交流的语言。

1. 对象和实例

现实世界中,具有相同性质,服从相同规则的一类事物(或概念,即实体)的抽象称为对象,对象是实体集信息化(数据化)的结果。对象中的每一个具体的实体被抽象为该对象的实例。

2. 属性

属性是对象的某一方面特征的抽象表示。例如,学生可以通过学生的姓名、学号、性别、年龄等特征来描述。此时,姓名、学号、性别、年龄等就是学生的属性。属性值是属性的具体取值。例如某一学生,其姓名为李梦瑶,学号为20125,性别为女,年龄为21,这些具体描述就称为属性值。

3. 码、主码和次码

码也称关键字,它能够唯一标识一个实体。码可以是属性或属性组,如果码是属性组,则其中不能含有多余的属性。例如在学生的属性集中,学号确定后,学生的其他属性值也都确定了,学生记录也就确定了。由于学号可以唯一地标识一个学生,所以学号为码。在有些实体集中,可以有多个码。例如学生实体集,假设学生姓名没有重名,那么属性"姓名"也可以作为码。当一个实体集中包括多个码时,通常要选定其中的一个码为主码,其他的码就是候选码。

实体集中不能唯一标识实体属性的叫次码。例如,年龄、性别这些属性都是次码。一个主码值对应一个实例,而一个次码值会对应多个实例。

4. 域

属性的取值范围称为属性的域。例如,学生的年龄为16~35内的正整数,其数据的域为(16~35);性别的域为(男,女);姓名的域为字符串集合,学院名称的域为学校所有学院名称的集合。

5. 实体型和实体集

在许多教科书中,还有实体型和实体集的概念。
具有相同属性的实体具有共同的特征和性质,用实体名及其属性名集合来抽象和刻画的同类实体称为实体型。例如,学生(学号,姓名,性别,出生日期,学院名称)是一个实体型。相同类型的实体集合称为实体集。例如,全体学生就是一个实体集。对象是实体集按其实体型抽象的结果。

6. 实体联系的类型

现实世界的事物之间是有联系的,这种联系必然要在信息世界中加以反映。这些联系在信息世界中反映为实体(型)内部的联系和实体(型)之间的联系。实体(型)内部的联系主要表现在组成实体的属性之间的联系。实体(型)之间的联系主要表现在不同实体集之间的联系。

1) 两个实体集之间的联系

两个实体集之间的联系可概括为以下3种。

(1) 一对一联系(1:1)。设有两个实体集 A 和 B,如果实体集 A 与实体集 B 之间具有一对一联系,则对于实体集 A 中的每一个实体,在实体集 B 中最多有一个(也可以没有)实体与之联系;反之,对于实体集 B 中的每一个实体,实体集 A 也最多有一个实体与之联系。两实体集间的一对一联系记作1:1。

【例1-1】 一个学校只能有一位校长,一位校长也只能在一个学校任职,所以学校与校长之间的联系即为一对一的联系。还有总经理与公司之间也都是一对一的联系。

(2) 一对多联系(1:n)。设有两个实体集 A 和 B,如果实体集 A 与实体集 B 之间具有一对多联系,则对于实体集 A 的每一个实体,实体集 B 中有一个或多个实体与之联系;而对于实体集 B 的每一个实体,实体集 A 中至多有一个实体与之联系。实体集 A 与实体集 B 之间的一对多联系记作1:n。

【例1-2】 一个学校里有多名学生,而每名学生只能在一个学校里学习,则学校与学生之间具有一对多联系。还有公司和职工、球队和球员之间也都是一对多的联系。

(3) 多对多联系(m:n)。设有两个实体集 A 和 B,如果实体集 A 与实体集 B 之间具有多对多联系,则对于实体集 A 的每一个实体,实体集 B 中有一个或多个实体与之联系;反之,对于实体集 B 中的每一个实体,实体集 A 中也有一个或多个实体与之联系。实体集 A 与实体集 B 之间的多对多联系记作 m:n。

【例1-3】 一名学生可以选修多门课程,一门课程可以被多名学生选修,所以学生和课程之间的联系即为多对多的联系;一名教师教过许多学生,一名学生也被许多老师教过,教师和学生之间的联系也是多对多的联系。

一对一联系是一对多联系的特例,而一对多联系又是多对多联系的特例。用图形可以表示两个实体集之间的1:1、1:n 或 m:n 联系,如图1-3所示。

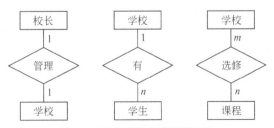

图1-3 两个实体集联系的例子

2）多实体集之间的联系

两个以上的实体集之间也会存在联系，其联系类型一般为一对多和多对多。

（1）多实体集之间的一对多联系。设实体集 $E_1,E_2,\cdots,E_n$，如果 $E_j(j=1,2,\cdots,n)$ 与其他实体集 $E_1,E_2,\cdots,E_{j-1},E_{j+1},\cdots,E_n$ 之间存在有一对多的联系，则 E_j 中的一个给定实体，可以与其他实体集 $E_i(i\neq j)$ 中的一个或多个实体联系，而实体集 $E_i(i\neq j)$ 中的一个实体最多只能与 E_j 中的一个实体联系。

【例1-4】 在图1-4(a)中，一门课程可以由若干教师讲授，一名教师只讲授一门课程；一门课程使用若干本参考书，每一本参考书只供一门课程使用。所以课程与教师、参考书之间的联系是一对多的。

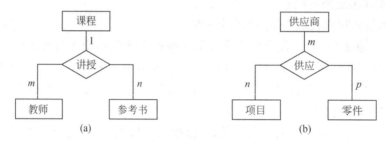

图1-4 三个实体集联系的实例

（2）多实体集之间的多对多联系。在两个以上的实体集之间，当一个实体集与其他实体集之间均存在多对多联系，而其他实体集之间没有联系时，这种联系称为多实体集间的多对多联系。

【例1-5】 有三个实体集：供应商、项目、零件，一个供应商可以供给多个项目多种零件；每个项目可以使用多个供应商供应的零件；每种零件可由不同供应商供给。因此，供应商、项目、零件三个实体型之间是多对多的联系，如图1-4(b)所示。

3）实体集内部的联系

在一个实体集中的实体之间也可以存在一对多或多对多的联系。

【例1-6】 职工是一个实体集，职工中有领导，而领导自身也是职工。职工实体集内部具有领导与被领导的联系，即某一个职工领导若干名职工，而一个职工仅被一个领导所管，这种联系是一对多的联系，如图1-5所示。

图1-5 同一实体集内的
一对多联系实例

1.7.2 概念模型的表示方法

概念模型的表示方法有很多，其中最常用的是实体—联系法，简称E-R图法。该方法用E-R图来描述现实世界的概念模型，E-R图也称为E-R模型。E-R模型是抽象和描述现实世界的有力工具，是各种数据模型的共同基础。

1. E-R图中的图示

E-R图提供了表示实体、实体的属性以及实体之间（或内部）联系的方法。在E-R图中，用长方形、椭圆形、菱形分别表示实体集、属性、联系，联系上还标注联系类型。

1）实体集

实体集用长方形表示，并在长方形中标注实体集名。

【例1-7】 教师、课程、学生实体集如图1-6所示。

图1-6 实体集

2）实体集的属性

实体集的属性用椭圆形表示，并在椭圆中标注属性名，再用线段将该属性与对应实体集连接起来。在多个属性中，如果有一个（组）属性可以唯一表示一个实体，则可以在该属性下边画出下划线，用来标识该属性，即主属性，也就是主码。

由于实体集的属性比较多，有些实体可具有多达上百个属性，所以在E-R图中，实体集的属性可不直接画出，而通过数据字典的方式表示（即文字说明方式）。无论使用哪种方法表示实体集的属性，都不能出现遗漏属性的情况。

【例1-8】 学生实体集有学号、姓名、性别、出生日期、学院名称属性，其中学号为主属性。课程实体集有课程号、课程名、学分属性，其中课程号为主属性，如图1-7所示。

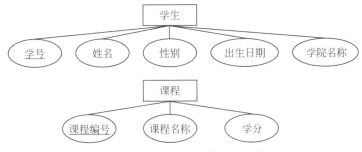

图1-7 学生、课程实体集及属性

3）实体集间的联系

实体集间的联系用菱形表示。即在菱形中标注联系名，再用线段将该联系与联系实体集连接起来，同时在线段旁标注联系的类型。如果联系具有属性，则该属性仍用椭圆框表示，需要用线段将属性与其联系连接起来。联系的属性必须在E-R图上标出，不能通过数据字典说明。通常，如果实体之间有同名属性，并且同名属性表示的含义也相同，则实体之间有联系。

【例1-9】 学生实体集与课程实体集之间存在联系。因为每门课程都有许多个学生选修，但一个学生也可以选修多门课程，所以课程实体集和学生实体集之间有联系，联系类型为$m:n$（即多对多），如图1-8所示。

如果一个E-R图中的实体比较多，实体的属性也比较多。为了使E-R图简单明了，可以先分别绘制各实体的E-R图，最后只将所有实体联系起来。

2. E-R图设计原则与设计步骤

1）E-R图设计原则

（1）属性应该存在于且只存在于某一个地方（实体集或者联系）。该原则确保了数据库中的某个数据只存储于某个数据库表中(避免同一数据存储于多个数据库表),避免了数据冗余。

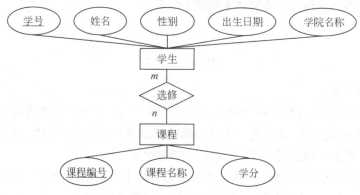

图1-8　学生实体集与课程实体集之间的联系

(2)实体集是一个独立的对象,不能存在于另一个实体集中,成为其属性。该原则确保了一个数据库表中不能包含另一个数据库表,即不能出现"表中套表"的现象。

(3)同一个实体集在同一个E-R图中仅出现一次。例如,同一个E-R图中的两个实体集间存在多种关系时,为了表示实体集间的多种关系,不要让同一个实体集出现多次。

2)E-R图设计步骤

(1)划分和确定实体集。

(2)划分和确定联系。

(3)确定属性。属性不能再有需要描述的性质或与其他实体集有联系。

(4)重复前面步骤,找出所有实体集、关系集、属性和属值集,然后绘制E-R图。

(5)优化E-R模型。对E-R图进行优化,消除实体集间冗余的联系及属性,形成基本的E-R模型。

在绘制E-R图时,可以先绘制部分E-R分图,在此基础上综合各E-R分图,形成E-R总图。

 **数据模型**

虽然概念模型不依赖计算机系统,但现实世界的数据最终还是要存放到计算机的数据库中。这时就需要将概念模型转化为与具体计算机数据库相关的数据模型。

1.8.1　数据模型的基本概念

数据模型是严格定义的一组概念的集合,这些概念精确地描述了系统的静态和动态特性,是数据库中用来对现实世界进行抽象的工具,是数据库系统的核心与基础,是描述数据的结构以及定义在其上的操作和约束条件。

数据模型是一组严格定义的概念集合,这些概念精确地描述了系统的数据结构、数据操作和数据完整性约束条件,称为数据模型的三要素。

1. 数据结构

数据结构是所研究的对象类型的集合。这些对象是数据库的组成成分,它们包括两类:一类是与数据类型、内容、性质有关的对象;另一类是与数据之间联系有关的对象。根据对象元素之间关系的不同特性,常用的基本结构有树形结构、图状结构(或网状结构)、关系结构等。在数据库系统中,通常按照数据结构的类型来命名数据模型,例如,层次结构、网状结构和关系结构的数据模型分别被命名为层次模型、网状模型和关系模型。

2. 数据操作

数据操作是指对数据库中各种数据对象允许执行的操作集合。数据操作包括操作对象和有关的操作规则两部分。数据库中的数据操作主要有数据检索和数据更新(即插入、删除或修改数据的操作)两大类操作。数据模型必须对数据库中的全部数据操作进行定义,指明每项数据操作的确切含义、操作对象、操作符号、操作规则以及对操作的语言约束等。数据操作是对系统动态特性的描述。

3. 数据完整性约束条件

数据约束条件是一组数据完整性规则的集合。数据完整性规则是指数据模型中的数据及其联系所具有的制约和依存规则。数据约束条件用以限定符合数据模型的数据库状态以及状态的变化,以保证数据库中数据的正确、有效和相容。每种数据模型都规定有基本的完整性约束条件,这些完整性约束条件要求所属的数据模型都应满足。同理,每个数据模型还规定了特殊的完整性约束条件,以满足具体应用的要求。例如,在关系模型中,基本的完整性约束条件是实体完整性和参照完整性,特殊的完整性条件是用户定义的完整性。

1.8.2 常用的数据模型

当前,数据库领域最常用的数据模型主要有三种,它们是层次模型、网状模型和关系模型。

1. 层次模型

用树状结构来表示实体及实体之间联系的模型称为层次模型。层次数据库系统采用层次模型作为数据的组织方式。层次模型是数据库系统中最早出现的数据模型。层次数据库系统的典型代表是IBM公司的IMS数据库管理系统。

2. 网状模型

现实世界中,许多事物之间的联系是非层次结构的,它们需要使用网状模型表示。用网状结构来表示实体及实体之间联系的模型称为网状模型,网状数据库系统是采用网状模型作为数据组织方式的数据库系统,如HP公司的IMAGE、Univac公司的DMS1100、Honeywell公司的IDS/2等。

3. 关系模型

关系模型是三种模型中最重要的一种。关系数据库系统采用关系模型作为数据的组织方式,现在流行的数据库系统大多是关系数据库系统。

1.9 习题1

一、选择题

1. 在数据管理技术发展的三个阶段中,数据共享最好的是(　　)。

　　A. 人工管理阶段　　　　　　　　B. 文件系统阶段

　　C. 数据库系统阶段　　　　　　　D. 三个阶段相同

2. 在数据库系统的三级模式结构中,面向某个或某几个用户的数据视图是(　　)。

　　A. 外模式　　　　　　　　　　　B. 模式

　　C. 内模式　　　　　　　　　　　D. 概念模式

3. 数据库是存储在计算机上的(　　)相关数据集合。

　　A. 结构化的　　　　　　　　　　B. 特定业务

　　C. 具体文件　　　　　　　　　　D. 其他

4. DBS的中文含义是(　　)。

　　A. 数据库系统　　　　　　　　　B. 数据库管理员

　　C. 数据库管理系统　　　　　　　D. 数据定义语言

5. 数据库管理系统是(　　)。

　　A. 操作系统的一部分　　　　　　B. 在操作系统支持下的系统软件

　　C. 一种编译系统　　　　　　　　D. 一种操作系统

6. 数据库、数据库管理系统和数据库系统三者之间的关系是(　　)。

　　A. 数据库包括数据库管理系统和数据库系统

　　B. 数据库系统包括数据库和数据库管理系统

　　C. 数据库管理系统包括数据库和数据库系统

　　D. 不能相互包括

7. 信息的3种世界是指现实世界、信息世界和(　　)世界。

　　A. 计算机　　　　B. 虚拟　　　　C. 物理　　　　D. 理想

8. 所谓概念模型,就是(　　)。

　　A. 客观存在的事物及其相互联系

　　B. 将信息世界中的信息数据化

　　C. 实体模型在计算机中的数据化表示

　　D. 现实世界到机器世界的一个中间层次,即信息世界

9. 下列(　　)不能称为实体。

　　A. 班级　　　　B. 手机　　　　C. 图书　　　　D. 姓名

10. 绘制E-R图的3个基本要素是(　　)。

　　A. 实体、属性、关键字　　　　　B. 属性、数据类型、实体

　　C. 属性、实体、联系　　　　　　D. 约束、属性、实体

11. 一间宿舍可住多名学生,则实体宿舍和学生之间的联系是(　　)。

　　A. 一对一　　　　B. 一对多　　　　C. 多对一　　　　D. 多对多

12. 数据库中,用来抽象表示现实世界中数据和信息的工具是( )。

    A. 数据模型   B. 数据定义语言   C. 关系范式   D. 数据表

二、简答题

1. 什么是信息?什么是数据?什么是数据处理?

2. 什么是数据库管理系统?什么是数据库?什么是数据库应用系统?什么是数据库系统?

3. 什么是数据库系统的三级模式结构?并画图表示。

4. 信息有哪三种世界?分别具有什么特点?它们之间有什么联系?

5. 什么是概念模型?

6. 实体的联系有哪三种?

7. 解释概念模型中常用的概念:实体、属性、码、域、实体型、实体集、联系。

8. 绘制E-R图,描述学生选课,包括学生(学号,姓名,性别,出生年月)、班级(班级编号,班级名称,所在学院,所属专业,入学年份)和课程(课程编号,课程名称,课程学时,课程学分),学生选修课程后得到平时成绩和期末成绩。

第2章 关系模型和数据库的设计

本章主要讲述关系模型、关系代数、关系的完整性及约束、关系规范化理论基础和数据库设计的步骤等内容。

2.1 关系模型

关系数据库是采用关系模型作为数据组织方式的数据库。关系数据库是建立在严格的数学理论基础之上的。

2.1.1 关系模型的组成

关系模型由关系数据结构、关系操作和关系完整性约束三部分组成。

1. 关系数据结构

关系数据结构简单清晰,关系单一。在关系模型中,现实世界的实体以及实体间的各种联系均可用关系来表示,从用户角度来看,关系模型中数据的逻辑结构就是一张二维表,由行、列组成。

2. 关系操作

关系操作采用集合操作方式,即操作的对象和结构都是集合。

关系模型中常用的关系操作包括:选择、投影、连接、除、并、交、差等查询操作和增加、删除、修改操作。其中,查询的表达能力是其最主要的部分。

3. 关系完整性约束

关系模型提供了完备的完整性控制机制,定义了三类完整性约束:实体完整性、参照完整性和用户定义的完整性。其中实体完整性和参照完整性是关系模型必须满足的完整性约束条件,应该由关系系统自动支持。用户定义的完整性是特定的数据库在特定的应用领域需要遵循的约束条件,体现了具体领域中的语义约束。

2.1.2 关系数据结构

在关系模型中,无论是实体集,还是实体集之间的联系均由单一的关系表示。由于关系模型是建立在集合代数基础上的,因而一般从集合论角度对关系数据结构进行定义。

1. 关系的数学定义

1）域的定义

定义 域是一组具有相同数据类型的值的集合。

例如,整数、正数、负数、{0,1}、{男,女}、{计算机专业,物理专业,外语专业}、计算机系所有学生的姓名等,都可以作为域。

2）笛卡尔积的定义

定义 给定一组域 $D_1, D_2, \cdots, D_n$,这些域中可以有相同的部分,则 $D_1, D_2, \cdots, D_n$ 的笛卡尔积为

$$D_1 \times D_2 \times \cdots \times D_n = \{(d_1, d_2, \cdots, d_n) | d_i \in D_i, i = 1, 2, \cdots, n\}$$

其中每一个元素 $(d_1, d_2, \cdots, d_n)$ 称为一个 n 元组,简称元组。元素中的每一个值 d_i 称作一个分量。

若 $D_i(i = 1, 2, \cdots, n)$ 为有限集,其基数为 $m_i(i = 1, 2, \cdots, n)$,则 $D_1 \times D_2 \times \cdots \times D_n$ 的基数为 $m = m_1 \times m_2 \times \cdots \times m_n$。

笛卡尔积可以表示成一个二维表。表中的每行对应一个元组,每列对应一个域。

【例2-1】 给出三个域:

$D_1 =$ 姓名 $=$ {张三,李四,王五};

$D_2 =$ 性别 $=$ {男,女};

$D_3 =$ 年龄 $=$ {19,20}。

则 D_1、D_2、D_3 的笛卡尔积为: $D_1 \times D_2 \times D_3 =$ {(张三,男,19),(张三,男,20),(张三,女,19),(张三,女,20),(李四,男,19),(李四,男,20),(李四,女,19),(李四,女,20),(王五,男,19),(王五,男,20),(王五,女,19),(王五,女,20)}。

其中(张三,男,19)、(张三,男,20)等是元组。"张三""男""19"等是分量。该笛卡尔积的基数为3×2×2=12,即 $D_1 \times D_2 \times D_3$ 一共有3×2×2个元组,这12个元组可列成一张二维表,如表2-1所示。

表2-1 D_1、D_2、D_3 的笛卡尔积

姓名	性别	年龄
张三	男	19
张三	男	20
张三	女	19
张三	女	20
李四	男	19
李四	男	20
李四	女	19
李四	女	20
王五	男	19
王五	男	20
王五	女	19
王五	女	20

3）关系的定义

定义　$D_1 \times D_2 \times \cdots \times D_n$ 的任意一个子集称为 $D_1 \times D_2 \times \cdots \times D_n$ 上的一个关系，用 $R(D_1 \times D_2 \times \cdots \times D_n)$ 表示。这里 R 表示关系名，n 表示关系的目或度。

每个元素是关系中的一个元组，通常用 t 表示。当 $n = 1$ 时，称为单元关系；当 $n = 2$ 时，称为二元关系。

关系是笛卡尔积的子集，而且是一个有限集，所以关系也可以用一个二维表表示。这个二维表是由关系的笛卡尔积导出的。

表中的一行对应一个元组，表中的一列对应一个域。为了区分每列，必须给它起一个名字，称为属性。n 目关系必有 n 个属性。

【例2-2】　可以在表2-1的笛卡尔积中取出一个子集，构造一个学生关系。由于一个学生只有一个性别和年龄，所以笛卡尔积中的许多元组是无实际意义的。从 $D_1 \times D_2 \times D_3$ 中取出认为有用的元组，所构造的学生关系如表2-2所示。

表2-2　学生关系

姓名	性别	年龄
张三	男	20
李四	女	20
王五	男	19

2. 关系中的基本名词

1）元组

关系表中的每一横行称作一个元组，组成元组的元素为分量。数据库中的一个实体或实体间的一个联系均使用一个元组表示。例如表2-2中有三个元组，它们分别对应三个学生。例如，"张三，男，20"是一个元组，它由三个分量构成。

2）属性

关系中的每一列称为一个属性。属性具有型和值两层含义：属性的型指属性名和属性取值域；属性的值指属性具体的取值。由于关系中的属性名具有标识列的作用，因而同一关系中的属性名（即列名）不能相同。关系中往往有多个属性，属性用于表示实体的特征。例如表2-2中有3个属性，分别为"姓名""性别"和"年龄"。

3）候选码和主码

若关系中的某一属性组（或单个属性）的值能唯一地标识一个元组，则称该属性组（或属性）为候选码。为数据管理方便，当一个关系有多个候选码时，应选定其中的一个候选码为主码。当然，如果关系中只有一个候选码，这个唯一的候选码就是主码。例如，假设表2-2中没有重名的学生，则学生的"姓名"就是该学生关系的主码；若在学生关系中增加"学号"属性，则关系的候选码为"学号"和"姓名"两个，应当选择"学号"属性为主码。

4）全码

若关系的候选码中只包含一个属性，则称它为单属性码；若候选码是由多个属性构成的，则称它为多属性码。若关系中只有一个候选码，且这个候选码中包括全部属性，则这种候选码为全码。全码是候选码的特例，它说明该关系中不存在属性之间相互决定情况。即

每个关系必定有码(指主码),当关系中没有属性之间相互决定情况时,它的码就是全码。例如,设有以下关系:

学生(学号,姓名,性别,年龄)

借书(学号,书号,日期)

学生选课(学号,课程)

其中,学生关系的码为"学号",它为单属性码;借书关系中"学号"和"书号"合在一起是码,它是多属性码;学生选课表中的学号和课程相互独立,属性间不存在依赖关系,它的码为全码。

5) 主属性和非主属性

关系中,候选码中的属性称为主属性,不包含在任何候选码中的属性称为非主属性。

3. 关系的性质

关系具有以下6个性质。

(1) 列是同质的,即每一列中的分量是同一类型的数据,来自同一个域。例如,在表2-1中,"姓名"列中的取值来自全校学生姓名组成的域。

(2) 不同的列可出自同一个域,其中的每一列称为一个属性,不同的属性要给予不同的属性名。在同一关系中,属性名不能相同。

(3) 列的顺序无所谓,即列的次序可以任意交换。例如,在表2-2中,"姓名"和"性别"列交换位置,对于此关系没有任何影响。

(4) 任意两个元组不能完全相同,即关系中不能有完全相同的两条记录。例如,在表2-2中表现为不能有完全相同的两条学生信息。

(5) 行的顺序无所谓,即行的顺序可以任意交换。

(6) 行列的交集称为分量,每个分量的取值必须是原子值,即每一个分量都必须是不可分的数据项,每个属性不能再分割。

【例2-3】 表2-3中的成绩分为C语言和Java语言两门课的成绩,这种组合数据项不符合关系规范化的要求,这样的关系在数据库中是不允许存在的。正确的设计格式如表2-4所示。

表2-3 非规范化的关系结构

姓名	所在系	成绩	
		C语言	Java语言
张三	计算机	87	92
李四	自动化	79	81

表2-4 修改后的关系结构

姓名	所在系	C语言成绩	Java语言成绩
李明	计算机	87	92
刘兵	信息管理	79	81

2.2 关系代数

关系代数是以关系为运算对象的一组运算的集合。由于关系定义为属性个数相同的元组的集合,因此集合代数的操作就可以引入关系代数中。

关系代数是一种抽象的查询语言,是关系数据操纵语言的一种传统表达方式。它是用对关系的运算来表达查询的。关系代数的运算对象是关系,运算结果也为关系。

关系代数可分为传统的集合运算和专门的集合运算两类操作。

（1）传统的集合运算将关系(二维表)看作元组(记录)的集合,其运算是以关系的"水平"方向即行的角度来进行运算的。传统的集合运算包括并、差、交、广义笛卡尔积。

传统的集合运算符有:∪(并)、−(差)、∩(交)、×(广义笛卡尔积)。

（2）专门的关系运算将关系(二维表)看作元组(记录)或列(属性)的集合。其运算不仅可以从"水平"方向,还可以从"垂直"角度来进行运算。比较运算符和逻辑运算符是用来辅助专门的关系运算符进行操作的,包括大于、大于或等于、小于、小于或等于、等于、不小于、与、或、非。专门的关系运算包括选择、投影、连接、除。

专门的关系运算符有:σ(选择)、Π(投影)、θ($\bowtie$,连接)、÷(除)。

算术比较运算符有:>(大于)、⩾(大于或等于)、<(小于)、⩽(小于或等于)、=(等于)、≠(不等于)。

逻辑运算符有:$\neg$(非)、$\wedge$(与)、$\vee$(或)。

2.2.1　传统的集合运算

传统的集合运算包括并、差、交、广义笛卡尔积4种运算。它们都是二目运算,即集合运算符两边都必须有运算对象。

设关系R和关系S具有相同的目n(即两个关系都有n个属性),且相应的属性取自同一个域,t是元组变量,$t \in R$表示t是R的一个元组。可以定义并、差、交、广义笛卡尔积运算如下。

1. 并运算

关系R与关系S的并记作

$$R \cup S = \{t \mid t \in R \vee t \in S\}$$

其结果仍为n目关系,由属于R或属于S的元组组成。即把关系R和S的元组放在一起,然后消去重复的元组。

【例2-4】　两个课程关系表Course1和Course2如表2-5和表2-6所示。

表2-5　Course1

CourseID	CourseName	Credit
101	计算机原理	2
102	数据结构	3
103	数据库原理	4

表2-6　Course2

CourseID	CourseName	Credit
201	C语言	5
202	Java语言	6
102	数据结构	3

Course1∪Course2的结果如表2-7所示。结果中将去掉重复的元组。

表2-7　Course1∪Course2

CourseID	CourseName	Credit
101	计算机原理	2
102	数据结构	3
103	数据库原理	4
202	C语言	5
203	Java语言	6

2. 差运算

关系 R 与关系 S 的差记作：

$$R - S = \{t \mid t \in R \wedge t \notin S\}$$

其结果仍为 n 目关系，由属于 R 而不属于 S 的元组组成。即从关系 R 的元组中去除它与关系 S 相同的那些元组。适用于找出在一个关系中而不在另一个关系中的那些元组的运算需求。

【例 2-5】 Course1 − Course2 的结果如表 2-8 所示。

表 2-8　Course1 − Course2

CourseID	CourseName	Credit
101	计算机原理	2
103	数据库原理	4

3. 交运算

关系 R 与关系 S 的交记作

$$R \cap S = \{t \mid t \in R \wedge t \in S\}$$

其结果仍为 n 目关系，由既属于 R 又属于 S 的元组组成。即找出同时存在于关系 R 和 S 中的所有相同的元组。

关系的交可以用差来表示，即

$$R \cap S = R - (R - S)$$

【例 2-6】 Course1∩Course2 的结果如表 2-9 所示。

表 2-9　Course1∩Course2

CourseID	CourseName	Credit
102	数据结构	3

4. 广义笛卡尔积运算

关系 R 与关系 S 的笛卡尔积记作

$$R \times S = \{\widehat{t_r t_s} \mid t_r \in R \wedge t_s \in S\}$$

两个分别是 n 目和 m 目的关系 R 和关系 S 的笛卡尔积是一个 $n + m$ 列的元组的集合。元组的前 n 列是关系 R 的一个元组，后 n 列是关系 S 的一个元组。若 R 有 k_1 个元组，S 有 k_2 个元组，则关系 R 和关系 S 的笛卡尔积有 $k_1 \times k_2$ 个元组。

【例 2-7】 Course1×Course2 的结果如表 2-10 所示。

表 2-10　Course1×Course2

CourseID	CourseName	Credit	CourseID	CourseName	Credit
101	计算机原理	2	201	C语言	5
101	计算机原理	2	202	Java语言	6
101	计算机原理	2	102	数据结构	3

CourseID	CourseName	Credit	CourseID	CourseName	Credit
102	数据结构	3	201	C语言	5
102	数据结构	3	202	Java语言	6
102	数据结构	3	102	数据结构	3
103	数据库原理	4	201	C语言	5
103	数据库原理	4	202	Java语言	6
103	数据库原理	4	102	数据结构	3

2.2.2 专门的关系运算

仅依靠传统的集合运算还不能灵活地实现多样的查询操作,因此关系模型有一组专门的关系运算,包括选择、投影、连接、除。其中连接又分为等值连接和自然连接两种。

1. 选择运算

选择运算又称限制运算。它是在关系 R 中选择满足给定条件的诸元组,记作

$$\sigma_F(R) = \{ t \mid t \in R \wedge F(t) = '真' \}$$

其中,F 表示选择条件,它是一个逻辑表达式,取逻辑值"真"或"假"。

F 由逻辑运算符 $\neg$(非)、$\wedge$(与)和 $\vee$(或)连接各条件表达式组成。条件表达式的基本形式为 $X_1 \theta Y_1$。其中:θ 是比较运算符,它可以是 $>$、$\geqslant$、$<$、$\leqslant$、$=$、$\neq$ 中的一种;X_1 和 Y_1 是属性名、常量或简单函数,属性名也可以用它的序号来代替。

选择运算是从关系 R 中选取使逻辑表达式 F 为真的元组。这是从行角度进行的运算。

【例2-8】 设学生课程数据库包括学生关系、课程关系和选课关系,其关系模式为

学生(学号,姓名,年龄,所在系)

课程(课程号,课程名,学分)

选课(学号,课程号,成绩)

设学生关系、课程关系和选课关系中的数据如表2-11~表2-13所示。

表2-11 学生关系

学号	姓名	性别
101	张三	男
102	李四	女
103	王五	男

表2-12 课程关系

课程号	课程名
21	计算机原理
22	数据结构
23	数据库原理

表2-13 选课关系

学号	课程号	成绩
101	21	80
102	21	70
102	22	90
103	23	100

用关系代数表示在学生关系中查询男同学的操作。由于性别列在第3列,可以用列序号。

$\sigma_{性别='男'}$(学生) 或 $\sigma_{3='性别'}$(学生)

结果如表2-14所示。

表2-14 男同学的元组

学号	姓名	性别
101	张三	男
103	王五	男

【例2-9】 用关系代数表示在选课关系中查询成绩大于或等于90的学生。

$$\sigma_{成绩 >= 90}(选课) \quad 或 \quad \sigma_{3 >= 90}(选课)$$

结果如表2-15所示。

表2-15 成绩大于或等于90的学生元组

学号	课程号	成绩
102	22	90
103	23	100

2. 投影运算

关系 R 上的投影是从 R 中选择出若干属性列组成新的关系,记作

$$\pi_A(R) = \{t[A] \mid t \in R\}$$

其中,A 为 R 中的属性列。

投影操作是从列的角度进行运算。投影操作之后不仅取消了关系中的某些列,而且可能取消某些元组,因为当取消了某些属性之后,就可能出现重复元组,关系操作将自动取消这些相同的元组。

【例2-10】 在学生关系中查询学生的姓名和性别,即求学生关系在学生姓名和性别两个属性上的投影操作,表示为

$$\pi_{姓名,性别}(学生) \quad 或 \quad \pi_{2,3}(学生)$$

结果如表2-16所示。

【例2-11】 查询学号为102学生的选课信息,表示为

$$\pi_{学号,课程号,成绩}[\sigma_{学号='102'}(选课)] \quad 或 \quad \pi_{1,2,3}[\sigma_{1='102'}(选课)]$$

结果如表2-17所示。

表2-16 所有学生的姓名和性别

姓名	性别
张三	男
李四	女
王五	男

表2-17 学号为102学生的选课信息

学号	课程号	成绩
102	21	70
102	22	90

3. 连接运算

连接运算是从两个关系的笛卡尔积中选取属性间满足一定条件的元组。记作

$$R \underset{A\theta B}{\bowtie} S = \{\widehat{t_r t_s} \mid t_r \in R \wedge t_s \in S \wedge t_r[A] \theta t_s[B]\}$$

其中,A 和 B 分别为 R 和 S 上度数相等且可比的属性组,θ 是比较运算符。

连接运算从 R 和 S 的广义笛卡尔积 $R \times S$ 中,选取符合 $A\theta B$ 条件的元组,即选择在 R 关系中 A 属性组上的值与在 S 关系中 B 属性组上的值满足比较操作 θ 的元组。连接运算中有两种最为重要、也最为常用的连接:一种是等值连接;另一种是自然连接。当 θ 为"="时,连接运算称为等值连接。等值连接是从关系 R 和 S 的广义笛卡尔积中选取 A 和 B 属性值相等的那些元组。等值连接表示为

$$R \underset{A=B}{\bowtie} S = \{\widehat{t_r t_s} \mid t_r \in R \wedge t_s \in S \wedge t_r[A] = t_s[B]\}$$

自然连接是一种特殊的等值连接,它要求两个关系中进行比较的分量必须是相同的属

性组(例如 A),并且在结果中把重复的属性列去掉。若 R 和 S 具有相同的属性组 $t_r[A]=$ $t_s[B]$,则它们的自然连接可表示为

$$R \bowtie S = \{\widehat{t_r t_s} \mid t_r \in R \wedge t_s \in S \wedge t_r[A] = t_s[A]\}$$

一般的连接操作是从行的角度进行运算,但自然连接还需要取消重复列,所以它是同时从行和列两种角度进行运算的。

【例2-12】 设学生和选课关系中的数据如下,学生与选课关系之间的笛卡尔积、等值连接和自然连接的结果如表2-18~表2-22所示。

表2-18 学生关系

学号	姓名	性别	所在系
101	张三	男	计算机系
102	李四	女	自动化系

表2-19 选课关系

学号	课程名	成绩
101	数据库原理	100
101	数据结构	90
102	计算机原理	80

表2-20 学生与选课之间的笛卡尔积

学号	姓名	性别	所在系	课名	成绩
101	张三	男	计算机系	数据库原理	100
101	张三	男	计算机系	数据结构	90
101	张三	男	计算机系	计算机原理	80
102	李四	女	自动化系	数据库原理	100
102	李四	女	自动化系	数据结构	90
102	李四	女	自动化系	计算机原理	80

表2-21 学生与选课之间的等值连接结果

学号	姓名	性别	所在系	课名	成绩
101	张三	男	计算机系	数据库原理	100
101	张三	男	计算机系	数据结构	90
102	李四	女	自动化系	计算机原理	80

表2-22 学生与选课之间的自然连接结果

学号	姓名	性别	所在系	课名	成绩
101	张三	男	计算机系	数据库原理	100
101	张三	男	计算机系	数据结构	90
102	李四	女	自动化系	计算机原理	80

4. 除运算

除运算比较复杂,限于本书篇幅有限,这里不做介绍。

2.3 关系的完整性及约束

2.3.1 关系的完整性

关系的完整性也可称为关系的约束条件,它是对关系的一些限制和规定。通过这些限制,可以保证数据的正确性和一致性。关系的完整性包括实体完整性、参照完整性和用户定义的完整性。

1. 实体完整性

实体完整性规则规定基本关系的所有主码对应的主属性都不能取空值。

例如,学生关系中,学生(学号,姓名,年龄,所在系)中的学号为主码。学号不能取空值。

2. 参照完整性

参照完整性指被引用表中的主关键字和引用表中的外部主关键字之间的关系,如被引用行是否可以被删除等。如果要删除被引用的对象,那么也要删除引用它的所有对象,或者把引用值设置为空(如果允许的话)。

例如,在前面的学生和选课关系中,删除某个学生元组之前,必须先删除相应的引用该学生的选课元组。这就是参照完整性。

3. 用户定义的完整性

用户定义的完整性是针对某一具体关系数据库的约束条件,反映某一具体应用所涉及的数据必须满足的语义要求。

例如,选课关系中的"分数"取值规定为0~100。

2.3.2 约束

约束是对实体属性的取值范围和格式所设置的限制,是实现数据完整性的重要手段。

1. 主键约束

设置主键约束的字段称为主键字段,主键约束可以保证数据的实体完整性。

规范化的数据库中的每张表都必须设置主键约束,主键的字段值必须是唯一的,不允许重复,也不能为空。一张表只能定义一个主键,主键可以是单一字段,也可以是多个字段的组合。

例如,在前面的学生关系中,设置"学号"为主键;在选课关系中,设置"学号+课程名"为主键。

2. 外键约束

如果一个表中某个字段的数据只能取另一个表中某个字段值之一,则必须为该字段设置外键约束,外键约束可以保证数据的参照完整性和域完整性。

设置外键约束字段的表称为子表,它所引用的表称为父表。外键约束可以使一个数据库的多张表之间建立关联,通过外键约束可以使父表和子表建立一对多的逻辑关系。

例如,在学生关系和选课关系中,选课关系中的"学号"取值为学生关系中"学号"的一部分,必须为选课关系中的"学号"设置外键约束,选课关系为子表,学生关系为父表。

3. 唯一约束

唯一约束可以指定一列数据或几列数据的组合值在表中是唯一的、不能重复的。

唯一约束用于保证主键以外的字段值不能重复,用以保证数据的实体完整性。

一张表可以定义多个唯一约束,定义为唯一约束的字段可以允许为空值,但只能有一个空值。

4. 检查约束

检查约束是用指定的条件(逻辑表达式)检查限制输入数据的取值范围是否正确,用以保证数据的参照完整性和域完整性。例如,"性别"字段只能输入"男""女"。

在学生关系中,学生年龄一般为15~25,可以设置检查约束,检验"年龄"字段的取值范围是否在此之间。

5. 默认值约束

默认值约束是指给某个字段绑定一个默认的初始值,输入记录时若没有给出该字段的数据,则自动填入默认值以保证数据的域完整性。例如,银行卡的初始密码实际上就相当于默认值。

在选课关系中,"分数"字段可以设置默认值为0,即当没有输入分数时,默认为0分。

6. 空值约束

空值约束是指不知道或不能确定的特殊数据,不等同于数值0和字符的空格。

例如,在学生关系中,学生的姓名不能为空,可以设置"姓名"字段的空值约束为"否"。

2.4 关系规范化理论基础

规范化是数据库设计时必须满足的要求。规范化是减少或消除数据库中冗余数据的过程。尽管在大多数情况下,冗余数据不能被完全清除,但冗余数据越少,就越容易维持数据的完整性,并且可以避免非规范化数据库中的数据更新异常。

2.4.1 关系范式的种类和规范化过程

1. 关系范式的种类

为了使关系模式设计的方法趋于完备,数据库专家研究了关系规范化理论。从1971年起,E. F. Codd相继提出了第一范式(1NF)、第二范式(2NF)、第三范式(3NF),Codd与Boyce合作提出了Boyce-Codd范式(BCNF)。在1976—1978年,Fagin、Delobe、Zaniolo又定义了第四范式(4NF)。到目前为止,已经提出了第五范式(5NF)。

所谓第几范式,是指一个关系模式按照规范化理论设计符合哪个级别的要求。

2. 范式之间的关系及规范化过程

各范式之间的关系及规范化过程如下。

（1）取原始的1NF关系模式，消去任何非主属性对关键字的部分函数依赖，从而产生一组2NF关系模式。

（2）取2NF关系模式，消去任何非主属性对关键字的传递函数依赖，产生一组3NF关系模式。

（3）取3NF关系模式的投影，消去决定因素不是候选关键字的函数依赖，产生一组BCNF关系模式。

（4）取BCNF关系模式的投影，消去其中不是函数依赖的非平凡的多值依赖，产生一组4NF关系模式。

（5）取4NF关系模式的投影，消除不是由候选码所包含的连接依赖，从最终结构重新建立原始结构，产生一组5NF关系模式。

所以有：1NF⊃2NF⊃3NF⊃BCNF⊃4NF⊃5NF。

2.4.2 函数依赖

函数依赖是关系模式中各个属性之间的一种依赖关系，是规范化理论中一个最重要、最基本的概念。函数依赖是数据依赖的一种，函数依赖反映了同一关系中属性间一一对应的约束。函数依赖理论是1NF、2NF、3NF和BCNF关系模式的基础理论。

1. 函数依赖的定义

定义 设$R(U)$是属性集U上的关系模式，X和Y均为U的子集。如果$R(U)$的任意一个可能的关系r都存在着：对于X的每个具体值，Y都有唯一的具体值与之对应，则称X函数决定Y，或Y函数依赖X，记为：$X \rightarrow Y$。称X为决定因素，Y为依赖因素。

因此，函数依赖这个概念是属于语义范畴的。通常，只能根据语义确定属性间是否存在函数依赖关系。例如，姓名→成绩这个函数依赖只有在该班级不能有同名人的条件下成立。如果允许有同名人，则成绩就不再函数依赖姓名了。设计者也可以对现实世界进行强制规定。例如，规定不允许同名人出现，因而使姓名→成绩函数依赖成立。这样，当插入某个元组时，这个元组上的属性值必须满足规定的函数依赖，如果若发现有同名人存在，则拒绝插入该元组。

2. 函数依赖中的术语和记号

下面介绍一些术语和记号。

（1）$X \rightarrow Y$，但$Y \not\subseteq X$，则称$X \rightarrow Y$是非平凡的函数依赖。如果不特别声明，则总是讨论非平凡的函数依赖。

（2）$X \rightarrow Y$，但$Y \subseteq X$，则称$X \rightarrow Y$是平凡的函数依赖。

（3）如果$X \rightarrow Y$，则称X为决定因素。

（4）如果$X \rightarrow Y$，$Y \rightarrow X$，则记作$X \longleftrightarrow Y$。

（5）如果Y不函数依赖X，则记作$X \nrightarrow Y$。

3. 其他依赖的定义

定义 在$R(U)$中,如果$X \rightarrow Y$,并且对于X的任何一个真子集X',都有$X' \nrightarrow Y$,则称Y对X完全函数依赖,记作:$X \xrightarrow{F} Y$。

若$X \rightarrow Y$,但Y不完全函数依赖X,则称Y对X部分函数依赖,记作:$X \xrightarrow{P} Y$。

定义 在$R(U)$中,如果$X \rightarrow Y(Y$不属于$X)$,$Y \nrightarrow X$,$Y \rightarrow Z$,则称Z对X传递函数依赖。

2.4.3 范式

关系数据库中的关系是满足一定要求的,满足不同程度要求的为不同的范式。范式就是一种公认的模型或模式。满足最低要求的叫第一范式。在第一范式中,满足进一步要求的为第二范式,其余以此类推。

1. 第一范式(1NF)

第一范式是关系模式所要遵循的最基本的条件,是所有范式的基础,即关系模式中的每个属性必须是不可再分的简单项,不能是属性组合。

定义 如果关系模式R所有的属性均为简单属性,即每个属性都是不可再分的,则称R属于1NF,记为$R \in 1NF$。不满足1NF条件的关系模式称为非规范化关系模式。在关系型数据库系统中,只讨论规范化的关系模式,凡非规范化关系模式必须化成规范化的关系模式。方法是:在非规范化的关系模式中去掉组属性和重复数据项,即让所有的属性均为原子项,就满足1NF的条件,变为规范化的关系模式。

【例2-13】 职工表存储了员工的基本信息,如表2-23所示。

表2-23 职工表

姓名	性别	出生日期	薪水	
			基本工资/元	奖金/元
刘子峰	男	1975-12-10	4 000	1 900
赵凌莉	女	1980-06-19	3 500	1 500

职工表中的"薪水"属性列又细分为"基本工资"和"奖金"两列,所以不是1NF,更不是关系表。所有的关系表都必须符合1NF。

可以将表2-23转换为符合1NF的关系表,如表2-24所示。

表2-24 转换后的职工表

姓名	性别	出生日期	基本工资/元	奖金/元
刘子峰	男	1975-12-10	4 000	1 900
赵凌莉	女	1980-06-19	3 500	1 500

2. 第二范式(2NF)

定义 设有关系模式R是属于1NF的关系模式,如果它的所有非主属性都完全函数依赖码,则称R是2NF的关系模式,记为$R \in 2NF$。

【**例2-14**】 学生_课程表存储了学生选修课程的信息,如表2-25所示。

表2-25 学生_课程表

学 号	姓名	课程编号	课程名称
2016021224	张兰婷	202	中国古代史
2016002406	刘雨航	203	世界史
2015161336	王峰宇	102	数据库原理
2016001203	赵广田	101	计算机网络
2015021268	秦燕菲	203	世界史

学生_课程表的码(即关键字)是"学号"和"课程编号"的属性组合。对于非码属性"姓名"来说,只函数依赖"学号",而不函数依赖"课程编号",所以不是2NF。可以将表2-25分解为两个表,如表2-26和表2-27所示。

表2-26 课程表

课程编号	课程名称
101	计算机网络
102	数据库原理
202	中国古代史
203	世界史

表2-27 学生表

学 号	姓名	课程编号
2016021224	张兰婷	202
2016002406	刘雨航	203
2015161336	王峰宇	102
2016001203	赵广田	101
2015021268	秦燕菲	203

经过分解后,这两个关系表的非主属性都完全函数依赖码,所以它们都符合2NF。

3. 第三范式(3NF)

定义 在关系模式 $R<U, F>$ 中,若不存在这样的码 X、属性组 Y 及非主属性 $Z(Z$ 不是 Y 的子集),使得 $X \rightarrow Y,(Y \nrightarrow X)Y \rightarrow Z$ 成立,则称 $R<U, F> \in 3NF$。由定义可以证明,若 $R \in 3NF$,则每个非主属性既不部分函数依赖码,也不传递函数依赖码。

【**例2-15**】 图书表存储了图书的信息,如表2-28所示。

图书表中"图书号"为关键字。对于非码属性"类型号"和"类型名"来说,它们传递函数依赖关键字,所以图书表不符合3NF。可以将表2-28分解为两个表,如表2-29和表2-30所示。

表2-28 图书表

图书号	图书名	类型号	类型名
201310225	计算机网络	18	计算机类
201310079	数据库原理	18	计算机类
201000205	中国古代史	06	历史类
201300096	世界史	06	历史类
201230328	电磁学	15	物理类
201450200	艺术概论	21	艺术类
201070201	有机化学	09	化学类

表2-29 图书表

图书号	图书名	类型号
201310225	计算机网络	18
201310079	数据库原理	18
201000205	中国古代史	06
201300096	世界史	06
201230328	电磁学	15
201450200	艺术概论	21
201070201	有机化学	09

表2-30 类型表

类型号	类型名
18	计算机类
06	历史类
15	物理类
21	艺术类
09	化学类

经过分解后,这两个关系表都不存在传递函数依赖关系,所以它们都符合3NF。一个关系模式达到3NF后,基本解决了异常问题,但不能彻底解决数据冗余问题。

4. Boyce-Codd 范式(BCNF)

BCNF是由Boyce和Codd提出来的,通常认为BCNF是修正的3NF,有时也称为扩充的3NF。

定义 关系模式 $R<U,F>$ 属于1NF,若 $X \rightarrow Y$,且 Y 不是 X 的子集,X 必含有码,那么称 $R<U,F>$ 是BCNF关系模式。

【例2-16】 学生_教师_课程表存储了学生选课的基本信息,如表2-31所示。

表2-31 学生_教师_课程表

学 号	教师编号	课程编号
2016021224	10506	1012
2016002406	15252	2123
2015161336	13628	1053

在学生_教师_课程表中,如果规定每个教师只教一门课,但一门课可以由多个教师讲授;对于每门课,每个学生只由一个教师讲授。即"学号"属性和"课程编号"属性函数依赖

"教师编号"属性，"教师编号"属性函数依赖"课程编号"属性，"学号"属性和"教师编号"属性函数依赖"课程编号"属性。所以该表不符合BCNF。可以将表2-31分解为两个表，如表2-32和表2-33所示。

表2-32 学生_课程表

学　号	课程编号
2016021224	1012
2016002406	2123
2015161336	1053

表2-33 学生_教师表

学　号	教师编号
2016021224	10506
2016002406	15252
2015161336	13628

经过分解后，这两个关系表都符合BCNF。

5. 第四范式(4NF)

定义　关系模式$R<U,F>\in$1NF，如果对于R的每个非平凡的多值依赖$X \rightarrow Y (Y\subseteq X)$，$X$都含有码，则称$R<U,F>\in$4NF。

【例2-17】　兴趣表存储了学生的爱好信息，如表2-34所示。

表2-34 兴趣表

学　号	运动	水果
2016076224	足球	
2016018406	篮球	苹果
2016167836		橘子

在兴趣表中，"学号"属性为主关键字，但是"学号"属性与"运动"属性、"水果"属性是一对多的关系。这使得表数据冗余，有大量的空值存在，并且不对称，不符合4NF。可以将表2-34分解为两个表，如表2-35和表2-36所示。

表2-35 兴趣_运动表

学　号	运动
2016076224	足球
2016018406	篮球

表2-36 兴趣_水果表

学　号	水果
2016018406	苹果
2016167836	橘子

经过分解后，这两个关系表都符合4NF。

有关第五范式的知识，本节不予介绍。

实际上关系模式的规范化就是将一个不规范的关系表分解为多个规范化的关系表的过程。

关系模式规范化理论为数据库设计提供了理论指南和工具，但在结合应用环境和现实世界具体实施数据库设计时应灵活掌握这些指南和工具，并不是规范化程度越高，模式就越好。规范化程度越高，做综合查询时付出的连接运算的代价就越大。在实际设计关系模式时，分解进行到3NF就可以了。至于一个具体的数据库关系模式设计要分解到第几范式，应综合利弊,全面衡量,依实际情况而定。

2.5 数据库设计的步骤

按照规范化设置的方法,考虑数据库及其应用系统开发的全过程,通常将数据库设计分为6个阶段:需求分析阶段、概念结构设计阶段、逻辑结构设计阶段、物理结构设计阶段、数据库实施阶段、数据库运行和维护阶段。

一个完善的数据库应用系统不可能一蹴而就,而是上述6个阶段的不断反复。在设计过程中,把数据库的设计和对数据库中数据处理的设计紧密结合起来,将这两方面的需求分析、抽象、设计、实现在各个阶段同时进行,相互参照,相互补充,以完善两方面的设计。

2.5.1 需求分析阶段

需求分析就是分析用户对数据库的具体要求,是整个数据库设计的起点和基础。需求分析的结果将直接影响以后的设计,并会影响设计结果是否合理和实用。需求分析阶段是数据库设计的第一步,也是最困难、最耗时的一步。

需求分析就是理解用户需求,询问用户如何看待未来的需求变化。让用户解释其需求,而且随着开发的继续,还要经常询问用户,以保证其需求仍然在开发的目的之中。了解用户需求有助于在以后的开发阶段节约大量的时间。同时,应该重视输入/输出,增强应用程序的可读性。需求分析主要考虑"做什么",而不考虑"怎么做"。

需求分析的结果是产生用户和设计者都能接受的需求说明书,作为下一步数据库概念结构设计阶段的基础。

2.5.2 概念结构设计阶段

需求分析阶段描述的用户需求是面向现实世界的具体要求。将需求分析得到的用户需求抽象为信息结构(即概念模型)的过程就是概念结构设计,是整个数据库设计的关键。

1. 概念结构设计的任务

概念结构设计就是将需求分析得到的信息抽象化为概念模型。概念结构设计应该能真实、充分地反映现实世界,包括事物和事物之间的联系,能满足用户对数据的处理要求;同时,要易于理解、易于更改,并易于向各种数据模型转换。概念结构具有丰富的语义表达能力,能表达用户的各种需求。它不但反映现实世界中各种数据及其复杂的联系,而且应该独立于具体的DBMS,易于用户和数据库设计人员理解。

概念结构设计的工具有多种,其中最常用、最有名的就是E-R图。概念结构设计的任务其实就是绘制数据库的E-R图。

2. 概念结构设计的步骤

概念结构设计分为3步,即设计局部概念、综合成全局概念、评审。

1) 设计局部概念

设计局部概念(即设计局部E-R图)的任务是:根据需求分析阶段产生的各个部门的数据流图和数据字典中的相关数据,设计出各项应用的局部E-R图。具体步骤如下。

(1) 确定数据库需要的实体。

(2) 确定各个实体的属性(包括每个实体的主属性),以及与实体的联系。

(3) 画出局部E-R图。

例如,一个数据库需要多个实体,每个实体都有自己的属性(包括主属性),如图2-1所示。

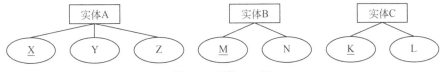

图2-1 局部E-R图

2) 综合成全局概念

综合成全局概念,即根据联系将局部E-R图综合成一个完整的全局E-R图。具体步骤如下。

(1) 确定各个实体之间的联系。哪些实体之间有联系,联系类型是什么,需要根据用户的整体需求来确定。

(2) 画出联系,将局部E-R图综合起来。

例如,将如图2-1所示的局部E-R图联系起来,综合成一个完整的全局E-R图,结果如图2-2所示。

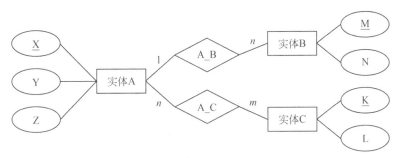

图2-2 完整的全局E-R图

3) 评审

将局部E-R图根据联系,综合成一个完整的全局E-R图,这并不只是简单的整合,还需要进行评审。评审需要根据用户的整体需求来确定哪些数据或联系是冗余的。在整合时,将冗余数据与冗余联系加以消除。

总之,经过评审,消除属性冲突、命名冲突、结构冲突、数据冗余等,最终形成一个全局E-R图。

2.5.3 逻辑结构设计阶段

概念结构设计是独立于任何一种数据模型的信息结构,因此需要转换为逻辑结构。

1. 逻辑结构设计的任务

逻辑结构设计的任务就是把概念结构设计阶段设计好的基本E-R图转换为与指定的DBMS所支持的数据模型相符合的逻辑结构。

从理论上来讲,设计逻辑结构应该选择最适合相应概念结构的数据模型,然后对支持这种数据模型的各种DBMS进行比较,从中选出最合适的DBMS。但实际情况往往是用户已经指定好了DBMS,而且现在的DBMS一般都是关系型数据库管理系统(RDBMS),所以设计人员没有什么选择余地。

2. 逻辑结构设计的步骤

逻辑结构设计一般分为以下两步。

1) 将E-R图转换为关系模型

因为现在常用的DBMS都是基于关系模型的,所以,通常只需要将E-R图转换为关系模型即可。

将E-R图转换为关系模型一般应遵循的原则是:一个实体转换为一个关系模式,实体名转换为关系名,实体属性转换为关系属性。

由于实体之间的联系分为一对一、一对多和多对多三种,因此实体之间的联系转换时,也有不同的情况。

(1) 一个一对一联系可以转换为一个独立的关系模式,也可以与任意一端对应的关系模式合并。如果转换为一个独立的关系模式,则与该联系相连的各实体的码及联系本身的属性均转换为关系模式的属性。如果与某一端实体对应的关系模式合并,则需要在该关系模式的属性中加入另一个关系模式的码及联系本身的属性。

(2) 一个一对多联系可以转换为一个独立的关系模式,也可以与n端对应的关系模式合并。合并转换规则与一对一联系一样。

(3) 一个多对多联系转换为一个独立的关系模式。与该联系相连的各实体的码及联系本身的属性均转换为关系模式的属性。

三个或三个以上实体间的一个多元联系可以转换为一个关系模式,但是较为复杂。

原则上,应合并码相同的关系模式。

这一阶段还需要设计外模式,即用户子模式。根据局部应用需要,结合具体DBMS的特点,设计用户子模式。利用关系数据库提供的视图机制、目标,方便用户对系统的使用(如命名习惯、常用查询),满足系统对安全性的要求(如安全保密)。

【例2-18】 将图2-3的E-R图转换为关系模型:

关系A($\underline{X}$,Y,Z)

关系B($\underline{M}$,N)

关系C($\underline{K}$,L)

2) 数据模型优化

数据库的逻辑结构设计结果不是唯一的。为了进一步提高数据库应用系统的性能,还应该根据应用需求适当地修改、调整数据模型的结构。这就是数据模型优化。规范化理论为数据库设计人员提供了判断关系模式优劣的理论标准。

2.5.4 物理结构设计阶段

物理结构设计阶段用于为数据模型选取一个最适合应用环境的物理结构,包括数据库在物理设备上的存储结构和存取方法。

1. 物理结构设计的任务

物理结构设计根据具体DBMS的特点和处理的需要,将逻辑结构设计的关系模式进行物理存储安排,建立索引,形成数据库内模式。数据库物理结构要能满足事务在数据库上运行时响应时间短、存储空间利用率高和事务吞吐率大的要求。因此,数据库设计人员需要对要运行的事务进行详细分析,获得所需的参数,并全面了解给定DBMS的功能、物理环境和工具。

2. 物理结构设计的步骤

物理结构设计通常分为以下两步。

1)确定数据库的物理结构

根据具体DBMS的特定要求,将逻辑结构设计阶段得到的关系模式转化为特定存储单位,一般是表。一个关系模式转换为一个表,关系名转换为表名。关系模式中的一个属性转换为表中的一列,关系模式中的属性名转换为表中的列名。

为了提高物理数据库读取数据的速度,还可以设置索引等。为了保证物理数据库的数据完整性、一致性,还可以设置完整性约束等。

2)对物理结构进行评价

数据库物理结构设计的过程中,需要确定数据的存放位置、计算机系统的配置等,还需要对时间效率、空间效率、维护代价和各种用户需求进行权衡,其结果也可以产生多种方案。数据库设计人员必须从中选择一个较优的方案作为数据库的物理结构。

2.5.5 数据库实施阶段

完成数据库物理结构设计之后,数据库设计人员就要用DBMS提供的数据定义语言和其他实用程序,将数据库逻辑结构设计和物理结构设计阶段的结果严格地描述出来,成为DBMS可以接受的源代码。再经过调试产生目标模式,然后组织数据入库,这就是数据库的实施阶段。

对数据库的物理结构设计的初步评价完成后,就可以开始建立数据库。数据库实施主要包括:定义数据库结构、组织数据入库、编制与调试应用程序、数据库试运行。

1)定义数据库结构

确定了数据库的逻辑结构与物理结构后,就可以用所选的DBMS提供的数据定义语言来严格描述数据库的结构。

2)组织数据入库

数据库结构建立好后,就可以向数据库中装入数据了。组织数据入库是数据库实施阶段最主要的工作。可以人工入库,也可以通过计算机辅助入库。

3)编制与调试应用程序

数据库应用程序的设计应该与数据入库并行。当数据库结构建立好后,就可以开始编制与调试数据库的应用程序,也就是说,编制与调试应用程序以及组织数据入库是同步进行的。

4)数据库试运行

应用程序调试完成,并且已有一小部分数据入库后,就可以开始数据库的试运行。试运行需要对数据库进行功能测试和性能测试。如果功能或性能测试指标不能令用户满意,则需要进行局部修改,有时甚至需要返回逻辑结构设计阶段,重新调整或设计。

2.5.6 数据库运行和维护阶段

　　数据库试运行合格后,数据库开发工作就基本完成,可以正式投入运行了。数据库投入运行标志着开发任务的基本完成和维护工作的开始。由于应用环境在不断变化,数据库运行过程中物理存储会不断变化,因此,对数据库设计进行评价、调整、维修等维护工作是一个长期的任务,也是设计工作的继续和提高。

　　在数据库运行阶段,对数据库还要进行经常性的维护,维护工作主要由数据库管理员完成。这一阶段的工作主要包括数据库的转储和恢复,数据库的安全性、完整性控制,数据库性能的监督、分析和改进,数据库的重组织和重构造等。

2.6 习题2

一、选择题

1. 在关系数据库中,用来表示实体间联系的是(　　)。
   A. 属性　　　　　　B. 二维表　　　　　C. 网状结构　　　　D. 树状结构
2. 同一个关系模型的任两个元组值(　　)。
   A. 不能全同　　　B. 可全同　　　　C. 必须全同　　　　D. 以上都不是
3. 一个关系数据库文件中的各元组(　　)。
   A. 前后顺序不能任意颠倒,一定要按照输入的顺序排列
   B. 前后顺序可以任意颠倒,不影响数据库中的数据关系
   C. 前后顺序可以任意颠倒,但如果列的顺序不同,统计处理的结果就可能不同
   D. 前后顺序不能任意颠倒,一定要按照关键字段值的顺序排列
4. 专门的关系运算不包括下列中的(　　)。
   A. 连接运算　　　B. 选择运算　　　C. 投影运算　　　　D. 交运算
5. 设R是一个关系模式,如果R中每个属性A的值域中的每个值都是不可分解的,则称R属于(　　)。
   A. 第一范式　　　B. 第二范式　　　C. 第三范式　　　　D. BCNF
6. 有两个基本关系表:学生(学号,姓名,系号),系(系号,系名,系主任),学生表的主码为学号,系表的主码为系号,因而系号是学生表的(　　)。
   A. 主码(主键)　　B. 外码(外关键字)　C. 域　　　　　　D. 映像
7. 若$D_1 = \{a_1, a_2, a_3\}$,$D_2 = \{b_1, b_2, b_3\}$,则$D_1 \times D_2$集合中共有元组(　　)个。
   A. 6　　　　　　B. 8　　　　　　C. 9　　　　　　D. 12
8. 下面关于数据库设计过程正确的顺序描述是(　　)。
   A. 需求收集和分析、逻辑设计、物理设计、概念设计
   B. 概念设计、需求收集和分析、逻辑设计、物理设计
   C. 需求收集和分析、概念设计、逻辑设计、物理设计
   D. 需求收集和分析、概念设计、物理设计、逻辑设计

二、简答题

1. 简述关系模型的完整性规则。

2. 关系具有什么特点?

3. 关系规范化的作用是什么? 1NF至BCNF的特点是什么?

4. 指出下列关系各属于第几范式。

(1)学生(学号,姓名,课程号,成绩)

(2)学生(学号,姓名,性别)

(3)学生(学号,姓名,所在系,所在系地址)

(4)员工(员工编号,基本工资,岗位级别,岗位工资,奖金,工资总额)

(5)供应商(供应商编号,零件号,零件名,单价,数量)

第3章 MySQL 概述

本章主要讲述MySQL的安装和设置、MySQL客户端程序等内容。

3.1 MySQL的安装和设置

MySQL是一种开放源代码的关系型数据库管理系统,目前属于Oracle公司。MySQL具有使用标准化SQL访问数据库,软件体积小,运行速度快,总体拥有成本低等特点,特别是开放源代码。许多中小型网站为了降低总体拥有成本而选择MySQL作为网站的数据库管理系统。在Web应用方面,MySQL是最好的关系数据库管理系统软件之一。下面以MySQL Community Server 8.0.23为例,介绍在Windows(x86,64bit)平台上安装MySQL服务器。

3.1.1 下载MySQL的安装包

MySQL在Windows上的安装包有两种:安装版和免安装版。下面下载安装版的安装文件,步骤如下。

(1)进入 MySQL 官网(https://www.mysql.com/),显示网页如图3-1所示,单击 DOWNLOADS选项。由于网页经常更新,显示的网页会有不同。

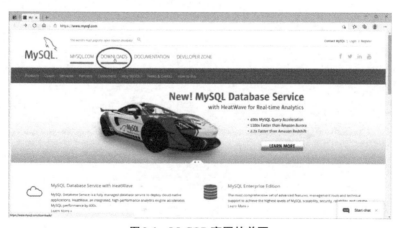

图3-1 MySQL官网的首页

(2)显示 DOWNLOADS 网页,往下拉页面,直到看到 MySQL Community (GPL) Downloads,如图3-2所示。这个链接就是MySQL社区版,然后单击这个链接。

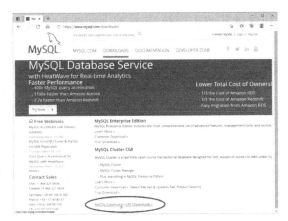

图3-2　DOWNLOADS网页

（3）显示MySQL Community Downloads网页，在这个网页中选择要下载的社区版Server。因为要下载Windows安装版，所以单击MySQL Installer for Windows选项，如图3-3所示；如果要下载免安装版，则单击MySQL Community Server选项。

图3-3　MySQL Community Downloads网页

（4）显示MySQL Installer for Windows网页，Windows安装版文件分为在线安装文件（mysql-installer-web-community-8.0.23.0.msi）和离线安装文件（mysql-installer-community-8.0.23.0.msi）。在此下载离线安装文件，单击离线安装文件后面的Download按钮，如图3-4所示。

图3-4　MySQL Installer for Windows网页

（5）如果没有注册和登录MySQL网站，显示的下载网页如图3-5所示。不登录仍然可以下载，单击"No thanks,just start my download"选项，就开始下载了。

图3-5 下载MySQL安装文件的网页

3.1.2 安装MySQL服务器

安装步骤如下。

（1）双击下载的MySQL安装文件，显示MySQL安装引导界面，先显示如图3-6所示的页面，再显示如图3-7所示的页面，不需要操作，大约等待几十秒的时间。注意，在双击下载的文件后，可能会显示两次"用户账户控制"对话框，单击"是"按钮，允许此应用对设备进行更改。

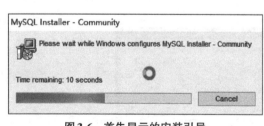

图3-6 首先显示的安装引导

图3-7 显示的安装引导

（2）显示Choosing a Setup Type（选择安装类型）界面，根据右侧的安装类型描述来选择安装的类型，如图3-8所示。安装类型有：Developer Default（默认安装）、Server only（仅作为服务器）、Client only（仅作为客户端）、Full（完全安装）、Custom（自定义安装）。这里选择默认安装，直接单击Next按钮。

（3）显示Check Requirements（检查要求）界面，根据所选择的安装类型安装Windows系统框架(framework),安装程序会自动完成框架的下载和安装,如图3-9所示,单击Next按钮。

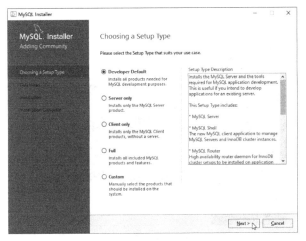

图3-8 Choosing a Setup Type界面

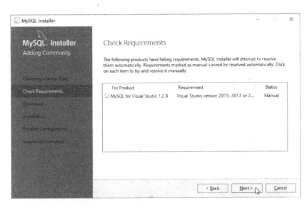

图3-9 Check Requirements界面

显示如图3-10所示的对话框,意思是"一个或多个产品要求没有得到满足,不符合要求的产品将不被安装或禁止使用,你想继续吗?",单击Yes按钮继续。

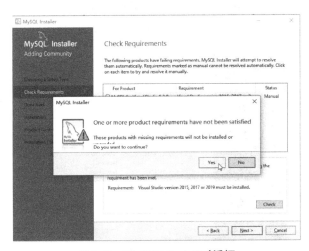

图3-10 MySQL Install对话框

（4）显示Download界面，列表中显示需要下载的文件，如图3-11所示，单击Execute按钮开始下载。

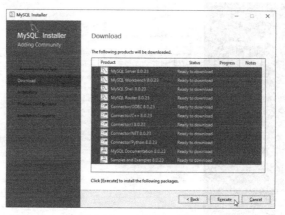

图3-11　Download界面

在下载时可以看到下载进度以及下载完成或下载失败的提示，如图3-12所示。对于没有下载成功的产品，可以单击Try again按钮重试，或者单击Back按钮返回前面步骤。至少保证选中的3项下载成功。下载成功后，单击Next按钮。

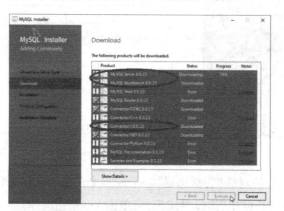

图3-12　查看选中3项的下载进度

（5）显示Installation界面，如图3-13所示，单击Execute按钮安装。

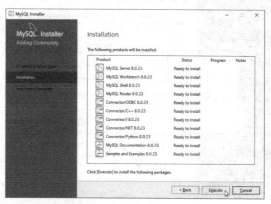

图3-13　Installation界面

显示安装进度,如图3-14所示,等待所有产品安装完成,安装完成后在Status(状态)栏下显示Complete。

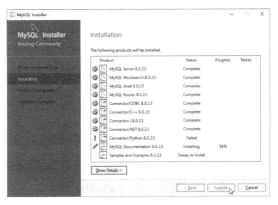

图3-14 查看安装进度

至少保证选中的3项安装成功,假如有安装失败的,可以卸载对应产品并重新安装。安装成功后单击Next按钮,如图3-15所示。

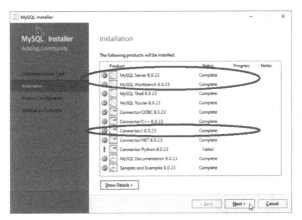

图3-15 查看选中3项产品的安装进度

(6)显示Product Configuration(产品配置)界面,如图3-16所示,单击Next按钮。

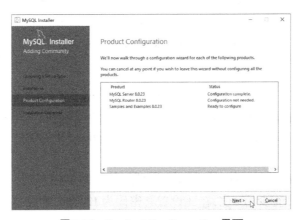

图3-16 Product Configuration界面

（7）显示 Type and Networking（类型和网络）界面，如图3-17所示。

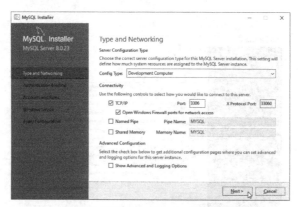

图3-17　Type and Networking 界面

Config Type（配置类型）有三种选择：Development Computer（开发者用机）、Server Computer（服务器用机）或 Dedicated Computer（专用服务器用机）。

Connectivity（连接）用于配置连接到服务器的网络配置，使用TCP/IP，MySQL默认服务器端口为3306。

本界面选项均使用默认值，不用更改。直接单击 Next 按钮。

（8）显示 Authentication Method（身份验证方法）界面，如图3-18所示。

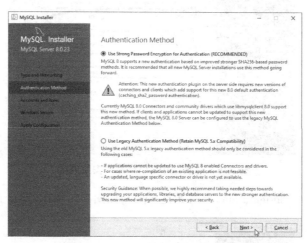

图3-18　Authentication Method 界面

身份验证方法有两种：Use Strong Password Encryption for Authentication（RECOMMENDED）[使用强密码加密授权（推荐）]或 Use Legacy Authentication Method（Retain MySQL 5.x Compatibility）[使用传统授权方法（保留5.x版本兼容性）]。

选中"Use Strong Password Encryption for Authentication（RECOMMENDED）"选项，单击 Next 按钮。

（9）显示 Accounts and Roles（账户和角色）界面，如图3-19所示。设置系统管理员 root 账户的密码（密码长度至少为4位，在此设置其密码为123456，后续也可以根据需要更改），单击 Next 按钮。

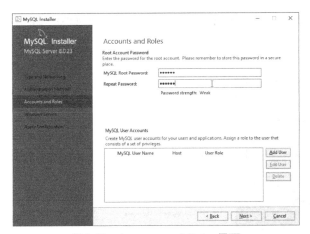

图 3-19　Accounts and Roles 界面

（10）显示 Windows Service（Windows 服务）界面，如图 3-20 所示。保持默认值不变，单击 Next 按钮。

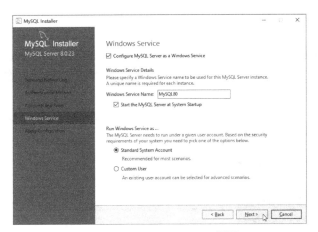

图 3-20　Windows Service 界面

（11）显示 Apply Configuration（准备配置）界面，如图 3-21 所示，单击 Execute 按钮。

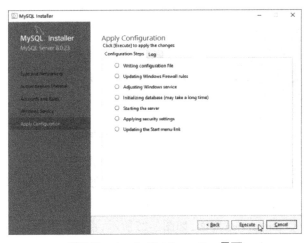

图 3-21　Apply Configuration 界面

开始执行配置,窗口中显示配置过程,配置完成后显示如图3-22所示的界面,单击Finish
按钮。

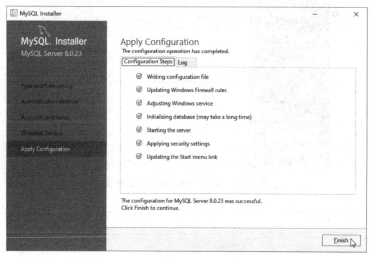

图3-22　配置完成界面

(12)再次显示Product Configuration(产品配置)界面,单击Next按钮。

(13)显示MySQL Router Configuration(MySQL路由器配置)界面,如图3-23所示,单击
Finish按钮。

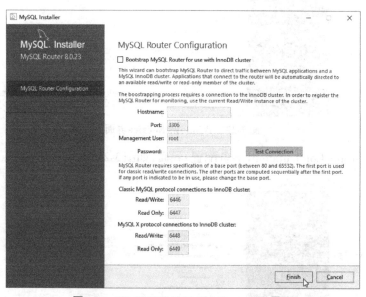

图3-23　MySQL Router Configuration界面

(14)再次显示Product Configuration界面,单击Next按钮。

(15)显示Connect To Server(连接到服务器)界面,如图3-24所示,输入前面设置的root
密码123456,然后单击Check按钮,再单击Next按钮。

(16)显示Apply Configuration界面,如图3-25所示,直接单击Execute按钮。

(17)显示配置过程,配置完成后,单击Finish按钮。

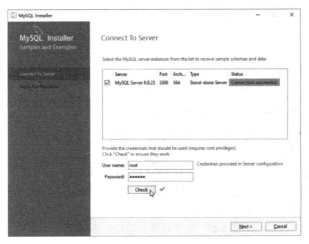

图3-24　Connect To Server界面

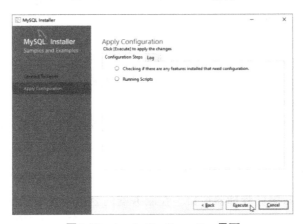

图3-25　Apply Configuration界面

（18）再次显示Product Configuration界面，单击Next按钮。

（19）显示Installation Complete（安装完成）界面，如图3-26所示，单击Finish按钮，到此MySQL安装完成。

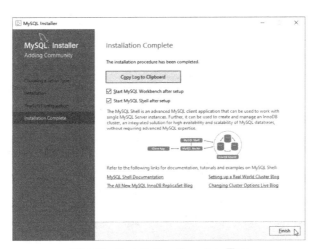

图3-26　Installation Complete界面

（20）最后会显示两个窗口，如图3-27所示，将这两个窗口关闭就可以了。

图3-27　安装程序自动打开的窗口

安装程序会自动设置环境变量，安装完MySQL服务器后，不用再手工做任何设置。

3.1.3　MySQL服务器的启动或停止

在安装完MySQL服务器后，会自动启动MySQL服务器。为了减少资源占用，在不用MySQL服务器时，可以将其停止，在需要时再启动。另外，对于免安装版的MySQL，设置完成后，需要手工启动服务。

启动和停止MySQL服务器的方法有两种：Windows服务和命令提示符。

1. 通过Windows服务来启动或停止MySQL服务

如果MySQL设置为Windows服务，依次选择"开始"→"控制面板"→"管理工具"→"服务"命令，显示Windows服务管理器窗口。在服务器的名称列表中找到MySQL80，右击并从弹出的快捷菜单中选择相应的命令（启动、重新启动、停止、暂停和恢复），如图3-28所示。

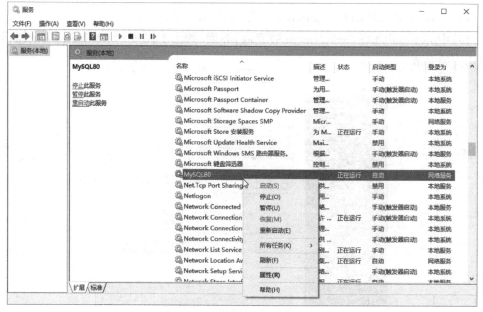

图3-28　服务管理器窗口

2. 在命令提示符下启动或停止MySQL服务

依次选择"开始"→"命令提示符"→"以管理员身份运行"命令,打开"管理员:命令提示符"窗口,如图3-29所示。

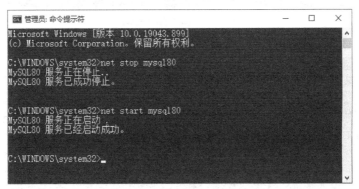

图3-29　命令提示符窗口

- 如果启动MySQL服务,则在命令提示符后输入net start mysql80,按Enter键。
- 如果停止MySQL服务,则在命令提示符后输入net stop mysql80,按Enter键。

其中,mysql80是在配置MySQL环境中设置的服务器名称。

3.2 MySQL客户端程序

MySQL采用"客户机/服务器"体系结构,要连接到服务器上的MySQL数据库管理系统,需要使用MySQL客户端程序。MySQL客户机主要用于传递SQL命令给服务器,并显示执行后的结果。客户端程序可以与服务器运行在同一台计算机上,也可以在网络中的两台计算机上分别运行。但在使用客户机连接服务器之前,一定要确保成功启动MySQL数据库服务器,才能监听客户机的连接请求。

MySQL客户端程序分为命令方式客户端程序和图形方式客户端程序两类。

3.2.1　命令方式客户端程序

命令方式客户端程序没有下拉菜单,也没有流行的用户界面,不支持使用鼠标输入命令,只能用键盘。

1. 命令行客户端程序

安装MySQL后,一般会安装两个命令行客户端程序MySQL 8.0 Command Line Client和MySQL 8.0 Command Line Client-Unicode(多语言版)。在Windows开始菜单的最近添加和MySQL文件夹中可以看到这两个MySQL客户端程序。

单击 MySQL 8.0 Command Line Client 或 MySQL 8.0 Command Line Client-Unicode,将打开MySQL的客户端程序,首先显示Enter password提示,如图3-30所示。

输入root的登录密码123456后按Enter键,显示欢迎使用和版权信息及"mysql>"提示,如图3-31所示,说明已成功登录MySQL服务器。

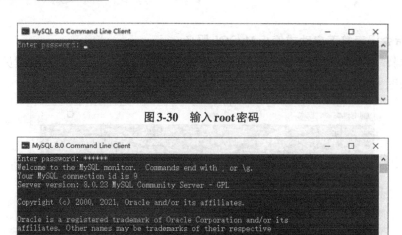

图3-30 输入root密码

图3-31 成功启动MySQL服务器

如果想通过 MySQL 8.0 Command Line Client 程序来操作 MySQL，只需在"mysql>"命令提示符后输入相应内容，同时以分号（;）或（\g、\G）来结束，最后按 Enter 键。

例如，在"mysql>"提示符后输入"SHOW DATABASES;"命令后按 Enter 键，则显示数据库名称，如图3-32所示。在输入SQL命令时，大小写字母都可以。

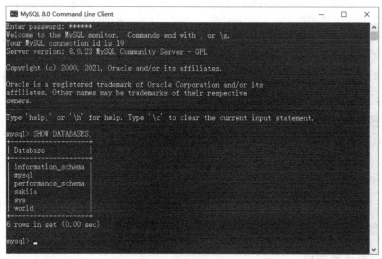

图3-32 输入SQL命令

在"mysql>"提示符后输入QUIT后按 Enter 键，则退出 MySQL 客户端程序。

MySQL 8.0 Command Line Client 程序是许多 MySQL 客户端程序中使用最多的工具之一，它可以快速地登录和操作 MySQL，本书中绝大多数实例都可由本客户端程序执行。

2. 通过命令提示符窗口执行客户端程序

对于没有安装 MySQL Command Line Client 程序的情况，可以在 Windows 中的命令提示符窗口中，通过执行 MySQL 命令行客户端程序登录和操作 MySQL。

1）设置环境变量

使用本方法登录MySQL之前，需要设置环境变量，即把安装MySQL的路径添加到环境变量中，设置方法如下。

（1）在桌面上或资源管理器中，右击"此电脑"图标，在快捷菜单中选择"属性"。

（2）显示"设置"窗口，向下浏览找到"高级系统设置"链接，如图3-33所示。

图3-33 "设置"窗口

（3）显示"系统属性"对话框，在"高级"选项卡中单击"环境变量"按钮，如图3-34所示。

（4）显示"环境变量"对话框，先在"系统变量"列表框中单击选中Path选项，然后单击"编辑"按钮，如图3-35所示。

图3-34 "系统属性"对话框

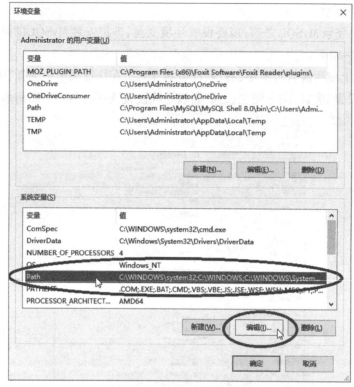

图3-35 "环境变量"对话框

（5）打开资源管理器，找到mysql.exe文件所在的文件夹，单击选中地址栏中的路径，按Ctrl+C组合键或者右击路径，将其复制到剪贴板，如图3-36所示。

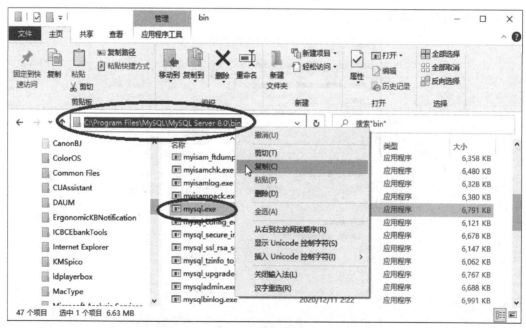

图3-36 复制路径

（6）显示"编辑环境变量"对话框，单击"新建"按钮，如图3-37所示。按Ctrl+V组合键或者右击插入点所在的文本框，把安装 MySQL 服务器的 bin 路径（C：\Program Files\MySQL\MySQL Server 8.0\bin）粘贴进去，如图3-38所示。最后，单击"确定"按钮。

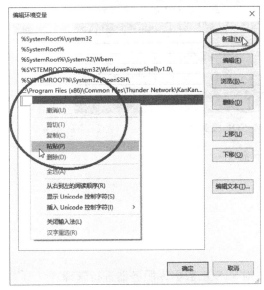
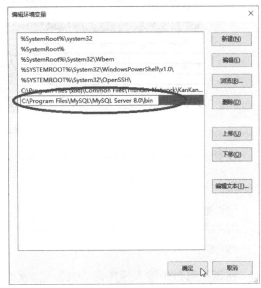

图3-37 "编辑环境变量"对话框　　　　图3-38 输入路径后的对话框

2）登录MySQL服务器

在MySQL服务器启动后，可以使用客户端程序mysql.exe登录MySQL服务器，其命令格式如下：

```
mysql-h 服务器地址-u 用户名-p 用户密码
```

各项说明如下。

-h后面的参数指定所连接的数据库服务器地址，可以是IP地址，也可以是服务器名称，之间空一格。如果是连接本机，本机 IP 地址是 127.0.0.1，本选项"-h 127.0.0.1"可以省略。

-u后面的参数指定连接数据库服务器使用的用户名，之间空一格。例如，root表示管理员身份，具有所有权限。

-p后面的参数指定连接数据库服务器使用的密码，但p和其后的参数之间不要有空格。也可以省略p后面的参数，直接按Enter键，以对话的形式输入密码。

例如，使用管理员账户root和密码123456连接本机MySQL服务器，命令如下：

```
mysql-u root-p
```

打开"命令提示符"窗口，在该窗口中输入以上命令，按 Enter 键，在出现的"Enter password："后输入密码123456。连接成功后显示MySQL控制台界面和提示符"mysql>"，表示连接到MySQL服务器，正等待用户输入SQL命令，如图3-39所示。

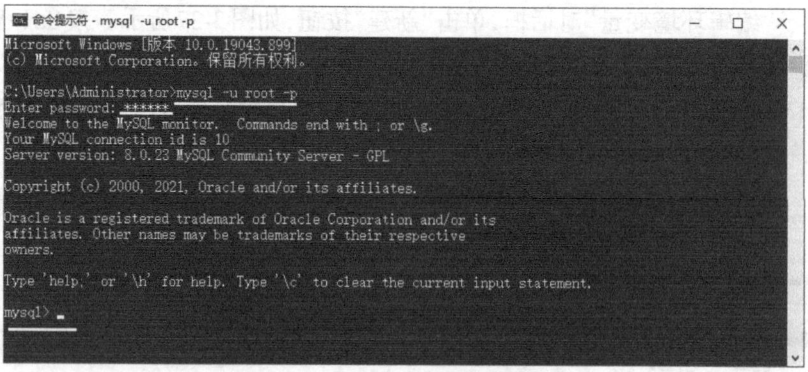

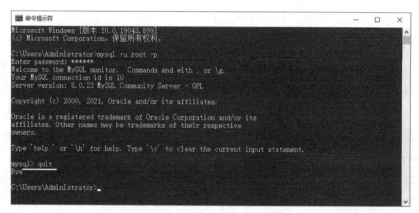

图3-39　连接到MySQL服务器

在登录到MySQL控制台时，也可以使用以下命令：

```
mysql-u root-p123456
mysql-h localhost-u root-p123456
mysql-h 127.0.0.1-u root-p123456
mysql-h 127.0.0.1-u root-p
```

在该控制台中输入SQL命令并发送，就可以对MySQL数据库服务器进行管理。

3）断开MySQL服务器

断开MySQL服务器的命令为QUIT 或者 EXIT。

在MySQL提示符"mysql>"后输入QUIT或者EXIT（或者quit、exit），则断开MySQL服务器，退出MySQL客户机，如图3-40所示。

图3-40　断开MySQL服务器

3.2.2　图形方式客户端程序

1. 常用的图形客户端程序

MySQL图形客户程序极大地方便了服务器端数据库的操作与管理，常用的图形客户端程序有Navicat for MySQL、MySQL Workbench、phpMyAdmin、SQLyog等。

下面介绍Navicat for MySQL客户端程序的下载和安装。

2. Navicat客户端程序的安装和配置

1）Navicat客户端程序的安装

Navicat for MySQL是一套专为MySQL而设计的数据库管理及开发工具。Navicat for MySQL的最新版本可在其官网（https://www.navicat.com.cn/）的"产品"网页中下载，产品试用期为14天。下面以Windows Navicat for MySQL 15为例，介绍安装。

（1）双击下载的安装文件，如navicat150_mysql_cs_x64.exe，显示欢迎安装窗口，单击"下一步"按钮。

（2）显示安装许可窗口，选中"我同意"单选按钮，单击"下一步"按钮。

（3）显示选择安装位置窗口，在此处可以修改安装文件夹，单击"下一步"按钮。

（4）显示创建快捷方式窗口，单击"下一步"按钮。

（5）显示额外任务窗口，单击"下一步"按钮。

（6）显示准备安装窗口，单击"安装"按钮。

（7）显示安装进度窗口，安装完成后，显示安装完成窗口，单击"完成"按钮。

2）Navicat客户端程序的启动和配置

启动和配置Navicat客户端程序的操作步骤如下。

（1）安装Navicat后，在Windows开始菜单和桌面上可以看到Navicat的快捷方式。双击该快捷方式运行Navicat。

（2）首次运行会显示新版本的新功能说明，然后显示Navicat窗口，如图3-41所示。单击工具栏左上角的"连接"按钮，或者选择"文件"→"新建连接"→"MySQL..."命令。

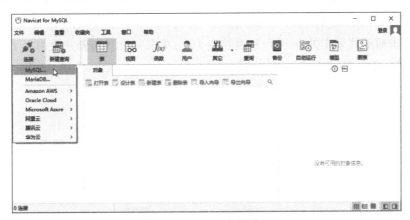

图3-41 Navicat初始窗口

（3）显示"MySQL-新建连接"对话框，如图3-42所示。对话框的信息如下。

连接名：与MySOL服务器连接的名称，可以任意选取。在此输入MySQL8。

主机：MySQL服务器的名称，可以用localhost代表本机；远程主机可以使用主机名或者IP地址。在此使用默认值localhost。

端口：MySQL的服务端口，默认端口为3306。在此使用默认值3306。

用户名：登录MySQL服务器的用户账户，root是管理员账户。在此使用默认值root。

密码：登录MySQL服务器的用户账户的密码。在此输入安装配置时所设置的root账户密码123456。

保存密码:如果选中该复选框则下次无须输入密码。

设置完成以后,单击"测试连接"按钮,如果连接成功,则显示"连接成功"提示对话框,如图3-43所示,表示设置正确。单击"确定"按钮,退出提示对话框;再单击"MySQL-新建连接"对话框中的"确定"按钮,关闭对话框。

图3-42 "MySQL-新建连接"对话框   图3-43 连接成功

(4)回到Navicat for MySQL窗口,显示连接成功后的Navicat窗口。左侧的树形列表中会出现刚才设置的连接MySQL8,双击后展开MySQL服务器中的数据库列表,如图3-44所示。可以单击树形列表中的 > 展开列表并变为 ∨,单击 ∨ 收缩列表并变为 >;也可以双击列表名称,展开或收缩列表。

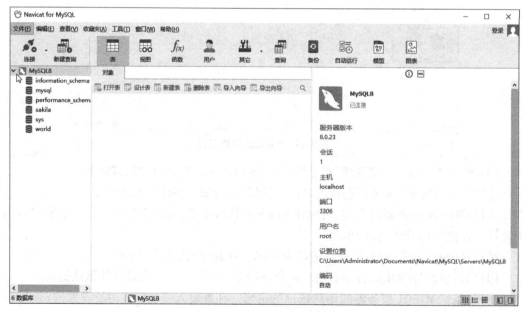

图3-44 连接后的Navicat窗口

注意：在 Navicat for MySQL 中，每个数据库的信息是单独获取的，对于没有获取的数据库，其图标显示为灰色。而一旦双击该数据库名称，则表示打开该数据库，相应的图标就会显示成彩色。对于不用的数据库，为了减少资源占用，应该将其关闭，可右击该数据库名，并从弹出的快捷菜单中选择"关闭数据库"命令，如图3-45所示。

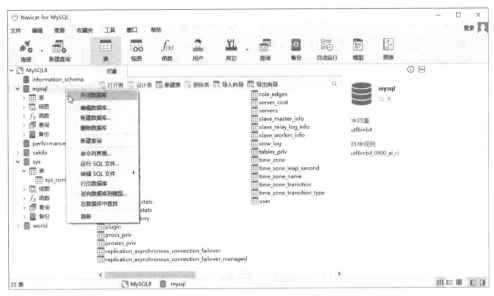

图3-45 关闭打开的数据库

（5）打开 MySQL8 连接后，可以右击 MySQL 选项，在弹出的快捷菜单中选择"关闭连接"命令，如图3-46所示。对于创建多个连接的情况，为了减少资源占用，可以把不用的连接关闭。

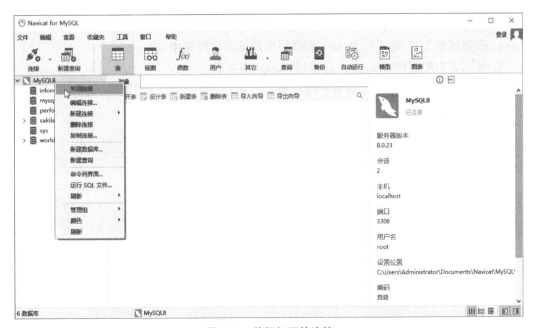

图3-46 关闭打开的连接

3.3 习题3

一、选择题

1. MySQL是一种(　　　)数据库管理系统。

　A. 层次型　　　　　　B. 网络型　　　　　　C. 关系型　　　　　　D. 对象型

2. MySQL数据库服务器的默认端口号是(　　　)。

　A. 80　　　　　　　　B. 8080　　　　　　　C. 3306　　　　　　　D. 1433

3. 控制台中执行(　　　)语句时可以退出MySQL。

　A. exit　　　　　　　B. go或quit　　　　　C. go或exit　　　　　D. exit或quit

4. 关于MySQL数据库的说法,选项的(　　　)说法是错误的。

　A. MySQL数据库不仅开放源代码,而且能够跨平台使用。例如,可以在Windows操作系统中安装MySQL数据库,也可以在Linux操作系统中使用MySQL数据库

　B. MySQL数据库启动服务时有两种方式:如果服务已经启动可以在任务管理器中查找mysqlld.exe程序,如果该进程存在则表示正在运行

　C. 手动更改MySQL的配置文件my.ini时,只能更改与客户端有关的配置,而不能更改与服务器端相关的配置信息

　D. 登录MySQL数据库成功后,直接输入"help;"语句后,按Enter键可以查看帮助信息

二、练习题

1. 从MySQL官网(https://www.mysql.com/)上下载MySQL安装版的最新版本,然后安装该版本。

2. 通过系统服务管理器启动或停止MySQL服务。

3. 通过MySQL的命令行客户端程序登录到MySQL服务器,最后退出MySQL。

4. 设置环境变量,把安装MySQL的路径添加到环境变量中。

5. 使用客户端程序mysql.exe登录到MySQL服务器。

6. 下载、安装和配置Navicat客户端程序。

第4章 存储引擎、字符集和数据库管理

本章介绍 MySQL 的存储引擎、字符集和校对规则以及数据库的创建与管理。

4.1 MySQL 的存储引擎

存储引擎就是存储数据,为存储的数据建立索引和更新、查询数据等技术的实现方法。MySQL 数据库提供了称为插件式(pluggable)的多种存储引擎,可以根据不同的需求为数据表选择不同的存储引擎。

4.1.1 存储引擎的种类

MySQL 中有两种类型的存储引擎:事务性表的存储引擎和非事务性表的存储引擎。MySQL 5.0 以后版本支持的存储引擎包括 MyISAM、InnoDB、BDB、MEMORY 等。MySQL 5.5 之前默认的存储引擎是 MyISAM,之后改为 InnoDB。

1. MyISAM 存储引擎

MyISAM 是在 Web、数据仓储和其他应用环境下最常使用的存储引擎之一。MyISAM 的优点在于占用空间小,处理速度快;缺点是不支持事务、行级锁、外键约束和并发。如果数据表主要用来插入和查询记录,不需要事务支持,并发相对较低,数据修改相对较少,以读为主,数据一致性要求不是非常高,则 MyISAM 引擎能提供较高的处理效率。

2. InnoDB 存储引擎

InnoDB 给表提供了事务处理、行级锁机制、外键约束、回滚、崩溃修复能力和多版本并发控制等功能。InnoDB 的优点在于提供了良好的事务处理、崩溃修复能力和并发控制;缺点是读写效率较差,占用的数据空间相对较大。InnoDB 不仅支持 AUTO_INCREMENT,还支持外键(foreign key)。如果要提供提交、回滚、崩溃恢复能力的事务安全(ACID 兼容)能力,并要求实现并发控制,InnoDB 是一个好的选择。本书课程就是基于 InnoDB 存储引擎来介绍的。

3. MEMORY 存储引擎

MEMORY 存储引擎将表中的数据存储在内存中,如果数据库重启或发生崩溃,表中的

数据都将消失。如果只是临时存放数据，数据量不大，并且不需要较高的数据安全性，可以选择Memory存储引擎，MySQL中使用该引擎作为临时表，存放查询的中间结果。如果需要很快的读写速度，并且对数据的安全性要求较低，就可以使用MEMORY存储引擎把数据存放在内存表中。

4.1.2 存储引擎的操作

1. 查看支持的存储引擎

查看当前版本的MySQL支持的存储引擎，使用如下语句：

```
SHOW ENGINES;
```

查看支持的存储引擎的信息，使用如下语句：

```
SHOW VARIABLES LIKE 'have%';
```

2. 查看默认存储引擎

查看当前版本的MySQL默认存储引擎，使用如下语句：

```
SHOW VARIABLES LIKE '%storage_engine%';
```

【例4-1】 使用MySQL命令行客户端程序登录MySQL服务器，查看所安装版本支持的存储引擎和默认存储引擎。操作步骤如下所示。

（1）在"开始"菜单中单击MySQL 8.0 Command Line Client；或者在"命令提示符"窗口中输入mysql-u root-p，回答登录密码，连接上MySQL服务器。

（2）在"mysql>"提示符后输入下面语句：

```
SHOW ENGINES;
```

执行结果如图4-1所示。显示一张6列的表格，各列说明如下。

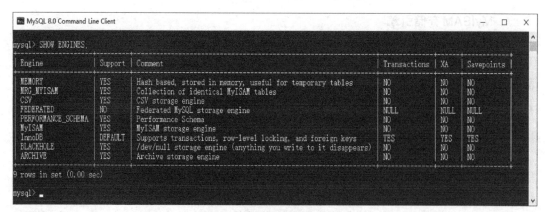

图4-1 显示支持的存储引擎

Engine：数据库存储引擎的名称。

Support：当前版本是否支持该类引擎。YES表示支持，NO表示不支持，DEFAULT表示当前默认存储引擎。

Comment：对该引擎的解释说明。

Transactions：是否支持事务处理。YES表示支持，NO表示不支持。

XA：是否支持分布式交易处理的XA规范。YES表示支持，NO表示不支持。

Savepoints：是否支持保存点，以便事务回滚到保存点。YES表示支持，NO表示不支持。

由图4-1看到，当前安装的MySQL版本默认数据表类型是InnoDB。

（3）在"mysql>"提示符后输入下面语句：

```
SHOW VARIABLES LIKE 'have%';
```

执行结果如图4-2所示。Value列显示 YES、DISABLED 和 NO 标记：YES表示支持该存储引擎；DISABLED表示数据库启动时被禁用；NO表示不支持。

（4）在"mysql>"提示符后输入下面语句：

```
SHOW VARIABLES LIKE '%storage_engine%';
```

执行结果如图4-3所示，看到默认的存储引擎是InnoDB。

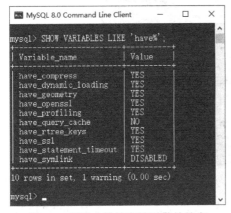

图4-2　显示支持的存储引擎的信息

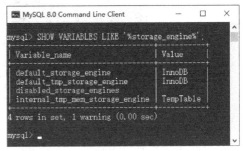

图4-3　显示默认的存储引擎

说明：上述语句可以使用分号";"结束，也可以使用"\g"或者"\G"结束，其中，"\g"的作用与分号作用相同，而"\G"将查询到的横向表格纵向输出。

4.2　MySQL的字符集和校对规则

字符集就是字符和编码的集合和规则，英文字符集是ASCII，常用的中文字符集是gbk，多种字符在一个字符集里常用utf8。

MySQL内部支持多种字符集，MySQL中不同层次有不同的字符集编码格式，主要有4个层次：服务器、数据库、表和列。字符集编码不仅影响数据存储，还影响客户端程序和数据库之间的交互。

4.2.1　字符集

1. 查看MySQL支持的字符集

查看MySQL数据库服务器支持的字符集，使用如下语句：

```
SHOW CHARACTER SET;
```

执行结果如图4-4所示。

Charset	Description	Default collation	Maxlen
armscii8	ARMSCII-8 Armenian	armscii8_general_ci	1
ascii	US ASCII	ascii_general_ci	1
big5	Big5 Traditional Chinese	big5_chinese_ci	2
binary	Binary pseudo charset	binary	1
cp1250	Windows Central European	cp1250_general_ci	1
cp1251	Windows Cyrillic	cp1251_general_ci	1
cp1256	Windows Arabic	cp1256_general_ci	1
cp1257	Windows Baltic	cp1257_general_ci	1
cp850	DOS West European	cp850_general_ci	1
cp852	DOS Central European	cp852_general_ci	1
cp866	DOS Russian	cp866_general_ci	1
cp932	SJIS for Windows Japanese	cp932_japanese_ci	2
dec8	DEC West European	dec8_swedish_ci	1
eucjpms	UJIS for Windows Japanese	eucjpms_japanese_ci	3
euckr	EUC-KR Korean	euckr_korean_ci	2
gb18030	China National Standard GB18030	gb18030_chinese_ci	4
gb2312	GB2312 Simplified Chinese	gb2312_chinese_ci	2
gbk	GBK Simplified Chinese	gbk_chinese_ci	2
geostd8	GEOSTD8 Georgian	geostd8_general_ci	1
greek	ISO 8859-7 Greek	greek_general_ci	1
hebrew	ISO 8859-8 Hebrew	hebrew_general_ci	1
hp8	HP West European	hp8_english_ci	1
keybcs2	DOS Kamenicky Czech-Slovak	keybcs2_general_ci	1
koi8r	KOI8-R Relcom Russian	koi8r_general_ci	1
koi8u	KOI8-U Ukrainian	koi8u_general_ci	1
latin1	cp1252 West European	latin1_swedish_ci	1
latin2	ISO 8859-2 Central European	latin2_general_ci	1
latin5	ISO 8859-9 Turkish	latin5_turkish_ci	1
latin7	ISO 8859-13 Baltic	latin7_general_ci	1
macce	Mac Central European	macce_general_ci	1
macroman	Mac West European	macroman_general_ci	1
sjis	Shift-JIS Japanese	sjis_japanese_ci	2
swe7	7bit Swedish	swe7_swedish_ci	1
tis620	TIS620 Thai	tis620_thai_ci	1
ucs2	UCS-2 Unicode	ucs2_general_ci	2
ujis	EUC-JP Japanese	ujis_japanese_ci	3
utf16	UTF-16 Unicode	utf16_general_ci	4
utf16le	UTF-16LE Unicode	utf16le_general_ci	4
utf32	UTF-32 Unicode	utf32_general_ci	4
utf8	UTF-8 Unicode	utf8_general_ci	3
utf8mb4	UTF-8 Unicode	utf8mb4_0900_ai_ci	4

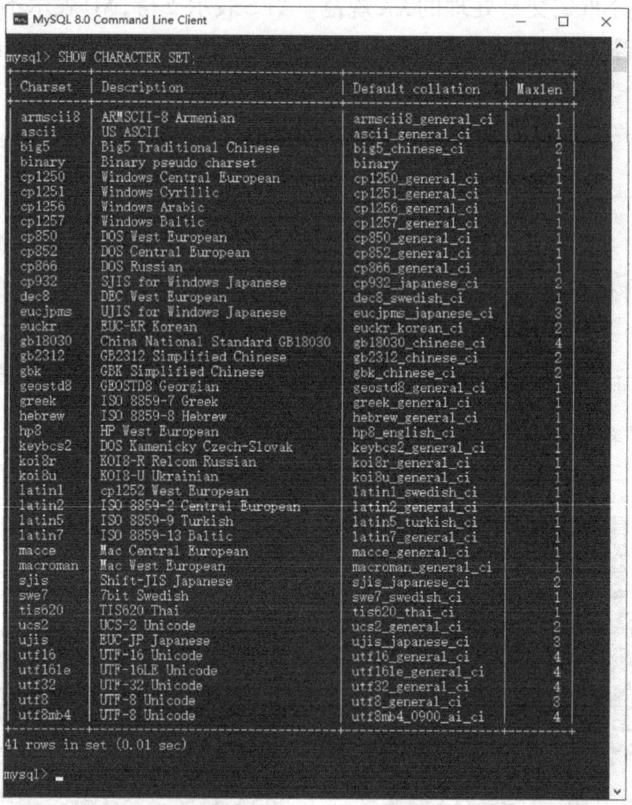

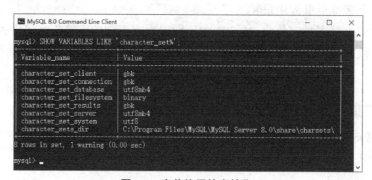

图4-4　字符集列表

常见的字符集有utf8mb4(默认字符集)、uf8、gbk、gb2312、big5等。其中,utf8mb4支持最长4个字节的UTF-8字符。utf8支持最长3个字节的UTF-8字符。utf8mb4兼容utf8,且比utf8能表示更多的字符。

2. 查看MySQL当前字符集

查看MySQL当前安装的字符集,使用如下语句:

```
SHOW VARIABLES LIKE 'character_set%';
```

执行结果如图4-5所示。

Variable_name	Value
character_set_client	gbk
character_set_connection	gbk
character_set_database	utf8mb4
character_set_filesystem	binary
character_set_results	gbk
character_set_server	utf8mb4
character_set_system	utf8
character_sets_dir	C:\Program Files\MySQL\MySQL Server 8.0\share\charsets\

图4-5　当前使用的字符集

3. 查看数据库的字符集

查看指定数据库的字符集,使用如下语句:

```
SHOW CREATE DATABASE 数据库名;
```

例如,查看world数据库的字符集,使用如下语句:

```
SHOW CREATE DATABASE world;
```

4. 查看表的字符集

查看指定表的字符集,使用如下语句:

```
SHOW CREATE TABLE 数据库名 . 表名;
```

5. 查看表中所有列的字符集

查看指定表中所有列的字符集,使用如下语句:

```
SHOW FULL COLUMNS FROM 数据库名 . 表名;
```

例如,查看city表中所有列的字符集,使用如下语句:

```
SHOW FULL COLUMNS FROM world.city;
```

4.2.2 校对规则

MySQL的字符集包括字符集(character)和校对规则(collation)两个概念。字符集用来定义MySQL存储字符串的方式,校对规则用来定义比较字符串的方式。一个字符集也可能对应多个校对规则,但是两个不同的字符集不能对应同一个校对规则。每个字符集有一个默认校对规则,当不指定校对规则时就使用默认值。例如,utf8字符集对应的默认校对规则是utf8_general_ci。MySQL支持30多种字符集的70多种校对规则。每个字符集至少对应一个校对规则。

查看相关字符集的校对规则,使用如下语句:

```
SHOW COLLATION LIKE '字符集名%';
```

例如,查看gbk字符集的校对规则,使用如下语句:

```
SHOW COLLATION LIKE 'gbk%';
```

执行结果如图4-6所示。其中gbk_chinese_ci校对规则是默认的校对规则,其规定对大小写不敏感,即如果比较"T"和"t",则认为这两个字符是相同的。如果按照gbk_bin校对规则比较,由于它对大小写敏感,所以认为这两个字符是不同的。

图4-6 显示gbk校对规则

4.3 数据库的创建与管理

数据库可看作一个专门存储数据对象的容器,这里的数据对象包括表、视图、触发器、存储过程等,其中表是最基本的数据对象。必须首先创建好数据库,然后才能创建存放于数据库中的数据对象。

4.3.1 MySQL 数据库分类

MySQL 数据库分为系统数据库和用户数据库两大类。

1. 系统数据库

系统数据库是指安装完 MySQL 服务器后附带的一些数据库。如图 4-7 所示是在 MySQL Command Line Client 程序中输入"SHOW DATABASES;"语句后显示的数据库名称。如图 4-8 所示是在 Navicat for MySQL 客户端程序的导航窗格中看到的 MySQL 8 中默认安装的几个系统数据库。

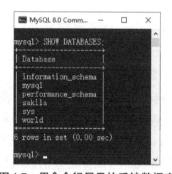

图 4-7 用命令行显示的系统数据库

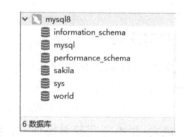

图 4-8 在 Navicat 中显示的系统数据库

系统数据库会记录一些必需的信息,用户不能直接修改这些系统数据库。各个系统数据库的作用如下。

1) mysql 系统数据库

mysql 系统数据库是 MySQL 的核心数据库,存储了 MySQL 服务器正常运行所需的各种信息。主要负责存储数据库的用户、权限设置、关键字等 MySQL 系统需要使用的控制和管理信息。mysql 系统数据库中的表分为多种类别,包括数据字典表、权限信息表、对象信息表、查询日志表、服务器端帮助信息表、时区信息表、复制信息表、优化器系统表等。

2) information_schema 信息数据库

information_schema 信息数据库主要存储一些提供访问数据库元数据方式的各种视图,包括数据库、表、列的数据类型、访问权限,字符集等信息。这些信息有时也被称为数据字典(data dictionary)或者系统目录(system catalog),主要来源就是 mysql 系统数据库中的数据字典表。利用这些视图,可以查看数据库、表结构、约束、索引以及视图、存储过程/函数、触发器、计划任务等信息。

3) performance_schema 性能数据库

performance_schema 数据库为 MySQL 服务器运行时状态提供了一个底层的监控功能,

主要存储数据库服务器性能参数,提供进程的信息,保存历史的事件汇总信息,监控事件等。performance_schema数据库中的表按照收集信息的类型分成不同的组:包括设置表、当前事件表、历史事件表、事件汇总表、监测实例表等。

4)sys数据库

sys数据库通过视图的形式把information_schema和performance_schema结合起来,查询出更加令人容易理解的数据。sys数据库里面包含了一系列的存储过程、自定义函数以及视图。通过这个数据库可以快速地了解系统的元数据信息,可以方便DBA发现数据库的很多信息,解决性能瓶颈。

数据库元数据(metadata)就是描述数据的数据,在MySQL中就是描述数据库的数据,比如有哪些数据库,每个数据库有哪些表,表有哪些字段,字段是什么类型以及访问权限等。

5)样例数据库

sakila、world数据库是MySQL样例数据库。sakila库是一个MySQL官方提供的模拟电影出租厅信息管理系统的数据库,可以作为学习数据库设计的参考示例。world也是一个实例数据库,可以用来练习SQL语句。

2. 用户数据库

用户数据库是用户根据实际应用需求创建的数据库,如学生管理数据库、商品销售数据库、财务管理数据库等。MySQL可以包含一个或多个用户数据库。

数据库是存储数据库对象的容器,那么什么是数据库对象?数据库可以存储哪些数据库对象?所谓数据库对象是指存储、管理和使用数据的不同结构形式,主要包含表、视图、存储过程、函数、触发器和事件等。

在Navicat for MySQL客户端程序的左侧导航窗格中,每个数据库节点下都拥有一个树形路径结构,如图4-9所示。树形路径结构中的每个具体子节点都是数据库对象,如world数据库子节点下的"表"。关于数据库对象,后面章节将逐步介绍。

图4-9 数据库对象

4.3.2 创建数据库

创建数据库是在系统外存上划分一块区域用于数据的存储和管理。

1. 使用SQL语句创建数据库

在MySQL中,创建数据库是通过SQL语句CREATE DATABASE或CREATE SCHEMA语句来实现的,其基本语法格式如下:

```
CREATE { DATABASE | SCHEMA} [ IF NOT EXISTS ] db_name
[ [ DEFAULT ] CHARACTER SET [ = ] charset_name ]
[ [ DEFAULT ] COLLATE [ = ] collation_name ];
```

语法说明如下。

（1）语句中"[ ]"内为可选项。

（2）语句中"|"用于分隔花括号中的选择项，表示可任选其中一项来与花括号外的语法成分共同组成SQL语句，即选项彼此间是"或"的关系。

（3）db_name：数据库名。在文件系统中，MySQL的数据存储区将以目录方式表示MySQL数据库。因此，命令中的数据库名字必须符合操作系统的文件命名规则，而在MySQL中是不区分大小写的。

（4）IF NOT EXISTS：在创建数据库前进行判断，只有该数据库目前不存在时才执行CREATE DATABASE操作。用此选项可以避免出现数据库已经存在而再新建的错误。

（5）CHARACTER SET：用于指定数据库字符集，charset_name为字符集名称。例如，简体中文字符集名称为gb2312。

（6）COLLATE：用于指定字符集的校对规则，collation_name为校对规则的名称。例如，简体中文字符集的校对规则为gb2312_chinese_ci。

（7）DEFAULT：指定默认的数据库字符集和字符集的校对规则。

如果指定了CHARACTER SET charset_name和COLLATE collation_name，那么采用指定的字符集charset_name和校验规则colation_name；如果没有指定，那么采用默认的值。

【例4-2】 创建一个名为School的数据库，在创建之前用IF NOT EXISTS子句先判断数据库是否存在；默认采用简体中文字符集和校对规则。语句如下：

```
CREATE DATABASE IF NOT EXISTS School
DEFAULT CHARACTER SET = gb2312
DEFAULT COLLATE = gb2312_chinese_ci;
```

在MySQL 8.0 Command Line Client程序窗口中输入以上SQL语句，每输入完一行语句后按Enter键，新行的行首显示"->"。接着输入新的一行语句并按Enter键。最后一行的行尾一定要以";"结束，按Enter键后执行该语句，执行结果如图4-10所示。

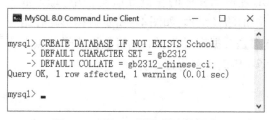

图4-10　用SQL语句创建数据库

语句执行后显示"Query OK,1 row affected,1 warning(0. 01 sec)"则表示创建成功,1行受到影响,处理时间是0.01秒。

注意：虽然创建数据库的SQL语句不属于查询命令，但是在MySQL中，所有SQL语句执行成功后都显示Query OK。

上述语句执行成功后，会在MySQL的默认安装文件夹（C：\ProgramData\MySQL\MySQL Server 8.0\Data）下创建一个与数据库名相同的文件夹school，如图4-11所示。

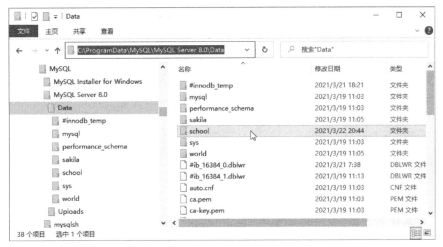

图4-11 创建的数据库文件夹

2. 使用Navicat创建数据库

通过MySQL数据库服务器自带的工具MySQL Command Line Client来创建数据库,虽然高效、灵活,但是对于初级用户来说比较困难,需要掌握SQL语句。通过图形客户端程序,使用菜单命令就可以创建数据库。下面通过实例介绍使用Navicat创建数据库的操作。

【例4-3】 在数据库管理系统中创建名为StudentInfo的数据库。

(1) 在Navicat for MySQL的导航窗格中,双击MySQL服务器名称,如mysql8(注意:读者要选择自己MySQL服务器名称),展开MySQL服务器中的数据库列表。

(2) 在导航窗格中,右击MySQL服务器名称,如mysql8,从在弹出的快捷菜单中选择"新建数据库"命令,如图4-12所示。

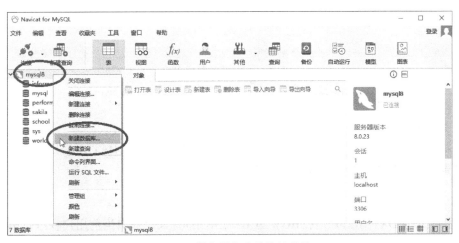

图4-12 服务器名称的快捷菜单

(3) 显示"新建数据库"对话框,在"常规"选项卡中,分别输入或指定"数据库名""字符集"和"排序规则"(即校对规则),如图4-13所示。

(4) 在"SQL预览"选项卡中,可以看到操作菜单命令生成的创建数据库的SQL语句,可以通过浏览学习SQL语句,如图4-14所示。

图 4-13 "常规"选项卡　　　　　　　　图 4-14 "SQL预览"选项卡

（5）在"新建数据库"对话框中单击"确定"按钮后，导航窗格中将显示刚才创建的数据库名，将以小写形式显示数据库名 studentinfo。

（6）如果要打开 studentinfo 数据库，则双击 studentinfo，或右击并从弹出的快捷菜单中选择"打开数据库"命令。打开的数据库名将由灰色变为绿色，如图 4-15 所示。

图 4-15 打开的数据库

4.3.3 查看和选择数据库

1. 查看数据库

显示当前数据库服务器下的所有数据库列表要使用 SHOW DATABASES 语句，该语句常用来查看某一个数据库是否存在。其语法格式如下：

```
SHOW DATABASES | SCHEMAS;
```

使用 SHOW DATABASES 或 SHOW SCHEMAS 语句，只会列出当前用户权限范围内所能查看到的数据库名称。

【例 4-4】 查看当前用户（root）可查看的数据库列表。使用如下语句：

```
SHOW DATABASES;
```

在命令行客户端程序中显示 root 用户数据库服务器下的所有数据库列表，运行结果如图 4-16 所示。在 Navicat for MySQL 中，可以在导航窗格中看到该服务器的数据库列表。

图4-16　用SQL语句查看数据库列表

2. 选择数据库

在数据库管理系统中一般存在多个数据库,在操作数据库对象之前,首先需要确定是哪一个数据库,即在对数据库对象进行操作时,需要先选择一个数据库,使之成为当前数据库。

使用USE语句指定一个数据库为当前数据库,其语法格式如下:

```
USE db_name;
```

上述语句中,db_name参数表示所要选择的数据库名字。

只有使用USE语句指定某个数据库为当前数据库之后,才能对该数据库及其存储的数据对象执行各种操作。

【例4-5】　执行USE语句,选择名为School的数据库。具体SQL语句如下:

```
USE School;
```

在命令行客户端程序中执行上面的SQL语句,其结果如图4-17所示。

图4-17　选择数据库

在Navicat for MySQL中,如果该数据库已经打开(数据库名显示为绿色),则在导航窗格中单击该数据库名,表示选择了该数据库。

也可以在工具栏上单击"新建查询"按钮,窗口中部显示查询编辑器窗格,如图4-18所示。

图4-18　查询编辑器窗格

在查询编辑器窗格中输入 SQL 语句。SQL 语句输入完成后,单击"运行"按钮,在"信息"窗格中显示运行结果,如图 4-19 所示。

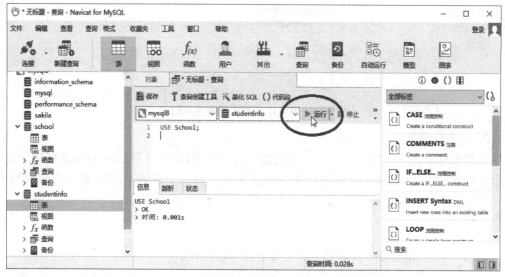

图 4-19　输入和运行 SQL 命令

4.3.4　修改数据库

使用 ALTER DATABASE 或 ALTER SCHEMA 语句可以修改数据库的默认字符集和字符集的校对规则,其语法格式如下:

```
ALTER { DATABASE | SCHEMA}[ db_name ]
[ DEFAULT ] CHARACTER SET [ = ] charset_name
[ [ DEFAULT ] COLLATE [ = ] collation_name ];
```

本语句的语法要素与 CREATE DATABASE 语句类似。ALTER DATABASE 语句用于修改数据库的全局特性,执行本语句时必须具有对数据库修改的权限。数据库名可以省略,表示修改当前(默认)数据库。修改字符集非常危险,要慎用。

【例 4-6】　修改 School 数据库的字符集为 gbk。具体 SQL 语句如下:

```
ALTER DATABASE School
CHARACTER SET gbk;
```

在命令行客户端程序中执行上面的 SQL 语句,其结果如图 4-20 所示。

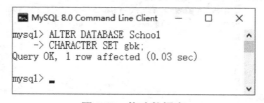

图 4-20　修改数据库

也可以在 Navicat for MySQL 中单击"新建查询"按钮,在查询编辑器窗格中输入 SQL 语句,单击"运行"按钮,在"信息"窗格中显示运行结果,如图 4-21 所示。

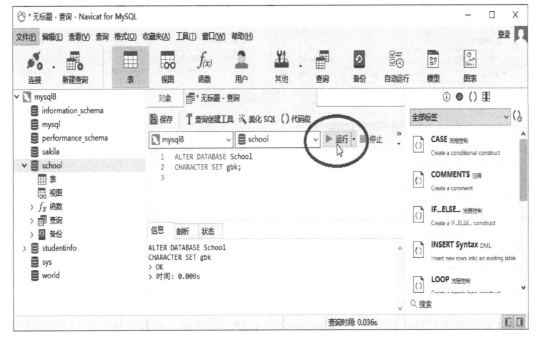

图 4-21　修改数据库

或者在 Navicat for MySQL 中通过菜单方式修改。在导航窗格中右击要修改的数据库名，并从弹出的快捷菜单中选择"编辑数据库..."命令，如图 4-22 所示。

图 4-22　数据库的快捷菜单

显示"编辑数据库"对话框的"常规"选项卡，如图 4-23 所示，其中"数据库"名显示为灰色，不可修改；单击"字符集"和"排序规则"后面的下拉按钮，可以选择修改。

在"SQL预览"选项卡中,显示自动生成的修改数据库的SQL语句,如图4-24所示。

图4-23 "常规"选项卡

图4-24 "SQL预览"选项卡

在"编辑数据库"对话框中单击"确定"按钮,执行修改。

4.3.5 删除数据库

删除数据库是将已创建的数据库文件从磁盘空间上清除。在删除数据库时,会删除数据库中的所有对象,因此,删除数据库时需要慎重考虑。删除数据库的语法格式如下:

```
DROP DATABASE | SCHEMA [ IF EXISTS ] db_name;
```

使用说明如下。

(1) db_name为指定要删除的数据库名。

(2) 删除语句会删除指定的整个数据库,包括该数据库中的所有对象也将被永久删除。使用该语句时MySQL不会给出任何提醒确认信息,因而要小心,以免错误删除。另外,对该语句的使用需要用户具有相应的权限。

(3) 当某个数据库被删除之后,该数据库上的用户权限不会自动被删除,为了方便数据库的维护,应手动删除它们。

(4) 可选项IF EXISTS子句可以避免删除不存在的数据库时出现MySQL错误信息。

【例4-7】 删除数据库school。具体SQL语句如下:

```
DROP DATABASE School;
```

在命令行客户端程序中执行上面的SQL语句,其结果如图4-25所示。

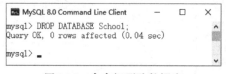

图4-25 命令行删除数据库

也可以在Navicat for MySQL中单击"新建查询"按钮,在查询分析器窗格中输入SQL语句,单击"运行"按钮,在"信息"窗格中显示运行结果,如图4-26所示。在导航窗格中右击mysql8,并从弹出的快捷菜单中选择"刷新"命令,可以看到,数据库列表中已经没有名称为school的数据库了,MySQL默认安装路径下的school文件夹也被删除了。

或者在Navicat for MySQL的浏览窗格中,右击要删除的数据库名,并从弹出的快捷菜单中选择"删除数据库"命令。

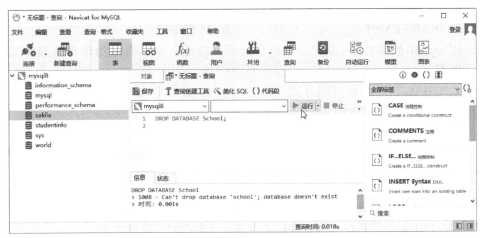

图4-26　删除数据库

注意:不能删除系统数据库,否则MySQL将不能正常工作。

 习题4

一、选择题

1. ( )存储引擎支持外键(foreign key)、事务(transaction)和全文检索。

　A. MEMORY　　　B. MyISAM　　　　C. InnoDB　　　　D. MySQL

2. ( )存储引擎将数据存储在内存中,数据的访问速度快,计算机关机后数据具有临时存储数据的特点。

　A. MYISAM　　　B. InnoDB　　　　C. MEMORY　　　D. CHARACTER

3. 设置表的默认字符集关键字是( )。

　A. default character　　　　　　　B. default set

　C. default　　　　　　　　　　　　D. default character set

4. 查看MySQL中支持的存储引擎语句是( )。

　A. "SHOW ENGINES;"和"SHOW VARIABLES LIKE 'have%';"

　B. "SHOW VARIABLES;"和"SHOW VARIABLES LIKE 'have%';"

　C. "SHOW ENGINES;"和"SHOW ENGINES LIKE 'have%';"

　D. "SHOW ENGINES;"和"SHOW VARIABLES FROM 'have%';"

5. 查看系统中可用的字符集命令是( )。

　A. SHOW CHARACTER SET;　　　　B. SHOW COLLATION;

　C. SHOW CHARACTER;　　　　　　D. SHOW SET;

6. 创建数据库的语法格式是( )。

　A. CREATE DATABASE 数据库名;　　B. SHOW DATABASES;

　C. USE 数据库名;　　　　　　　　D. DROP DATABASE 数据库名;

7. 在创建数据库时,可以使用(　　)子句确保如果数据库不存在就创建它,如果存在就直接使用它。

A. IF NOT EXISTS   B. IF EXISTS

C. IF NOT EXIST   D. IF EXIST

8. 在MySQL数据库中,通常使用(　　)语句指定一个已有数据库作为当前工作数据库。

A. USING   B. USED   C. USES   D. USE

9. SQL代码"DROP DATABASE MyDB001;"的功能是(　　)。

A. 修改数据库名为MyDB001   B. 删除数据库MyDB001

C. 使用数据库MyDB001   D. 创建数据库MyDB001

二、练习题

1. 使用MySQL Command Line Client登录MySQL服务,用SQL语句创建student数据库,然后查看MySQL系统中还存在哪些数据库以及支持的存储引擎的类型。

2. 使用Navicat登录MySQL服务,分别使用SQL语句和菜单方式创建数据库,最后使用SQL语句删除student数据库,使用菜单方式删除teacher数据库。

第5章 表的定义与完整性约束

本章讲述数据类型、数据表的操作和数据的完整性约束。

5.1 数据类型

在MySQL中,每个列、变量、表达式和参数都具有一个相关的数据类型。数据类型是一种属性,用于指定对象可保存数据的类型。MySQL提供的数据类型主要有数值、日期时间、字符串、二进制和复合类型。

5.1.1 数值类型

数值分为整数和小数。

1. 整数类型

MySQL支持的整数类型如表5-1所示。不同类型的整数存储时占用的字节不同,而占用字节多的类型所能存储的数字范围也大。

表5-1 MySQL的整数类型

整数类型	占用字节数	无符号数的取值范围	有符号数的取值范围	说 明
TINYINT	1	$0 \sim 255(2^8-1)$	$-128 \sim 127$	极小整数类型
SMALLINT	2	$0 \sim 65535(2^{16}-1)$	$-32768 \sim 32767$	较小整数类型
MEDIUMINT	3	$0 \sim 16777215(2^{24}-1)$	$-8388608 \sim 8388607$	中型整数类型
INT 或 INTEGER	4	$0 \sim 4294967295(2^{32}-1)$	$-2147483648 \sim 2147483647$	常规(平均)大小的整数类型
BIGINT	8	$0 \sim 18446744073709551615$ $(2^{64}-1)$	$-9233372036854775808 \sim$ 9223372036854775807	较大整数类型

如果要声明无符号整数,则在整数类型后面加上UNSIGNED属性。例如,声明一个INT UNSIGNED的数据列,则表示声明的是无符号数,其取值从0开始。

声明整数类型时,可以为它指定一个显示宽度(1~255),如INT(5),指定显示宽度为5个字符;如果没有给它指定显示宽度,MySQL会为它指定一个默认值。显示宽度只适用于显示,并不能限制取值范围。例如,可以把123456存入INT(3)数据列中。

在整数类型后面加上 ZEROFILL 属性,表示在数值之前自动用 0 补齐不足的位数。例如,将 5 存入一个声明为 INT(3)ZEROFILL 的数据列中,查询输出时,输出的数据将是"005"。当使用 ZEROFILL 属性修饰时,则自动应用 UNSIGNED 属性。

2. 浮点数类型和定点数类型

MySQL 中使用浮点数和定点数表示小数。浮点数类型有两种:FLOAT(单精度浮点数类型)和 DOUBLE(双精度浮点数类型)。定点数类型只有一种:DECIMAL(定点数类型)。数值类型及其取值范围如表 5-2 所示。

表 5-2 MySQL 的浮点数类型和定点数类型

浮点数类型	占用字节数	非负数的取值范围	负数的取值范围	说　明
FLOAT	4	0 和 $1.17494351×10^{-38}$~$3.402823466×10^{38}$	$-3.402823466×10^{38}$~$-1.175494351×10^{-38}$	小型单精度浮点数
DOUBLE	8	0 和 $2.2250738585072014×10^{-308}$~$1.7976931348623157×10^{308}$	$1.7976931348623157×10^{308}$~$2.2250738585072014×10^{-308}$	常规双精度浮点数
DEC(M,D)或 DECIMAL(M,D)	$M+2$	同 DOUBLE 型	同 DOUBLE 型	精确小数

声明浮点数类型和定点数类型时,可以为它指定一个显示宽度指示器和一个小数点指示器,用(M,D)来表示。其中 M 称为精度,表示总位数;D 称为标度,表示小数的位数。例如,FLOAT(7,2)表示显示的值不超过 7 位数字,小数点后面带有 2 位数字,存入的数据会被四舍五入。比如,3.1415 存入后的结果是 3.14。建议在定义浮点数时,如果不是实际情况需要,最好不要使用,如果使用了,可能会影响数据库的迁移。对于定点数而言,DEC(M,D)是定点数的标准格式,一般情况下可以选择这种数据类型。

在 MySQL 中,定点数以字符串形式存储,因此,其精度比浮点数要高。如果对数据的精度要求比较高,应该选择定点数 DECIMAL。

5.1.2　字符串类型

字符串类型可以用来存储任何一种值,所以它是最基本的数据类型之一。MySQL 支持用单引号或双引号包含字符串,如"MySQL"、'MySQL',它们表示同一个字符串。字符串类型及其取值范围如表 5-3 所示。

表 5-3　字符串类型

字符串类型	占用字节数	取值范围(字节)	说　明
CHAR[(M)]	M	$0~255(2^8-1)$	固定长度字符串
VARCHAR[(M)]	$L+1$	$0~255(2^8-1)$	可变长度字符串,最常用的字符串类型
TINYTEXT	$L+1$	$0~255(2^8-1)$	可变长度字符串,微小文本字符串
TEXT[(M)]	$L+2$	$0~65535(2^{16}-1)$	可变长度字符串,小文本字符串
NEDIUMTEXT	$L+3$	$0~16777215(2^{24}-1)$	可变长度字符串,中等长度文本字符串
LONGTEXT	$L+4$	$0~4294967295(2^{32}-1)$	可变长度字符串,大文本字符串

字符串按其长度是否固定分为固定长度字符串和可变长度字符串,固定长度字符串只有CHAR,其他都是可变长度字符串。对于可变长度字符串类型,其长度取决于实际存放在数据列中的值的长度,该长度在表5-3中用L表示,需要加上存放L本身的长度所需要的字节数。例如,一个VARCHAR(10)列能保存最大长度为10个字符的字符串,实际的存储空间是字符串的长度加上1个字节,以记录字符串的长度。例如,字符串MySQL的字符个数是5,而可以存储6个字节。

CHAR(n)和VARCHAR(n)表示可以存储n个字符(n个中文字符或n个英文字符)。在使用CHAR和VARCHAR类型时,当传入实际值的长度大于指定的长度时,字符串会被截取至指定长度。

在使用CHAR类型时,如果传入实际值的长度小于指定长度,会使用空格将其填补至指定长度;而在使用VARCHAR类型时,如果传入实际值的长度小于指定长度,实际长度即为传入字符串的长度,不会使用空格填补。

TEXT类型分为4种:TINYTEXT、TEXT、MEDIUMTEXT和LONGTEXT,它们的区别是存储空间和数据长度不同。由于占用空间大,实际项目中不使用。

VARCHAR、TEXT等可变长度类型,它们的存储空间取决于值的实际长度,而不是取决于类型的最大可能长度。

CHAR类型要比VARCHAR等可变长度类型效率更高,但占用空间较大。

5.1.3 日期时间类型

时间和日期类型用来存储日期、时间的值,日期时间类型及其取值范围如表5-4所示。

表5-4 MySQL日期时间类型及其取值范围

日期时间类型	字节数	格 式	取值范围	说 明
DATE	4	YYYY-MM-DD	1000-01-01 ~ 9999-12-31	日期值
TIME	3	HH:MM:SS	-838:59:59 ~ 838:59:59	时间值
YEAR	1	YYYY	1901~2155	年份值
DATETIME	8	YYYY-MM-DD HH:MM:SS	1000-01-01 00:00:00 ~ 9999-12-31 23:59:59	混合日期和时间值
TIMESTAMP	4	YYYYMMDDHHMMSS	19700101080001 ~ 2038年的某一时刻	时间戳

其中,YYYY表示年,MM表示月,DD表示日;HH表示小时,MM表示分钟,SS表示秒。在给DATETIME类型的字段赋值时,可以使用字符串类型或者数值类型的数据,只需符合DATETIME的日期格式即可。

TIMESTAMP的显示格式与DATETIME相同,显示宽度固定在19个字符,格式为YYYY-MM-DD HH:MM:SS,存储空间需要4个字节。但是TIMESTAMP列的取值范围小于DATETIME的取值范围,如表5-4所示。

从形式上来说,MySQL日期类型的表示方法与字符串的表示方法相同(使用单引号括起来)。本质上,MySQL日期类型的数据是一个数值类型,可以参与简单的加、减运算。每一个类型都有取值范围,当取值不合法时,系统取值为0。

5.1.4　二进制类型

MySQL支持两类字符型数据,是文本字符串和二进制字符串。二进制字符串类型也称二进制类型。MySQL中的二进制字符串有BIT、BINARY、VARBINARY、TINYBLOB、BLOB、MEDIUMBLOB和LONGBLOB。由于在实际应用中基本不用二进制类型,所以本书不介绍。

5.1.5　复合类型

MySQL数据库还支持两种复合数据类型,分别是ENUM和SET,它们扩展了SQL规范。这些类型基于字符串类型,但是可以被视为不同的数据类型。

1. ENUM(枚举)类型

ENUM类型的列只允许从一个枚举中取得某一个值,有点类似于单选按钮的功能。例如,人的性别从枚举{'男','女'}中取值,且只能取其中一个值。

ENUM是一个字符串对象,其值为表创建时在列规定中枚举的一列值,语法格式如下:

```
列名  ENUM('值 1','值 2',...,'值 n')
```

其中,"列名"指的是将要定义的列名称;"值n"指的是枚举列表中的第n个值。ENUM类型的列在取值时,只能在指定的枚举列表中取,而且一次只能取一个值。如果创建的成员中有空格,其尾部的空格将自动被删除。ENUM值在内部用整数表示,每个枚举值均有一个索引值,列表值所允许的成员值从1开始编号,MySQL存储的就是这个索引编号。枚举最多可以有65 535个元素。

ENUM值依照索引顺序排列,并且空字符串排在非空字符串之前,NULL值排在其他所有枚举值之前。ENUM类型的字段有一个默认值NULL。如果将ENUM列声明为允许NULL,NULL值则为该字段的一个有效值,并且默认值为NULL。如果ENUM列被声明为NOT NULL,其默认值为允许的值列的第1个元素。

2. SET(集合)类型

SET类型的列允许从一个集合中取得多个值,有点类似于复选框的功能。例如,一个人的兴趣爱好可以从集合{'看电影','听音乐','旅游','购物'}中取值,且可以取多个值。

SET类型是一个字符串对象,可以有零或多个值,SET字段最大可以有64个成员,其值为表创建时规定的一列值。指定包括多个SET成员的SET字段值时,各成员之间用逗号隔开,语法格式如下:

```
SET('值 1','值 2',...,'值 n')
```

与ENUM类型相同,SET值在内部用整数表示,列表中每一个值都有一个索引编号。当创建表时,SET成员值的尾部空格将自动被删除。但与ENUM类型不同的是,ENUM类型的字段只能从定义的字段值中选择一个值插入,而SET类型的列可从定义的列值中选取多个值。

如果插入SET字段中的值有重复,则MySQL自动删除重复的值;插入SET字段的值的顺序不重要,会在存入数据库时,按照定义的顺序显示;如果插入了不正确的值,在默认情况下,MySQL将忽视这些值,并给出相应警告。

5.1.6 NULL值

NULL称为空值,通常用于表示未知、没有值、不可用或将在以后添加的数据。可以将NULL值插入数据表中并从表中检索,可以测试某个值是否为NULL,也可以对NULL值进行算术计算。如果对NULL值进行算术运算,其结果还是NULL。在MySQL中,0或NULL都是假,而其余值都是真。

在定义列时,建议将列指定为NOT NULL约束。这是由于在MySQL中,含有空值的列很难进行查询优化,NULL值会使索引的统计信息以及比较运算变得更加复杂。

5.2 数据表的操作

表必须建立在某一数据库中,不能单独存在,表是数据库存放数据的对象。

5.2.1 表的基本概念

在关系数据库中,每一个关系都体现为一张二维表,表中数据的组织形式如同Excel表格,由行、列和表头组成。使用表来存储和操作数据的逻辑结构,表是数据库中最重要的数据对象。数据表的主要内容如下所示。

(1)表名。每一个表都必须有一个名字,以标识该表,称为表名。表名在某一个数据库中必须唯一。

(2)列名。任何列都必须有一个名字,称为列名或字段名。在一个表中,列名必须唯一,而且必须指明数据类型,但列的顺序可以是任意的。

(3)行或记录。每行表示一条唯一的记录,行的顺序是任意的,一般是按照插入的先后顺序存储的。其中第一行是表的列名称部分,又称表头。

(4)数据项。行和列的交叉称为数据项。

(5)数据的完整性约束。包括表的主码和外码,表中哪些列允许为空,表中哪些列需要索引,表中哪些列需要绑定约束对象、默认值对象或规则对象。

表的基本操作包括表的创建、查看、修改、删除。

5.2.2 创建数据表

所谓创建数据表,指的是在已经创建好的数据库中建立新表。创建表的实质就是定义表结构,即规定列的属性的过程,同时也是实施数据完整性(包括实体完整性、引用完整性和域完整性)约束的过程。

1. 使用SQL语句创建数据表

创建数据表通过使用CREATE TABLE语句来实现,其基本语法格式如下:

```
CREATE [TEMPORARY] TABLE [db_name. ]tb_name
```

```
(
    column_definition1 [列级完整性约束条件 1, ]
    [column_definition2 [列级完整性约束条件 2], ]
    [ ..., ]
    [column_definitionN [列级完整性约束条件 N], ]
    [表级完整性约束条件]
) [table_option];
```

使用CREATE TABLE语句创建表时的主要语法说明如下。

（1）数据表属于数据库，在创建数据表之前，应该使用语句USE db_name指定创建表的数据库。如果没有选择数据库，直接创建数据表，将显示"No database selected"。

（2）tb_name：表的名称必须符合标识符命名规则，不区分大小写，不能使用SQL语言中的关键字。

表被创建到当前的数据库中。如果表名为db_name. tb_name，则在特定数据库db_name中创建表，而无论是否在当前数据库中，都可以通过这种方式创建。在当前数据库中创建表时，可以省略db_name。

如果使用加引号的识别名，则要对数据库名和表名分别加引号。例如，'mydb'. 'mytbl'是合法的，但'mydb. mytbl'不合法。

（3）column_definition：表中每个列的定义是以列名开始的，后跟该列的数据类型以及可选参数。如果创建多列，则各列用逗号分隔。列名在该表中必须唯一。

列的定义包括列名、数据类型、指定默认值、注释列名等属性，各项之间用空格分隔。格式如下：

```
column_name data_type [DEFAULT default_value] [AUTO_INCREMENT]
[COMMENT 'String'] ...
```

参数说明如下。

• column_name：列名。

• data_type：该列的数据类型。

• DEFAULT：该列的默认值。

• AUTO_INCREMENT：设置自增属性，可以给行记录一个唯一的ID号，该列可以唯一标识表中的每行记录，只有整型列才能设置此属性。其默认的初始值为1，当向一个定义为AUTO_INCREMENT的列中插入NULL值或数字0时，该列的值会被设置为value+1（默认为加1递增），其中value是当前表中该列的最大值。每个表只能定义一个AUTO_INCREMENT列，并且必须在该列上定义主键约束（PRIMARY KEY）或候选键约束（UNIQUE）。自增值可以修改，只要该值是唯一的（至今尚未使用过），那么这个值就替代系统自动生成的值，并且后续的增量将基于这个手工插入的值。

• COMMENT：该列的注释文字。

（4）table_option：对表的操作，包括存储引擎、默认字符集、校对规则等，各项之间用空格分隔。格式如下：

```
[ENGINE= engine_name] [DEFAULT CHARSET= characterset_name]
    [COLLATE= collation_name]
```

参数说明如下。

- ENGINE：指定表的存储引擎，如果省略，则采用默认的存储引擎。
- DEFAULT CHARSET：指定字符集，如果省略，则采用默认的字符集。
- COLLATE：指定校对规则，如果省略，则采用默认的校对规则。

（5）完整性约束条件。在使用CREATE TABLE语句创建数据表的同时，可以定义完整性约束条件，包括列级完整性约束条件和表级完整性约束条件。完整性约束条件包括实体完整性约束（PRIMARY KEY、UNIQUE）、参照完整性约束（FOREIGN KEY）和用户自定义约束（NOT NULL、DEFAULT、CHECK约束等）。当用户操作表中的数据时，DBMS会自动检查该操作是否遵循这些完整性约束条件。格式如下（各项之间用空格分隔）：

```
[NULL | NOT NULL][UNIQUE [KEY]] | [PRIMARY [KEY]][reference_definition]
```

参数说明如下。

- NOT NUIL或者NULL：表示列是否可以为空值。
- UNIOUE KEY：对列指定唯一约束。
- PRIMARY KEY：对列指定主键约束。
- reference_definition：指定列外键约束。

如果完整性约束条件涉及该表的多列，则必须定义在表级上；否则既可以定义在表级上，也可以定义在列级上。有关完整性约束的内容将在下一节进行详细介绍。

（6）NULL与NOT NULL。关键字NULL和NOT NULL可以给列自定义约束，NULL值就是没有值或值空缺。允许NULL的列也允许在插入行时不给出该列的值。NOT NULL值的列则不接受该列没有值的行，换句话说，在插入或更新数据时，该列必须要有值。

创建表时可以指定每个列的取值是否允许为空，即要么是NULL，要么是NOT NULL。NULL为默认设置，如果不指定NOT NULL，则认为指定的是NULL。例如，为表中的列指定了NOT NULL，将会通过返回错误和插入失败的方式，阻止在该列中插入没有值的记录。

【例5-1】 在学校数据库school中创建学生表student，student表的结构如表5-5所示。要求对表使用InnoDB存储引擎，设置该表的字符集为utf8，其对应校对规则是utf8_bin。

表5-5 学生表student

列　　名	数据类型	约束	说　　明
StudentNo	CHAR(10)	UNIQUE, NOT NULL	学号为10位数字编号：4位年号+2位专业号+2位班号+2位顺序号。例如，2021330103表示2021年入学，33专业，01班，第03号
StudentName	VARCHAR(20)	NOT NULL	姓名
Sex	ENUM('男','女')		性别，只能输入"男"或者"女"
Birthday	DATE		出生日期
Native	VARCHAR(20)		户籍
Nation	VARCHAR(10)		民族
ClassNo	CHAR(8)		班级编号

创建student表的SQL语句如下：

```
CREATE TABLE student
(
    StudentNo CHAR(10) NOT NULL UNIQUE COMMENT '学号',
    StudentName VARCHAR(20) NOT NULL COMMENT '姓名',
    Sex ENUM('男', '女') DEFAULT '男' COMMENT '性别',
    Birthday DATE COMMENT '出生日期',
    Native VARCHAR(20) COMMENT '户籍',
    Nation VARCHAR(10) COMMENT '民族',
    ClassNo CHAR(8) COMMENT '班级编号'
) ENGINE=InnoDB DEFAULT CHARSET=utf8 COLLATE=utf8_bin;
```

在Navicat for MySQL的查询编辑器窗格中输入上面SQL语句,然后单击"运行"按钮,如图5-1所示。当"信息"窗格中显示OK后,表示代码正确,完成运行。然后在导航窗格中,右击数据库名school下的"表",并从弹出的快捷菜单中选择"刷新"命令,双击"表"展开,就可以看到新创建的表名student了。

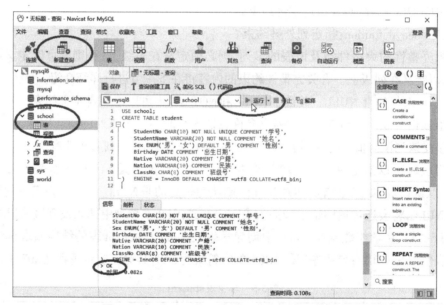

图5-1　在Navicat for MySQL的查询窗格中运行

对于InnoDB存储引擎,MySQL服务实例会在数据库目录C:\ProgramData\MySQL\MySQL Server 8.0\Data\school中创建一个表名为student,后缀名为.ibd的表文件student.ibd。

(7) 给CREATE TABLE语句加上TEMPORARY关键字,则创建一个临时表。当断开MySQL时,将自动删除临时表并释放其所用的空间。例如,创建临时表temp_table的代码如下:

```
CREATE TEMPORARY TABLE temp_table
(
    Id INT PRIMARY KEY AUTO_INCREMENT,
    Name VARCHAR(10) NOT NULL,
```

```
    Value INT NOT NULL
);
```

2. 使用Navicat对话方式创建数据表

下面使用Navicat for MySQL的菜单命令创建表。

【例5-2】 在数据库school中创建班级表class,该表的定义如表5-6所示。

表5-6 班级表class

列 名	数据类型	约 束	说 明
ClassNo	CHAR(8)	PRIMARY KEY, NOT NULL	班级编号有8位:2位字母+4位年号+2位顺序号。例如,CI202101表示CI专业,2021年入学,01班
ClassName	VARCHAR(20)	UNIQUE, NOT NULL	班级名称
Depart-ment	VARCHAR(30)	NOT NULL	所属院系
Grade	SMALLINT		年级
ClassNum	TINYINT		班级人数

下面创建class表,操作步骤如下。

(1) 在Navicat for MySQL的导航窗格中双击数据库school将其展开。右击其下的"表",选择"新建表"命令,如图5-2所示。

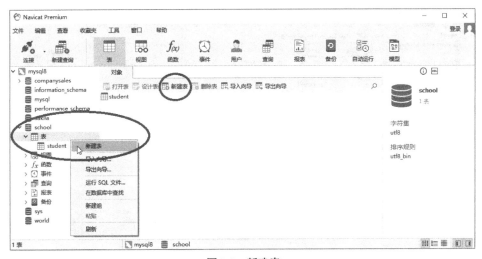

图5-2 新建表

(2) 显示表结构设计窗格,在"字段"选项卡中,通过工具栏上的"添加字段""插入字段""删除字段"等按钮来添加或删除列。

例如,设置班级编号列ClassNo,在"名"下输入ClassNo,在"类型"下选择char,在"长度"下输入6;选中"不是null"复选框,表示该字段不允许为空;在"键"下单击出现钥匙图标,把ClassNo列设为主键;在"注释"下输入文字;如果有默认值,在"默认"后的框中输入默认值,选中"自动递增"和"无符号"复选框,如图5-3所示。

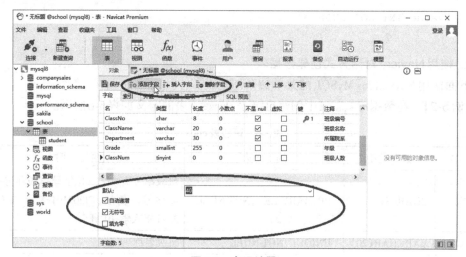

图5-3　表设计器

（3）为ClassName列设置UNIQUE。在表设计器上部单击选中"索引"选项卡，如图5-4所示。在"名"下输入名称，可以随意，这里填写列名；在"字段"下填写列名，或者单击田按钮，从字段中选择，如ClassName；在"索引类型"下，从下拉列表中选择，如UNIQUE；在"索引方法"下有BTREE和HASH，根据需要进行选择；在"注释"下填写备注。可以单击"添加索引"或"删除索引"选项。

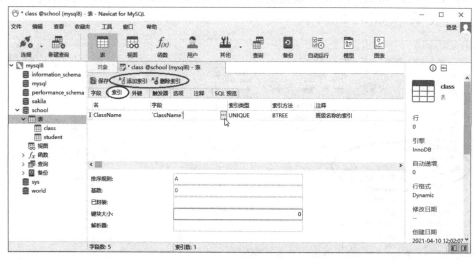

图5-4　添加索引

（4）完成表所有列的设置后，单击工具栏上的"保存"按钮。显示"表名"对话框，如图5-5所示，输入表名class，单击"确定"按钮。

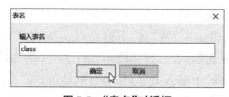

图5-5　"表名"对话框

（5）在导航窗格中双击"表"，则会显示出创建的表名class。

5.2.3 查看数据表

使用SQL语句创建数据表后，可以查看表的名称和表的基本结构。

1. 查看表的名称

使用SHOW TABLES语句查看指定数据库中的所有表的名称，其语法格式如下：

```
SHOW TABLES [{ FROM | IN } db_name ];
```

使用选项{ FROM | IN } db_name可以查看非当前数据库中的表名称。

【例5-3】 查看数据库school中所有的表名。

查看当前数据库中的数据库表名称的SQL语句如下：

```
USE school;
SHOW TABLES;
```

在Navicat窗口中，也可以像MySQL Command Line Client一样，在"mysql>"提示符后输入命令，按Enter键后显示运行结果。操作步骤如下。

（1）在Navicat的导航窗格中右击数据库名school，并从弹出的快捷菜单中选择"命令列界面"命令，如图5-6所示。

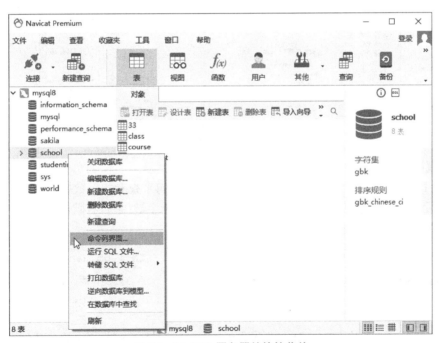

图5-6 MySQL服务器的快捷菜单

（2）Navicat窗口中部显示命令列界面窗格，在"mysql>"提示符后分别输入上面的SQL语句，并按Enter键，运行结果如图5-7所示。

也可以在查询编辑器中输入上面的SQL语句，运行结果显示在"结果1"窗格中，如图5-8所示。

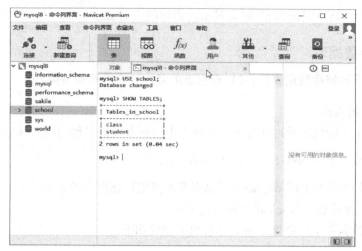

图5-7　在命令列界面中运行

图5-8　在查询编辑器中运行

2. 查看表的基本结构

使用DESCRIBE/DESC语句或SHOW COLUMNS语句来查看指定数据表的结构,包括字段名、字段的数据类型以及字段值是否允许为空,是否为主键,是否有默认值等。

SHOW COLUMNS语句的语法格式如下:

```
SHOW COLUMNS { FROM | IN } tb_name [{ FROM | IN } db_name];
```

DESCRIBE/DESC语句的语法格式如下:

```
{ DESCRIBE | DESC } tb_name;
```

说明: MySQL支持用DESCRIBE作为SHOW COLUMNS FROM的一种快捷方式。

【例5-4】 查看数据库school中表student的结构。SQL语句如下:

```
SHOW COLUMNS FROM student;
```

或

```
DESC student;
```

在Navicat窗口的命令列界面窗格中的运行结果如图5-9所示。

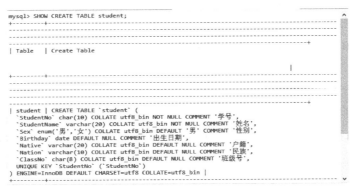

图5-9 查看表的基本结构

3. 查看表的详细结构

使用SHOW CREATE TABLE语句查看创建表时的CREATE TABLE语句的语法格式如下：

```
SHOW CREATE TABLE tb_name;
```

【例5-5】 查看数据库school中表student的详细信息。SQL语句如下：

```
SHOW CREATE TABLE student \G;
```

在MySQL Command Line Client输入上面的语句,其运行结果如图5-10所示。

图5-10 在命令行客户端查看表的详细结构

Navicat不支持\G,如果要在Navicat中运行,要删掉\G,其运行结果如图5-11所示。

图5-11 在Navicat的命令列界面

使用SHOW CREATE TABLE语句不仅可以查看创建表时的详细语句,还可以查看存储引擎、字符编码和校对规则等。

5.2.4　修改数据表

修改表是对数据库中已经存在的表做进一步的结构修改与调整。

1. 使用SQL语句修改表结构

使用 ALTER TABLE 可以修改表的结构和表名,包括添加列,修改列的类型,改变列名,删除列,更改表名。其语法格式如下:

```
ALTER TABLE tb_name
    ADD [COLUMN] new_col_name type [constraint_condition] [{ FIRST
    | AFTER } existing_col_names] |
    MODIFY [COLUMN] col_name type [constraint_condition] [{ FIRST |
    AFTER } existing_col_names] |
    CHANGE [COLUMN] col_name new_col_name type [constraint_condition] |
    ALTER [COLUMN] col_name { SET | DROP } DEFAULT |
    DROP [COLUMN] col_name |
    AUTO_INCREMENT [=n] | RENAME [{AS | TO}] new_tb_name;
```

ADD 子句向表中添加一个新列,其中约束条件 constraint_condition 与创建新表时的列定义相同,用于指定字段取值不为空以及字段的默认值、主键以及候选键约束等。可选项 { FIRST | AFTER } existing_col_names 子句用于指定新增列在表中的位置。FIRST 表示将新添加的列设置为表的第一列,AFTER 表示将新添加的列加到指定的已有列名 existing_col_names 的后面,如果语句中没有这两个参数,则默认将新添加的列设置为表的最后一列。

MODIFY 子句修改指定列的数据类型、约束条件,还可以通过 FIRST 或 AFTER 关键字修改指定列在表中的位置。

CHANGE 子句改变指定列的列名、数据类型、约束条件。本子句可以有多个,可同时修改多个列属性,各子句之间用逗号分隔。

ALTER 子句修改或删除指定列的默认值。

DROP 子句删除指定列。

AUTO_INCREMENT[=n]子句设置自增列及初始值,省略 n 则默认初始值为1,步长为1。

RENAMEAS 重新命名表名。

【例5-6】　向 school 数据库中的 student 表中添加一个列名为 id 的列,为 INT 类型。要求其不能为 NULL,取值唯一且自动增加,初始值为3,并将该字段添加到表的第一列。其 SQL 语句如下:

```
ALTER TABLE school.student
    ADD COLUMN id INT NOT NULL PRIMARY KEY AUTO_INCREMENT FIRST;
ALTER TABLE school.student AUTO_INCREMENT=3;
```

可以在Navicat的命令列界面或查询编辑器中输入上面的SQL语句，运行语句后，可以用DESC语句查看添加列后的表结构，SQL语句如下：

```
DESC school.student;
```

【例5-7】 向school数据库中的student表中添加一列，用于描述学生所在的院系，列名为Department，数据类型是VARCHAR(20)，设置其默认值为"'软件与信息学院'"，并将该列添加到原表Nation列之后。

```
ALTER TABLE school.student
    ADD COLUMN Department VARCHAR(20) DEFAULT'软件与信息学院' AFTER nation;
```

运行上面的SQL语句后，在Navicat的命令列界面中使用"DESC school. student;"语句查看student表的结构，如图5-12所示。

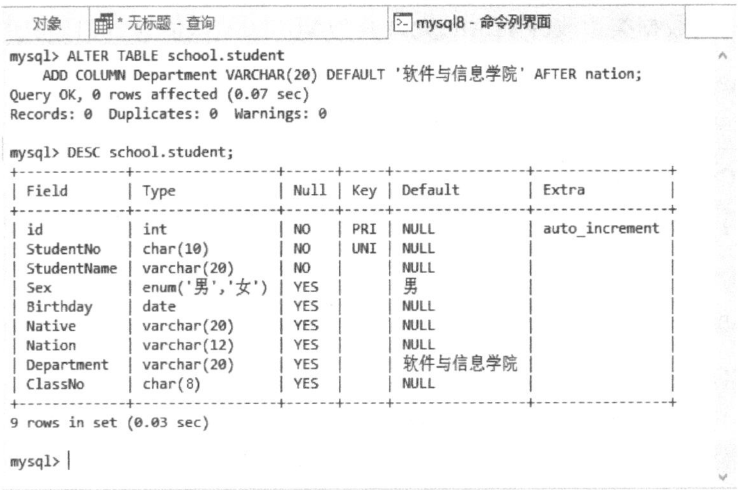

```
mysql> ALTER TABLE school.student
    ADD COLUMN Department VARCHAR(20) DEFAULT '软件与信息学院' AFTER nation;
Query OK, 0 rows affected (0.07 sec)
Records: 0  Duplicates: 0  Warnings: 0

mysql> DESC school.student;
+-------------+------------------+------+-----+----------------+----------------+
| Field       | Type             | Null | Key | Default        | Extra          |
+-------------+------------------+------+-----+----------------+----------------+
| id          | int              | NO   | PRI | NULL           | auto_increment |
| StudentNo   | char(10)         | NO   | UNI | NULL           |                |
| StudentName | varchar(20)      | NO   |     | NULL           |                |
| Sex         | enum('男','女')  | YES  |     | 男             |                |
| Birthday    | date             | YES  |     | NULL           |                |
| Native      | varchar(20)      | YES  |     | NULL           |                |
| Nation      | varchar(12)      | YES  |     | NULL           |                |
| Department  | varchar(20)      | YES  |     | 软件与信息学院 |                |
| ClassNo     | char(8)          | YES  |     | NULL           |                |
+-------------+------------------+------+-----+----------------+----------------+
9 rows in set (0.03 sec)

mysql> |
```

图5-12　添加列后的表结构

【例5-8】 向数据库school中的student表中添加一列入学日期entryDate，添加到Department列后；然后把Department的数据类型宽度改为VARCHAR(10)，删除它的默认值。

由于ALTER一次只能添加、修改或删除一列，所以分别用3个SQL语句实现题目要求的功能，SQL语句如下：

```
ALTER TABLE school.student
    ADD EntryDate DATE AFTER Department;
ALTER TABLE school.student
    MODIFY Nation VARCHAR(12);
ALTER TABLE school.student
    ALTER Department DROP DEFAULT;
```

运行上面SQL语句后，可以在Navicat的命令列界面中使用"DESC school. student;"语句，查看修改student表的结构后的结构，如图5-13所示。

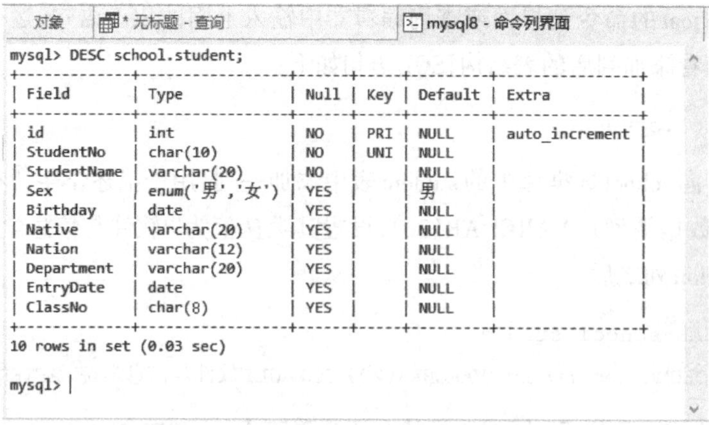


```
mysql> DESC school.student;
+-------------+-----------------+------+-----+---------+----------------+
| Field       | Type            | Null | Key | Default | Extra          |
+-------------+-----------------+------+-----+---------+----------------+
| id          | int             | NO   | PRI | NULL    | auto_increment |
| StudentNo   | char(10)        | NO   | UNI | NULL    |                |
| StudentName | varchar(20)     | NO   |     | NULL    |                |
| Sex         | enum('男','女') | YES  |     | 男      |                |
| Birthday    | date            | YES  |     | NULL    |                |
| Native      | varchar(20)     | YES  |     | NULL    |                |
| Nation      | varchar(12)     | YES  |     | NULL    |                |
| Department  | varchar(20)     | YES  |     | NULL    |                |
| EntryDate   | date            | YES  |     | NULL    |                |
| ClassNo     | char(8)         | YES  |     | NULL    |                |
+-------------+-----------------+------+-----+---------+----------------+
10 rows in set (0.03 sec)

mysql> |
```

图5-13 修改列后的表结构

【例5-9】 在数据库school中的student表中把入学日期EntryDate列，重命名为EntryYear，并将其数据类型改为YEAR，允许其为NULL，默认值为2021。SQL语句如下：

```
ALTER TABLE school.student
    CHANGE COLUMN EntryDate EntryYear YEAR NULL DEFAULT 2021;
```

使用DESC命令查看修改前后表的结构。

【例5-10】 在数据库school中的student表中删除入学日期entryYear列，SQL语句如下：

```
ALTER TABLE school.student DROP EntryYear;
```

2. 使用SQL语句更改存储引擎

可以根据自己的需要选择不同的引擎，甚至可以为每一张表选择不同的存储引擎。如果数据表中已经有大量数据，要慎重。更改表的存储引擎的语法格式如下：

```
ALTER TABLE tb_name ENGINE=engine_name;
```

【例5-11】 将数据表student的存储引擎修改为MyISAM。SQL语句如下：

```
ALTER TABLE school.student ENGINE=MyISAM;
```

在Navicat的命令列界面中运行上面的语句。使用如下SQL语句查看表student的存储引擎：

```
SHOW CREATE TABLE school.student;
```

如果该表有外键，由InnoDB变为MyISAM是不被允许的，因为MyISAM不支持外键。

3. 使用SQL语句重命名表名

可以使用ALTER TABLE语句的RENAME子句为表重新命名，也可以使用RENAME TABLE语句更换表名。

在ALTER TABLE命令中使用RENAME子句修改表名的语法格式如下：

```
ALTER TABLE tb_name RENAME [{AS | TO}] new_tb_name;
```

使用RENAME TABLE语句可以一次修改多个表名,其语法格式如下:

```
RENAMETABLE tb_name1 TO new_tb_name1 [,tb_name2 TO new_tb_name2 ] ...;
```

更换表名并不修改表结构,因此更换表名前后的表结构必然是相同的。

【例5-12】 分别使用上面两种语句修改数据库school中的student表名。先把student表名改为stu,然后改回student。

```
ALTER TABLE school.student RENAME TO stu;
RENAME TABLE stu TO student;
```

4. 使用Navicat对话方式修改表结构

在Navicat中,主要通过表结构设计窗口来修改表。

【例5-13】 下面以修改数据库school中的student表为例,介绍使用Navicat对话方式修改表结构的方法。操作步骤如下。

(1) 在Navicat的导航窗格中依次展开服务器、数据库和表。例如,依次展开mysql8→school→"表",右击student表名,并从弹出的快捷菜单中选择"设计表"命令,或者单击工具栏上的"设计表"按钮。

(2) Navicat窗口中部显示表结构设计窗格的"字段"选项卡,如图5-14所示。

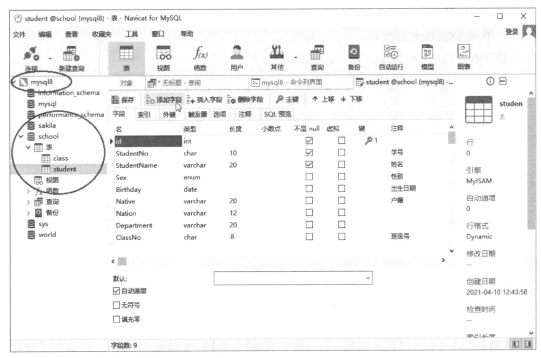

图5-14 表结构设计窗格的"字段"选项卡

(3) 在"字段"选项卡中可以添加字段和删除字段或者修改某字段的名称、数据类型、数据长度、默认值以及是否允许为空值等。

(4) 在"选项"选项卡中可以设置存储引擎。例如,把MyISAM改为InnoDB,如图5-15所示。

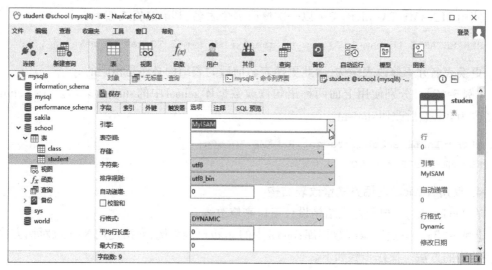

图5-15 表结构设计窗格的"选项"选项卡

（5）分别在其他选项卡中完成相应的设置。

（6）修改完成后，单击工具栏上的"保存"按钮。

5.2.5 删除数据表

1. 使用SQL语句删除表

删除表使用DROP TABLE语句，其语法格式如下：

```
DROP TABLE [ IF EXISTS ] tb_name1[,tb_name2] ...;
```

语法说明如下。

DROP TABLE语句可以同时删除多个表，表名之间用逗号分隔。

IF EXISTS用于在删除表之前判断要删除的表是否存在。如果要删除的表不存在，且删除表时不加 IF EXISTS，则会提示一条错误信息"ERROR 1051（42S02）：Unknown table 'tb_name'"（在 MySQL Command Line Client 中）或"1051-Unknown table 'tb_name'"（在 Navicat 中）；加上 IF EXISTS 后，如果要删除的表不存在，SQL语句可以顺利执行，不提示错误信息。

注意：删除表的同时，表的定义和表中所有的数据均会被删除，所以使用该语句需格外小心。另外，用户在该表上的权限并不会自动被删除。

2. 使用Navicat对话方式删除表

在Navicat中主要通过导航窗格删除表。

【**例5-14**】 下面以在数据库school中删除st2表为例，介绍使用Navicat对话方式删除表的方法。操作步骤如下。

（1）在Navicat的导航窗格中依次展开服务器、数据库和表。例如，依次展开mysql8→school→"表"，右击要删除的表名st2，并从弹出的快捷菜单中选择"删除表"命令，或者在"对象"选项卡的工具栏上单击"删除表"按钮。

（2）显示"确认删除"对话框，单击"删除"按钮。

5.3 数据的完整性约束

在MySQL中,数据的完整性分为以下3类。

(1) 实体完整性:实体的完整性强制表的列或主键的完整性。通过主键约束、候选键约束实现。

(2) 参照完整性:在删除和输入记录时,参照完整性保持表之间已定义的关系,参照完整性确保键值在所有表中一致。这样的一致性要求不能引用不存在的值。如果一个键值更改了,那么在整个数据库中,对该键值的引用要进行一致的更改。通过外键约束实现。

(3) 用户定义的完整性:用户自己定义的约束规则。通过非空约束、默认值约束、检查约束、自增约束实现。

一旦定义了完整性约束,MySQL会随时检测处于更新状态的数据库内容是否符合相关的完整性约束,从而保障数据的正确性与一致性。因此,完整性约束既能有效地防止对数据库的意外破坏和非法存取,又能提高完整性检测的效率,还能减轻数据库编程人员的工作负担。

在 MySQL 中,各种完整性约束是作为定义表的一部分,可通过 CREATE TABLE 或 ALTER TABLE 语句来定义。

5.3.1 定义实体完整性

实体完整性规则是指关系的主属性不能取空值,即主键和候选键在关系中所对应的属性都不能取空值。MySQL中实体完整性是通过主键约束和候选键约束实现的。

1. 主键约束

主键是表中某一列或某些列所构成的一个组合。其中,由多个列组合而成的主键也称复合主键。主键的值必须是唯一的,而且构成主键的每一列的值都不允许为空。

1) 主键列必须遵守的规则

在MySQL中,主键列必须遵守以下规则。

(1) 每一个表只能定义一个主键。

(2) 主键的值也称键值,必须能够唯一标识表中的每一行记录,且不能为NULL。也就是说,表中两条不同的记录在主键上不能具有相同的值,这是唯一性原则。

(3) 复合主键不能包含不必要的多余列。也就是说,当从一个复合主键中删除一列后,如果剩下的列仍能满足唯一性原则,那么这个复合主键是不正确的,这是最小化规则。

(4) 一个列名在复合主键的列表中只能出现一次。

2) 实现主键约束的方式

设计数据库时,建议为所有的表都定义一个主键,用于保证表中记录的唯一。一张表中只允许设置一个主键,当然这个主键可以是一个列,也可以是列组(不建议使用复合主键),即主键分为两种类型:单列主键和多列联合主键。在录入数据的过程中,必须在所有主键列中输入数据,即任何主键字段的值不允许为NULL。

主键约束可以在创建表CREATE TABLE时创建主键,也可以对表已有的主键进行修改或者增加新的主键。设置主键有两种方式:列级完整性约束和表级完整性约束。

(1)列级完整性约束。如果用列级完整性约束,则在表中该列的定义后加上PRIMARY KEY关键字,将该列设置为主键约束。语法格式如下:

列名 数据类型 〔其他约束〕 PRIMARY KEY

【例5-15】 在数据库school中重新创建学生表student,要求以列级完整性约束方式定义主键StudentNo列。SQL语句如下:

```
USE school;
DROP TABLE IF EXISTS student;
CREATE TABLE student
(
    StudentNo CHAR(10) PRIMARY KEY,
    StudentName VARCHAR(20) NOT NULL,
    Sex CHAR(2) NOT NULL,
    Birthday DATE,
    Native VARCHAR(20),
    nation VARCHAR(10),
    ClassNo CHAR(8)
) ENGINE=InnoDB DEFAULT CHARSET=utf8 COLLATE=utf8_bin;
```

重新创建student表前必须先删除它。在Navicat中的运行结果如图5-16所示。

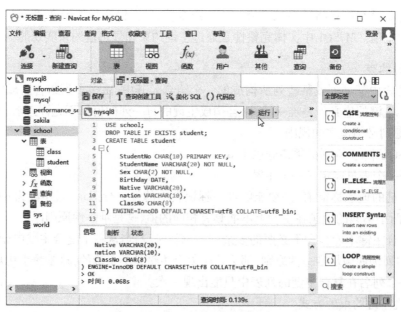

图5-16 用列级完整性约束创建表

在导航窗格中右击"表"刷新后,右击表名student,并从弹出的快捷菜单中选择"设计表"命令。在"键"列下可以看到StudentNo上出现一把钥匙图标,表示该列是主键,如图5-17所示。

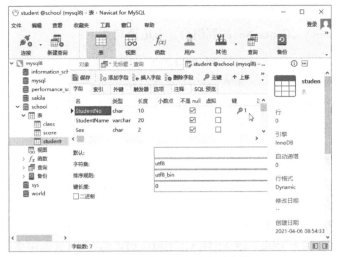

图 5-17　在表设计器中查看主键

列级完整性约束只适合表的主键是单个列的情况。如果表的主键是多个列的组合,则要用表级完整性约束。

(2) 表级完整性约束。如果一个表的主键是多个列的组合(例如,列1与列2共同组成主键),在表中所有列定义完后,添加一条 PRIMARY KEY 子句。使用下面的语法格式设置复合主键:

```
PRIMARY KEY(列名,...)
```

"列名"是主键的列名。表级完整性约束也适合单个列设置主键的完整性约束。

【例5-16】　在数据库 school 中创建成绩表 score,结构如表 5-7 所示,要求以表级完整性约束方式定义主键,将学号、课程编号(StudentNo, CourseNo)的列组合设置为 score 表的主键。

表5-7　成绩表 score

列　名	数据类型	约　束	说　明
StudentNo	CHAR(10)	PRIMARY KEY	学号,主键
CourseNo	CHAR(6)	PRIMARY KEY	课程编号,主键
Score	FLOAT		成绩

SQL代码如下:

```
USE school;
DROP TABLE IF EXISTS score;
CREATE TABLE score
(
    StudentNo CHAR(10),
    CourseNo CHAR(6),
    Score FLOAT,
    PRIMARY KEY(StudentNo, CourseNo)
);
```

【例5-17】 如果成绩表score已经存在,可以删除原来的主键,把score表的主键修改为学号、课程号(StudentNo,CourseNo)的列组合。SQL语句如下:

```
ALTER TABLE school.score DROP PRIMARY KEY,
    ADD PRIMARY KEY(StudentNo, CourseNo);
```

可在Navicat中的表设计器中查看设置的主键,看到StudentNo和CourseNo都有钥匙图标,表示这两列被设置为组合主键。

2. 完整性约束的命名

可以对完整性约束进行添加、删除和修改等操作。为了删除和修改完整性约束,首先需要在定义约束的同时对其命名。使用CREATE TABLE语句定义完整性约束时,使用完整性约束命名子句CONSTRAINT对完整性约束进行命名。命名完整性约束的方法是:在各种完整性约束的定义说明之前加上关键字CONSTRAINT和该约束的名字,其语法格式如下:

```
CONSTRAINT <约束名>
    { PRIMARY KEY(主键列的列表) | UNIQUE(候选键列的列表)
    | FOREIGN KEY(外键列的列表) REFERENCES 被参照关系的表(主键列的列表)
    | CHECK(约束条件表达式) };
```

其中,“约束名”在数据库中必须是唯一的。如果没有明确给出约束的名字,则MySQL会自动为其创建一个约束名。CONSTRAINT约束命名子句适合主键约束、候选键约束、外键约束和检查约束。

【例5-18】 在数据库school中定义课程表course,结构如表5-8所示。

表5-8 课程表course

列　名	数据类型	约　束	说　明
CourseNo	CHAR(6)	PRIMARY KEY	课程编号:2位系号+2位专业号+2位顺序号,主键
CourseName	VARCHAR(20)	NOT NULL	课程名,非空
Credit	INT	NOT NULL	学分,非空
CourseHour	INT	NOT NULL	课时数,非空
Term	CHAR(2)		开课学期
PriorCourse	CHAR(6)		先修课程,外键,自参照

SQL语句如下:

```
USE school;
DROP TABLE IF EXISTS course;
CREATE TABLE course
(
    CourseNo CHAR(6),
    CourseName VARCHAR(20) NOT NULL,
```

```
    Credit INT NOT NULL,
    CourseHour INT NOT NULL,
    Term CHAR(2),
    PriorCourse CHAR(6),
    CONSTRAINT PK_course PRIMARY KEY(CourseNo)
) ENGINE=InnoDB;
```

【例5-19】 在数据库school中重新创建成绩表score,要求以表级完整性约束方式定义主键(StudentNo,CourseNo),并指定主键约束名称为PK_score。

这里在CREATE TABLE语句中使用CONSTRAINT约束命名子句来实现,SQL语句如下:

```
DROP TABLE IF EXISTS school.score;
CREATE TABLE school.score
(
    StudentNo CHAR(10) NOT NULL,
    CourseNo CHAR(6) NOT NULL,
    Score FLOAT,
    CONSTRAINT PK_score PRIMARY KEY(StudentNo, CourseNo)
) ENGINE=InnoDB;
```

3. 候选键约束

候选键约束在MySQL中称为唯一约束。与主键一样,候选键可以是表中的某一列,也可以是表中某些列构成的一个组合。任何时候,候选键的值必须是唯一的,允许为NULL,但只能出现一个NULL值。与主键约束不同,一张表中可以存在多个候选键约束,并且满足候选键约束的列可以取NULL值。候选键可以在CREATE TABLE或ALTER TABLE语句中使用关键字UNIQUE来定义,其实现方法与主键约束相似,同样有列级完整性约束或者表级完整性约束两种方式。如果某列满足候选键约束的要求,则可以向该列添加候选键约束。

对于列级完整性约束,如果设置某列为候选键约束,则直接在该列数据类型后加上UNIQUE关键字。语法格式如下:

列名 数据类型 [其他约束] UNIQUE

对于表级完整性约束,在表中所有列定义完后,添加一条UNIQUE子句。语法格式如下:

UNIQUE(列名,...)

"列名"是作为候选键的列名。表级候选键约束也适合单个列设置候选键的完整性约束。

【例5-20】 在数据库school中重新定义和创建班级表class。班级表class中的班级编号ClassNo和班级名称ClassName这两列的值都是唯一的。在ClassNo列上定义主键约束,在ClassName列上定义候选键约束,都定义为列级完整性约束。SQL语句如下:

```
USE school;
DROP TABLE IF EXISTS class;
```

```
CREATE TABLE class
(
    ClassNo CHAR(8) PRIMARY KEY,
    ClassName VARCHAR(20) NOT NULL UNIQUE,
    Department VARCHAR(30) NOT NULL,
    Grade SMALLINT,
    ClassNum TINYINT
);
```

如果表class已经存在,那么可以用下面的语句修改列的属性。SQL语句如下:

ALTER TABLE class MODIFY ClassName VARCHAR(20)NOT NULL UNIQUE;

如果要将主键、候选键约束定义为表级完整性约束,则SQL语句如下:

```
DROP TABLE IF EXISTS school.class;
CREATE TABLE class
(
    ClassNo CHAR(8) NOT NULL,
    ClassName VARCHAR(20) NOT NULL,
    Department VARCHAR(30) NOT NULL,
    Grade SMALLINT,
    ClassNum TINYINT,
    CONSTRAINT PK_class PRIMARY KEY(ClassNo),
    CONSTRAINT UQ_class UNIQUE(ClassName)
);
```

5.3.2 定义参照完整性

1. 外键

外键是表中的一列或多列,它不是本表的主键,却是对应另外一个表的主键。外键用来在两个表的数据之间建立连接,它可以是一列或者多列。一个表可以有一个或者多个外键。

参照完整性规则定义的是外键与主键之间的引用规则,即外键的取值或者为空,或者等于被参照关系中某个主键的值。

由于从表与主表之间有外键约束关系,导致如下情况。

(1)如果从表的记录"参照"了主表的某条记录,那么主表记录的删除或修改操作可能失败。

(2)如果试图直接插入或者修改从表的"外键值",从表中的"外键值"要么是主表中的"主键值",要么是NULL,否则插入或者修改操作将失败。

2. 外键约束

在参照关系(从表)表A中设置外键也有两种方式:一种是在表级完整性上定义外键约束;另一种是在列级完整性上定义外键约束。

在列级完整性上定义外键约束的子句语法格式如下:

列名 数据类型 [其他约束] REFERENCES 被参照关系的表B(表B主键列的列表)

```
[ON DELETE {CASCADE | RESTRICT | SET NULL | NO ACTION}]
[ON UPDATE {CASCADE | RESTRICT | SET NULL | NO ACTION }]
```

在列级完整性上定义外键约束,就是直接在列的后面添加 REFERENCES 子句。

在表级完整性上定义外键约束的子句语法格式如下:

```
FOREIGN KEY(表 A 外键列的列表)REFERENCES 被参照关系的表 B(表 B 的主键列的列表)
[ON DELETE {CASCADE | RESTRICT | SET NULL | NO ACTION}]
[ON UPDATE {CASCADE | RESTRICT | SET NULL | NO ACTION }]
```

定义外键时可以说明参照完整性约束的动作。给外键定义参照动作时,需要包括两部分:一是要指定参照动作适用的语句,即 UPDATE 和 DELETE 语句;二是要指定采取的动作,即 CASCADE、RESTRICT、SET NULL、NO ACTION 和 SET DEFAULT,其中 RESTRICT 为默认值。具体参照动作如下。

(1) RESTRICT:限制策略,即当要删除或修改被参照表(主表)中被参照列上且在外键中出现的值时,系统拒绝对被参照表(主表)的删除或修改操作。

(2) CASCADE:级联策略,即从被参照表(主表)中删除或修改记录时,自动删除或修改参照表(从表)中与之匹配的记录。

(3) SET NULL:置空策略,即当从被参照表(主表)中删除或修改记录时,参照表(从表)中与之对应的外键列的值设置为 NULL。这个策略需要被参照表(主表)中的外键列没有声明限定词 NOT NULL。

(4) NO ACTION:表示不采取实施策略,即当从被参照表(主表)中删除或修改记录时,如果参照表(从表)存在与之对应的记录,那么删除或修改不被允许(操作将失败)。该策略的动作语义与 RESTRICT 相同。

(5) SET DEFAULT:默认值策略,即当从被参照表(主表)中删除或修改记录时,设置参照表(从表)中与之对应的外键列的值为默认值。这个策略要求已经为该列定义了默认值。

【例 5-21】 在数据库 school 中重新定义学生表 student,要求以列级完整性约束方式定义外键,采用默认的 RESTRICT 参照动作。

由于在例 5-21 中已经定义了 class 表,并且定义 ClassNo 列为主键,此时可以在 student 表的 ClassNo 列上定义外键约束,其值参照 class 表的主键 ClassNo 的值。

SQL 语句如下:

```
USE school;
DROP TABLE IF EXISTS student;
CREATE TABLE student
(
    StudentNo CHAR(10) PRIMARY KEY,
    StudentName VARCHAR(20) NOT NULL,
    Sex CHAR(2) NOT NULL,
    Birthday DATE,
    Native VARCHAR(20),
    Nation VARCHAR(10),
    ClassNo CHAR(8) REFERENCES class(ClassNo) ON UPDATE RESTRICT
```

```
    ON DELETE RESTRICT
);
```

【例5-22】 在数据库school中重新定义学生表student,要求以表级完整性约束方式定义外键。SQL语句如下:

```
DROP TABLE IF EXISTS student;
CREATE TABLE school.student
(
    StudentNo CHAR(10),
    StudentName VARCHAR(20) NOT NULL,
    Sex CHAR(2) NOT NULL,
    Birthday DATE,
    Native VARCHAR(20),
    Nation VARCHAR(10),
    ClassNo CHAR(8),
    CONSTRAINT PK_student PRIMARY KEY(studentNo),
    CONSTRAINT FK_student FOREIGN KEY(ClassNo)REFERENCES class(ClassNo)
);
```

采用默认的RESTRICT参照动作。在student表的ClassNo列上定义外键约束后,只有当student表中没有某班级的学生记录时,才可以在class表中删除该班级的记录。

以表级完整性约束方式定义外键,可以在Navicat中查看、添加和删除外键。在导航窗格中右击表名student,并从弹出的快捷菜单中选择"设计表"命令(如果已经打开了该表的设计器窗格,要先关闭,然后打开表设计器)。显示表设计器窗格,单击选中"外键"选项卡,则显示定义的外键,如图5-18所示。可以单击工具栏上的"添加外键"和"删除外键"按钮,然后单击"保存"按钮。

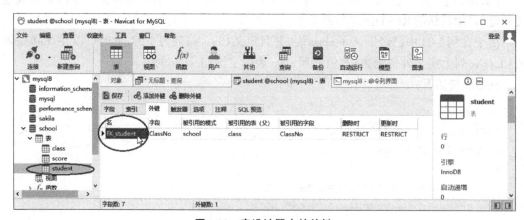

图5-18 表设计器中的外键

也可以在导航窗格中右击数据库名school,并从弹出的快捷菜单中选择"命令列界面"命令,输入:

```
SHOW CREATE TABLE student;
```

显示student表的定义，如图5-19所示，可以看到命名的外键名。

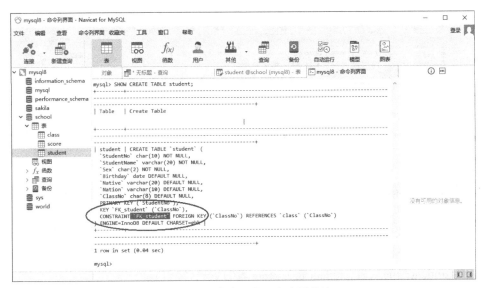

图5-19　在命令列界面中查看外键

【例5-23】　重新创建成绩表score，指定主键为StudentNo和CourseNo，指定外键分别为StudentNo和CourseNo。

由于前面例题已经定义了student表，主键是StudentNo列；course表的主键是CourseNo列。所以，可以在score表的StudentNo列和CourseNo列上分别定义外键约束，其值分别参照score表的主键StudentNo和CourseNo的值。采用默认的RESTRICT参照动作。SQL语句如下：

```
DROP TABLE IF EXISTS school.score;
CREATE TABLE school.score
(
    StudentNo CHAR(10) NOT NULL,
    CourseNo CHAR(6) NOT NULL,
    Score FLOAT NOT NULL DEFAULT 0,
    PRIMARY KEY(StudentNo, CourseNo),
    CONSTRAINT FK_score_student FOREIGN KEY(StudentNo) REFERENCES student
    (StudentNo)
        ON UPDATE RESTRICT
        ON DELETE RESTRICT,
    CONSTRAINT FK_score_course FOREIGN KEY(CourseNo) REFERENCES course
    (CourseNo)
        ON UPDATE RESTRICT
        ON DELETE RESTRICT
);
```

运行SQL代码后，在Navicat的表设计器中可以看到命名的外键，如图5-20所示。

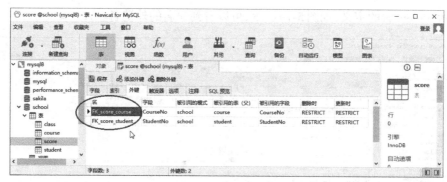

图5-20　命名的外键

创建表时,建议先创建主表(父表),然后创建从表,并且建议从表的外键列与主表的主键列的数据类型(包括长度)相似或者可以相互转换(建议外键字段与主键字段数据类型相同)。例如,score表中StudentNo列的数据类型与student表中StudentNo列的数据类型完全相同。 score表中StudentNo列的值要么是NULL,要么是student表中StudentNo列的值。score表为student表的从表,student表为score表的主表(父表)。

对于参照表(从表),可以通过ALTER TABLE语句添加,语法格式如下:

```
ALTER TABLE 外键所在的表名
    ADD [CONSTRAINT 外键名] FOREIGN KEY (外键列名, ...)
        REFERENCES 关联外键的表名 (主键列名, ...)
            ON DELETE {CASCADE | RESTRICT | SET NULL | NO ACTION}]
            ON UPDATE {CASCADE | RESTRICT | SET NULL | NO ACTION}];
```

其中,"外键名"为定义的外键约束的名称,一个表中不能有相同名称的外键。

【例5-24】 将成绩表score的StudentNo列设置为外键,该列的值参照班级表student的StudentNo列的取值。由于score表已经在上例中创建,这里添加外键。SQL语句如下:

```
ALTER TABLE school.score
    ADD FOREIGN KEY(StudentNo) REFERENCES student(StudentNo)
        ON UPDATE RESTRICT  ON DELETE CASCADE;
```

由于上面语句中没有用"CONSTRAINT 外键名"命名约束名,会自动生成命名的外键score_ibfk_1,如图5-21所示。

图5-21　自动命名的外键

【例5-25】 在数据库school中重新定义学生表student,要求定义外键的同时定义相应的参照动作。

由于在score表中定义了两个参照student表的外键,因此要先删除该外键后才能删除student表。SQL语句如下:

```
ALTER TABLE score DROP FOREIGN KEY FK_score_student;
ALTER TABLE score DROP FOREIGN KEY score_ibfk_1;
DROP TABLE IF EXISTS student;
CREATE TABLE school.student
(
    StudentNo CHAR(10),
    StudentName VARCHAR(20) NOT NULL,
    Sex CHAR(2) NOT NULL,
    Birthday DATE,
    Native VARCHAR(20),
    Nation VARCHAR(10),
    ClassNo CHAR(8),
    CONSTRAINT PK_student PRIMARY KEY(StudentNo),
    CONSTRAINT FK_student FOREIGN KEY(ClassNo) REFERENCES class(ClassNo)
        ON UPDATE RESTRICT
        ON DELETE CASCADE
);
```

这里定义了两个参照动作,ON UPDATE RESTRICT表示当某个班级里有学生时不允许修改班级表中该班级的编号;ON DELETE CASCADE表示当要删除班级表中的某个班级的编号时,如果该班级里有学生,就自动将学生表中的匹配记录删除。

5.3.3 用户定义的完整性

除了实体完整性和参照完整性之外,还需要定义一些特殊的约束条件,即用户定义的完整性规则,它反映了某一具体应用所涉及的数据应满足的语义要求。例如,要求学生"性别"值不能为空且只能取值"男"或"女"等。

MySQL支持几种用户自定义完整性约束,分别是非空约束、默认约束、检查约束、自增约束和触发器。

1. 非空约束

非空约束是指列的值不能为空。如果某列满足非空约束的要求(如学号不能取NULL值),则可以向该列添加非空约束。对于使用了非空约束的列,如果用户在添加数据时没有给其指定值,系统会报错。非空约束限制该列的内容不能为空,但可以是空白。

非空约束的定义可以使用CRETE TABLE或ALTER TABLE语句,在某个列数据类型定义后面加上关键字NOT NULL作为限定词,来约束该列的取值不能为空。语法格式如下:

列名 数据类型 NOT NULL [其他约束]

【例5-26】 将student表的StudentName列修改为非空约束。SQL语句如下：

```
ALTER TABLE student MODIFY StudentName CHAR(20)NOT NULL;
```

2. 默认值约束

如果某列满足默认值约束要求，可以向该列添加默认值约束，语法格式如下：

列名 数据类型 ［其他约束］ DEFAULT 默认值

即如果设置某列的默认值约束，在该列数据类型及约束条件后加上"DEFAULT 默认值"子句。

【例5-27】 创建临时表temp_table1，其课时数CourseHour列设置默认值约束，且默认值为整数64。SQL语句如下：

```
CREATE TEMPORARY TABLE temp_table1
(
    CourseHour INT DEFAULT 64
);
```

3. 检查约束

检查约束是用来检查数据表中列值有效性的一个手段。例如，学生表中的年龄列是没有负数的，并且数值也在一个范围内，当前大学生的年龄一般为15～30岁。其中，前面讲述的非空约束和默认值约束可以看作特殊的检查约束。

检查约束也是在创建表（CREATE TABLE）或修改表（ALTER TABLE）的同时，根据完整性要求来定义的。检查约束需要指定限定条件。在创建表时设置列的检查约束有两种，可以分别定义为列级完整性约束或表级完整性约束。列级检查约束定义的是单个字段需要满足的要求，表级检查约束可以定义表中多个字段之间应满足的条件。检查约束常用的语法格式如下：

CHECK(expr);

其中，expr是一个表达式，用于指定需要检查的限定条件。MySQL可以使用简单的表达式来实现CHECK约束，也允许使用复杂的表达式作为限定条件。例如，在限定条件中加入子查询。

【例5-28】 在数据库school中，为课程表course添加检查约束，要求按每18课时授予1学分。SQL语句如下：

```
ALTER TABLE course ADD CONSTRAINT CK_course_credit CHECK (Credit=
CourseHour/18);
```

这里的CHECK约束CK_course_credit定义了Credit列和CourseHour列之间应满足的函数关系，故只能将它定义为表级完整性约束。

4. 自增约束

如果经常希望在每次插入新记录时，系统自动生成列的主键值，这时就可以为表主键添加AUTO_INCREMENT关键字。在默认情况下，AUTO_INCREMENT初始值为1，每新增一行记录，该列值自动加1。一个表只能有一个列使用AUTO_INCREMENT约束，且该列必须为主键的一部分。AUTO_INCREMENT 约束的列可以是任何整数类型(TINYINT、SMALLINT、INT、BIGINT)。由于设置 AUTO_INCREMENT 约束后的列会生成唯一的 ID,所以该列也经常会设置为 PK 主键。通过 SQL 语句的 AUTO_INCREMENT 实现。语法格式如下:

```
列名 数据类型 [其他约束] AUTO_INCREMENT
```

上述语句中,列名表示所要设置自动增加约束的列名字。在默认情况下,该列的值是从1 开始增加,每增加一条记录,记录中该列的值就会在前一条记录的基础上加 1。

【例 5-29】 创建临时表 temp 时,设置 Id 列 AUTO_INCREMENT 和 PRIMARY KEY 约束。SQL 语句如下:

```
CREATE TABLE temp
(
    Id INT PRIMARY KEY AUTO_INCREMENT,
    Name CHAR(10)
);
```

在 Navicat 中运行 SQL 语句,然后在导航窗格中刷新"表"后,双击 temp 表,窗口中部打开表窗格。在 Id 列下可以输入一个初始值,在 Name 列下随意输入,单击窗格下边的对号 ✔ 按钮确认记录的输入,单击加号 ➕ 按钮添加一行新的空记录,如图 5-22 所示。可以看到,Id 值是自增的。

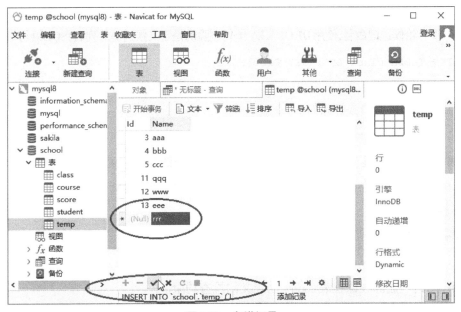

图 5-22 自增记录

5.3.4 更新完整性约束

当对各种约束进行命名后,就可以使用 ALTER TABLE 语句更新与列或表有关的各种约束。

1. 删除约束

如果使用DROP TABLE语句删除表,则该表上定义的所有完整性约束都自动删除了。使用ALTER TABLE语句可以独立地删除完整性约束,而不会删除表本身。下面分别介绍使用ALTER TABLE语句删除各种完整性约束。

1)删除主键约束

删除主键约束时,因为一个表只能定义一个主键,所以无论有没有给主键约束命名,均使用DROP PRIMARY KEY,其语法格式如下:

```
ALTER TABLE tb_name DROP PRIMARY KEY;
```

【例5-30】 删除在学生表student上定义的主键约束。SQL语句如下:

```
ALTER TABLE student DROP PRIMARY KEY;
```

2)删除候选键约束

删除候选键约束时,实际删除的是唯一索引,应使用DROP INDEX子句删除。如果没有给约束命名,MySQL自动将列名定义为索引名。其语法格式如下:

```
ALTER TABLE tb_name DROP KEY {约束名 | 候选键列名};
```

【例5-31】 删除在班级表class的字段ClassName上定义的候选键约束。

如果使用CONSTRAINT子句给候选键命名,使用DROP KEY子句删除的是约束名,SQL语句如下:

```
ALTER TABLE class DROP KEY UQ_class;
```

如果没有给候选键命名,使用DROP KEY子句删除的是定义候选键的列名,SQL语句如下:

```
ALTER TABLE class DROP KEY ClassName;
```

3)删除非空约束

删除非空约束的语法格式如下:

```
ALTER TABLE tb_name MODIFY 列名 数据类型 NULL;
```

【例5-32】 在学生表student上删除StudentName列的非空约束。SQL语句如下:

```
ALTER TABLE student MODIFY StudentName VARCHAR(20)NULL;
```

4)删除检查约束

删除检查约束的语法格式如下:

```
ALTER TABLE tb_name DROP CHECK 约束名;
```

【例5-33】 删除在课程表course上定义的检查约束。

删除在课程表course上定义的检查约束的语法格式如下:

```
ALTER TABLE course DROP CHECK CK_course_credit;
```

5)删除自增约束

删除自增约束的语法格式如下:

```
ALTER TABLE tb_name MODIFY 列名 INT;
```

【例5-34】 删除在temp的Id列上定义的自增约束。

```
ALTER TABLE temp MODIFY Id INT;
```

6）删除默认值约束

删除默认值约束的语法格式如下：

```
ALTER TABLE tb_name ALTER 列名  DROP DEFAULT;
```

【例5-35】 在临时表temp中，删除课时数CourseHour列的默认值。SQL语句如下：

```
ALTER TABLE temp1 ALTER CourseHour DROP DEFAULT;
```

7）删除外键约束

外键一旦删除，就会解除从表和主表之间的关联关系。删除外键约束时，如果外键约束是使用CONSTRAINT子句命名的表级完整性约束，其语法格式如下：

```
ALTER TABLE tb_name DROP FOREIGN KEY foreign_key_name;
```

其中，foreign_key_name是外键约束名，指在定义表时CONSTRAINT <foreign_key_name>关键字后面的参数。

【例5-36】 删除表score在StudentNo上定义的外键约束FK_scorel。

```
ALTER TABLE score DROP FOREIGN KEY FK_score_course;
```

【例5-37】 在表score的StudentNo列上定义一个无命名的外键约束，然后删除它。

当要删除无命名的外键约束时，可先使用SHOW CREATE TABLE <tb_name>语句查看系统给外键约束指定的名称，然后删除该约束名。

例5-36已经删除了表score在StudentNo列上定义的外键约束FK_score_course，下面先定义一个无命名的外键约束，SQL语句如下：

```
ALTER TABLE score ADD FOREIGN KEY(StudentNo) REFERENCES student(StudentNo);
```

然后在"命令列界面"使用"SHOW CREATE TABLE score；"语句，或者在Navicat的表设计器中查看系统给外键约束指定的名称，如图5-23所示。

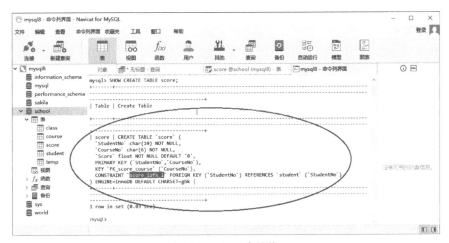

图5-23 显示表结构

可以看出，MySQL给列StudentNo上定义的外键约束名称为score_ibfk_1。

最后，使用ALTER TABLE语句删除该约束，SQL语句如下：

```
ALTER TABLE score DROP FOREIGN KEY score_ibfk_1;
```

2. 添加约束

使用CREATE TABLE命令定义表时，可以直接定义相关的完整性约束。数据表定义完成后，可以使用ALTER TABLE语句添加完整性约束。完整性约束不能直接被修改，如果要修改某个约束，实际上是用ALTER TABLE语句先删除该约束，然后增加一个与该约束同名的新约束。

1）添加主键约束

添加主键约束的语法格式如下：

```
ALTER TABLE tb_name ADD [CONSTRAINT <约束名>] PRIMARY KEY(主键列名);
```

【例5-38】 为学生表student的StudentNo列添加主键约束。

```
ALTER TABLE student ADD CONSTRAINT PK_student PRIMARY KEY(StudentNo);
```

2）添加候选键约束

添加候选键约束的语法格式如下：

```
ALTER TABLE tb_name ADD [CONSTRAINT <约束名>] UNIQUE(列名);
```

【例5-39】 为班级表class的ClassName列添加候选键约束。

如果没有给候选键命名，使用ADD子句添加的是定义候选键的列名，SQL语句如下：

```
ALTER TABLE class ADD UNIQUE(className);
```

如果使用CONSTRAINT子句给候选键命名，使用ADD子句添加的是约束名，SQL语句如下：

```
ALTER TABLE class ADD CONSTRAINT UQ_class UNIQUE(ClassName);
```

 **5.4 习题5**

一、选择题

1. 数据库管理系统中负责数据模式定义的语言是(　　)。

    A. 数据定义语言　　B. 数据管理语言　　　C. 数据操纵语言　　　　D. 数据控制语言

2. 下列(　　)类型不是MySQL中常用的数据类型。

    A. INT　　　　　　　B. VAR　　　　　　　C. TIME　　　　　　　D. CHAR

3. 下列选项中，用于存储整数数值的是(　　)。

    A. FLOAT　　　　　　B. DOUBLE　　　　　　C. MEDIUMINT　　　　D. VARCHAR

4. 下列选项中，适合存储文章内容或评论的数据类型是(　　)。

    A. CHAR　　　　　　B. VARCHAR　　　　　C. TEXT　　　　　　　D. VARBINARY

5. 下面关于DECIMAL(6,2)的说法中,正确的是(　　)。

　　A. 它不可以存储小数

　　B. 6表示数据的长度,2表示小数点后的长度

　　C. 6表示最多的整数位数,2表示小数点后的长度

　　D. 总共允许最多存储8位数字

6. 用一组数据"准考证号:202203001;姓名:张芳;性别:女;出生日期:2002-04-19"来描述某个考生信息,其中"出生日期"数据可设置为(　　)。

　　A. 日期/时间型　　　　B. 数字型　　　　C. 货币型　　　　　　D. 逻辑型

7. 根据关系模式的完整性规则,一个关系中的主键(　　)。

　　A. 不能有两个　　　　　　　　　　　B. 不能成为另一个关系的外部键

　　C. 不允许空值　　　　　　　　　　　D. 可以取空值

8. 下列选项中,(　　)能保证表中列值的唯一性。

　　A. 默认约束　　　　　　　　　　　　B. 非空约束

　　C. 唯一约束　　　　　　　　　　　　D. 以上答案都不正确

9. 关系数据库中,外键(foreign key)是(　　)。

　　A. 在一个关系中定义了约束的一个或一组属性

　　B. 在一个关系中定义了默认值的一个或一组属性

　　C. 在一个关系中的一个或一组属性是另一个关系的主码

　　D. 在一个关系中用于唯一标识元组的一个或一组属性

10. 创建表时,如果不允许某列为空,可以使用(　　)关键字。

　　A. NOT NULL　　　　　　　　　　　B. NO NULL

　　C. NOT BLANK　　　　　　　　　　D. NO BLANK

11. 以下查看数据表的语句错误的是(　　)。

　　A. SHOW TABLE STATUS

　　B. SHOW TABLE STATUS FROM mydb

　　C. SHOW TABLE STATUS LIKE '%t%'

　　D. 以上答案都不正确

二、练习题

学生管理数据库studentinfo有4个基本表,按表的结构创建表。

1. 系表department的结构如表5-9所示。

表5-9　系表department的结构

字段名称(列名)	数据类型	约束	说　明
DepartmentID	CHAR(2)	主键	系编号为2位数字编号。例如,11表示哲学学院,21表示物理学院,31表示化工学院,51表示计算机学院
DepartmentName	VARCHAR(30)	NOT NULL	系名称
Telephone	CHAR(13)		系电话

2. 班级表class的结构如表5-10所示。

表5-10　班级表class的结构

列名	数据类型	约　束	说　明
ClassID	CHAR(10)	主键	班级编号为10位数字编号:4位年号+2位系编号+2位专业编号+2位顺序号。例如,2022111301表示2022年入学,哲学学院,13专业,第01班
ClassName	VARCHAR(20)	NOT NULL	班级名称
ClassNum	INT		班级人数
Grade	INT		年级
DepartmentID	CHAR(4)	外键,NOT NULL	系编号

3. 课程表course的结构如表5-11所示。

表5-11　课程表course的结构

字段名称(列名)	数据类型	约　束	说　明
CourseID	CHAR(6)	主键	课程编号为6位数字编号:2位系编号+2位专业编号+2位顺序号。例如,512304表示51系,23专业,第04号
CourseName	VARCHAR(30)	NOT NULL	课程名称
Credit	SMALLINT	Credit >=1 AND Credit <=6	学分
CourseHour	SMALLINT		课时数
PreCourseID	CHAR(6)		先修课程编号,自参照
Term	TINYINT		开课学期,为1位数字

4. 学生表student的结构如表5-12所示。

表5-12　学生表student的结构

字段名称(列名)	数据类型	约束	说　明
StudentID	CHAR(12)	主键	学号为12位数字编号:班级编号+2位顺序号。例如,202211130103表示2022年入学,11系,13专业,01班,第03号
StudentName	VARCHAR(20)		姓名
Sex	ENUM('男','女')	默认"男"	性别
Birthday	DATE		出生日期
Telephone	CHAR(13)		电话
Address	VARCHAR(30)		家庭地址
ClassID	CHAR(10)	外键	班级编号

5. 选课表selectcourse的结构如表5-13所示。

表5-13 选课表selectcourse的结构

字段名称(列名)	数据类型	约 束	说 明
StudentID	CHAR(12)	主键、外键	学号
CourseID	CHAR(6)	主键、外键	课程编号
Score	DECIMAL(4,1)	Score >=0 AND Score <=100	成绩
SelectCourseDate	DATE		选课日期

第6章 记录的操作

本章主要介绍插入、修改和删除记录操作,查询记录操作将在第7章进行详细介绍。

6.1 插入记录

插入记录是向表中插入不存在的新记录,通过这种方式可以为表中增加新的数据。通过INSERT语句插入新的记录。插入的方式有:插入完整的记录,插入记录的一部分,插入多条记录,插入另一个查询的结果等。需要注意的是:在插入数据之前,应使用USE语句将需要插入记录的表所在的数据库指定为当前数据库。

本章将以数据库school中的表为例,介绍插入记录的各种用法。由于第6章对数据库school进行了多处修改,为了顺利应用,请删掉数据库school,重新创建数据库school。本章重新定义各表,数据记录如表6-1~表6-4所示。由于这4张表存在外键引用,不但创建表时先创建主表(父表),然后创建从表,而且在添加记录时,也要先添加主表中的记录,即先添加班级表class(没有外键,主表)以及学生表student中的记录,然后添加课程表course中的记录,最后添加成绩表score中的记录。

1. 班级表class

班级表class的结构及记录如表6-1所示。

表6-1 班级表class

ClassNo (班级编号)	ClassName (班级名称)	Department (所属院系)	Grade (年级)	ClassNum (班级人数)
CI202101	计算机信息21-1班	计算机学院	2021	35
CI202203	计算机信息22-3班	计算机学院	NULL	30
PH202201	哲学22-1班	哲学学院	2022	NULL
CH202101	化学21-1班	化学学院	2021	36
PY202201	物理22-1班	物理学院	2022	NULL

定义class表结构的SQL语句如下:

```
CREATE TABLE school.class(
```

```
ClassNo CHAR(8) NOT NULL PRIMARY KEY,
ClassName VARCHAR(20) NOT NULL,
Department VARCHAR(30) NOT NULL,
Grade SMALLINT NULL DEFAULT NULL,
ClassNum TINYINT NULL DEFAULT 40
) ENGINE=InnoDB CHARACTER SET=gbk COLLATE=gbk_bin;
```

2. 课程表 course

课程表 course 的结构及记录如表6-2所示。

表6-2　课程表 course

CourseNo （课程编号）	CourseName （课程名）	Credit （学分）	CourseHour （课时数）	Term （开课学期）	PriorCourse （先修课程）
110101	哲学	5	96	2	NULL
330101	计算机基础	2	32	1	NULL
330503	数据库原理	4	64	4	NULL
730203	化学	5	96	5	NULL
320301	物理学	5	96	3	NULL

定义 course 表结构的SQL语句如下：

```
CREATE TABLE school.course(
    CourseNo CHAR(6) NOT NULL,
    CourseName VARCHAR(20) NOT NULL,
    Credit INT NOT NULL,
    CourseHour INT NOT NULL DEFAULT 64,
    Term CHAR(2) NULL DEFAULT NULL,
    PriorCourse CHAR(6) NULL DEFAULT NULL,
    PRIMARY KEY(CourseNo)
) ENGINE=InnoDB CHARACTER SET=gbk COLLATE=gbk_bin;
```

3. 学生表 student

学生表 student 的结构及记录如表6-3所示。

表6-3　学生表 student

StudentNo （学号）	StudentName （姓名）	Sex （性别）	Birthday （出生日期）	Native （户籍）	Nation （民族）	ClassNo （班级编号）
2021330103	周思瑾	女	2001-03-12	北京	满族	CI202101
2021330105	丁俊杰	男	2001-05-25	上海	汉族	CI202101
2022330310	罗事成	男	2002-07-16	河北	蒙古族	CI202203
2022330312	刘小平	女	2002-01-28	上海	汉族	CI202203
2022330323	王妙涵	女	2002-04-19	浙江	汉族	CI202203

续表

StudentNo (学号)	StudentName (姓名)	Sex (性别)	Birthday (出生日期)	Native (户籍)	Nation (民族)	ClassNo (班级编号)
2022110101	吴宇航	男	2001-12-30	广东	汉族	PH202201
2022110102	白玉娇	女	2002-08-21	山西	回族	PH202201
2022110106	郑杰	男	2001-11-19	四川	羌族	PH202201
2021730103	朱莉亚	女	2002-01-30	贵州	苗族	CH202101
2021730104	张博涵	男	2001-08-17	云南	侗族	CH202101
2021730105	赵梦琪	女	2002-02-24	广西	壮族	CH202101
2022320122	李安	男	2001-11-11	青海	回族	PY202201

定义student表结构的SQL语句如下：

```
CREATE TABLE school.student(
    StudentNo CHAR(10) NOT NULL,
    StudentName VARCHAR(20) NOT NULL,
    Sex CHAR(2) NOT NULL,
    Birthday DATE NULL DEFAULT NULL,
    Native VARCHAR(20) NULL DEFAULT NULL,
    Nation VARCHAR(10) NULL DEFAULT NULL,
    ClassNo CHAR(8) NULL DEFAULT NULL,
    PRIMARY KEY (StudentNo),
    CONSTRAINT FK_student FOREIGN KEY (ClassNo) REFERENCES class(ClassNo)
)ENGINE=InnoDB CHARACTER SET=gbk COLLATE=gbk_bin;
```

4. 成绩表score

成绩表score的结构及记录如表6-4所示。

表6-4 成绩表score

StudentNo(学号)	CourseNo(课程编号)	Score(成绩)
2021330103	330101	80
2021330103	110101	70
2021330103	330503	100
2021330105	330101	99
2021330105	110101	77
2021330105	330503	66
2021730103	330101	87
2021730103	730203	51
2021730104	330101	81
2021730104	730203	82

续表

StudentNo(学号)	CourseNo(课程编号)	Score(成绩)
2021730105	330101	73
2021730105	730203	84
2022320122	110101	52
2022320122	320301	89
2022330310	330101	93
2022330312	330101	83
2022330323	330101	73
2022110101	110101	100
2022110102	110101	46
2022110106	110101	86

定义score表结构的SQL语句如下:

```
CREATE TABLE school.score(
    StudentNo CHAR(10) NOT NULL,
    CourseNo CHAR(6) NOT NULL,
    Score FLOAT NOT NULL DEFAULT 0,
    PRIMARY KEY(StudentNo,CourseNo),
    INDEX FK_score_course(CourseNo),
    CONSTRAINT FK_score_course FOREIGN KEY(CourseNo) REFERENCES course
    (CourseNo),
    CONSTRAINT FK_score_student FOREIGN KEY(StudentNo) REFERENCES student
    (StudentNo)
)ENGINE=InnoDB CHARACTER SET=gbk COLLATE=gbk_bin;
```

6.1.1 插入完整数据记录

使用INSERT语句向数据库的表中插入记录时,要求指定表名称和插入新记录中的值,其基本的语法格式如下:

```
INSERT INTO tb_name[(column1,column2,...)] VALUES(value1,value2,...);
```

其中,tb_name指定要插入数据的表名,column指定要插入数据的列,value指定每个列对应插入的数据,即column1=value1,column2=value2,...。注意,使用该语句时,列名column和值value的数量必须相同,并且要保证每个插入值的类型与对应列的定义数据类型匹配。

INSERT向表中所有列插入值的方法有两种,即不指定列名和指定所有列名。

1. INSERT语句中不指定列名

在INSERT语句中省略列名时,语法格式如下:

```
INSERT INTO tb_name VALUES(value1,value2,...);
```

值列表中需要为表的每一个列指定值,并且值的顺序必须与表中列定义时的顺序完全相同。而且值的数据类型要与表中对应列的数据类型一致。

【例6-1】 在数据库school中,按表6-1中的数据向班级表class中插入一条新记录('CI202101','计算机信息21-1班','计算机学院',2021,35)。SQL语句如下:

```
USE school;
INSERT INTO class VALUES('CI202101','计算机信息 21-1 班','计算机学院',
2021,35);
```

class表包含5列,INSERT语句中的值必须是5个,并且数据类型要与列的数据类型一致,其中字符串类型的取值必须加上引号。

在Navicat的查询窗格中输入上面的SQL语句,运行后显示如图6-1所示。

图6-1 插入记录

如果再次运行,则显示1062-Duplicate entry 'CI2101' for key 'class. PRIMARY',说明class表定义了主键约束,不能插入重复的主键值。

在导航窗格中双击class,则在窗口中部打开class表数据管理窗格,显示表中的记录,如图6-2所示。然后单击这个class表数据管理窗格右上角的⊠按钮,关闭该窗格。

图6-2 在表数据管理窗格中显示class表中的记录

尽管这种不指定列名的 INSERT 语句非常简单,但它却依赖表中列的定义次序,而且代码的阅读性比较差。当表结构发生改变时就要做相应的修改,所以应尽量避免使用这种语法。

2. INSERT 语句中指定所有列名

在 INSERT 语句中列出表的所有列,为这些列插入数据。语法格式如下:

```
INSERT INTO 表名(列名1,列名2,...,列名n) VALUES(值1,值2,...,值n);
```

其中,"列名"是表中所有列的名称,列的顺序可以不是定义表时的顺序;"值"表示每个列的值,值的列表与列的列表相对应,把值插入对应位置的列,即"列名1=值1"等。

【例6-2】 在数据库 school 中,向班级表 class 中插入一条新记录,包括所有列。SQL 语句如下:

```
INSERT INTO school.class(ClassNo,ClassName,Grade,ClassNum,Department)
    VALUES('CI202203','计算机信息22-3班',NULL,30,'计算机学院');
```

INSERT 语句中字段的顺序与定义表时的顺序不同,值的顺序也要相对应。如果表的列比较多,用这种方法会比较麻烦。但是,这种方法可以随意设置列的顺序,而不需要按照定义表时的列顺序。

如果想在 Navicat 中查看插入记录后的 class 表,要在图 6-2 中关闭这个表数据管理窗格,然后在导航窗格中双击 class,重新在表数据管理窗格中显示新的 class 表记录。

6.1.2 插入部分数据记录

插入部分列的数据记录到表中,就是为表的指定列插入数据。语法格式如下:

```
INSERT INTO 表名(列名1,列名2,...,列名n) VALUES(值1,值2,...,值n);
```

其中,"列名"表示要插入数据记录的表中的列名,此处指定表的部分列名;"值"指定列的值,每个值与相应的列名对应。列的顺序可以随意,而不需要按照表定义时的顺序。

在 INSERT 语句中只给部分列赋值,而其他列的值为定义表时的默认值,对于没有定义默认值的列应该允许取空值(NULL)。如果某个列没有设置默认值,并且定义为非空(NOT NULL),就必须为其赋值,否则会提示"1364-Field '列名' doesn't have a default value"的错误。

【例6-3】 在数据库 school 中,向班级表 class 中插入一条新记录,只给指定的列添加值。SQL 语句如下:

```
INSERT INTO school.class(ClassNo,ClassName,Department,Grade)
    VALUES('PH202201','哲学22-1班','哲学学院',2022);
```

没有赋值的列,如果没有定义为 NOT NULL,则默认值为 NULL。

6.1.3 插入多条数据记录

虽然可以使用多条 INSERT 语句插入多条记录,但是比较烦琐。插入多条数据记录是指一个使用 INSERT 语句同时插入多条记录,语法格式如下:

```
INSERT INTO 表名[(列名1，列名2，...，列名n)]
     VALUES (值11，值21，...，值n1)，
            (值12，值22，...，值n2)，
                        ...,
            (值1m，值2m，...，值nm);
```

其中，"表名"指定插入数据的表；"列名"可选，如果省略列名，则必须为所有列依次提供数据；如果指定列名，则只需为指定的列提供数据。"(值1m，值2m，...，值nm)"是要插入的1条记录，每条记录之间用逗号隔开。n表示1条记录有n列，m表示1次插入m条记录。

【例6-4】 在数据库school中，向班级表class中插入两条新记录。SQL语句如下：

```
INSERT INTO school.class(ClassNo, ClassName, Department, Grade, ClassNum)
VALUES ('CH202101', '化学21-1班', '化学学院', 2021, 36),
       ('PY202201', '物理22-1班', '物理学院', 2022, NULL);
```

如果要在Navicat中查看class表中的记录，先关闭之前打开的class表数据管理窗格。然后在导航窗格中双击class，表数据管理窗格中显示class表记录，如图6-3所示。class表中记录的顺序不是插入记录的顺序，默认按升序排序。

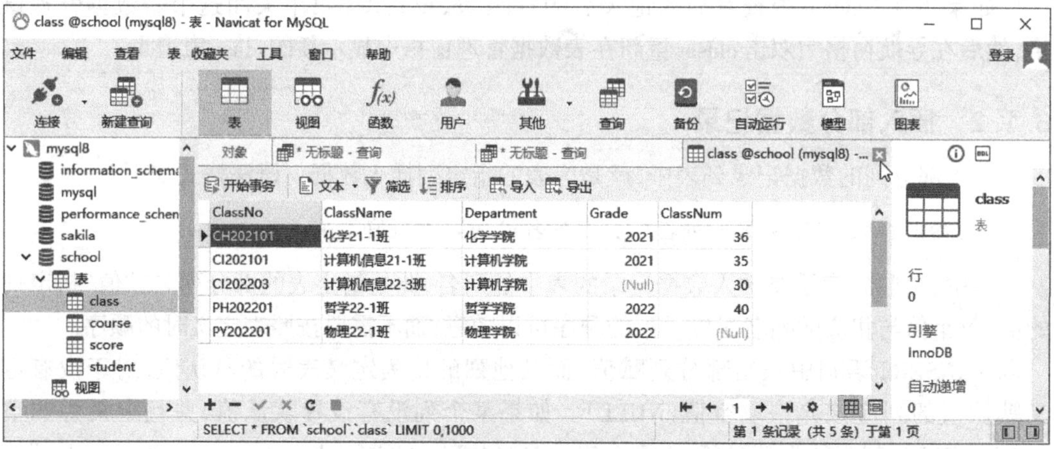

图6-3 在表数据管理窗格中显示class表中的记录

请读者使用INSERT语句，按表6-3向课程表course中一次性插入所有记录。

请读者把自己的姓名添加到student表中，假设自己在CI2101班；在score表中，给自己添加330101(计算机基础)和330503(数据库原理)两门课的成绩。

6.1.4 使用Navicat对话方式添加记录

使用Navicat对话方式可以对表中的记录进行添加。下面以在数据库school中，按表6-2输入学生表student的记录为例，介绍使用Navicat添加记录的操作。

(1) 在导航窗格中双击学生表名student，窗口中部打开student表数据管理窗格，由于该表中没有记录，显示如图6-4所示。

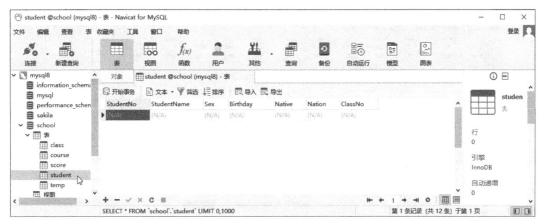

图6-4　在表数据管理窗格中显示student表中的记录

（2）单击列名下的单元格或按Tab键，设置插入点，然后分别输入对应的列值。对于日期类型，单击⊞按钮，将显示日历控件，可以选择日期。对于外键列，单击⊞按钮，将显示被参照表中的外键值列表，选择后进行输入，如图6-5所示。

图6-5　显示外键的值列表

（3）一行记录输入完成后，单击窗格底部的✔按钮（应用更改）或者按Enter键，确认输入。如果要添加新的记录，单击╋按钮（添加记录）或者按Insert键，将显示一行空白记录，输入新的记录。

（4）重复上面的操作，输入所有的记录。输入记录后的表数据管理窗格如图6-6所示。在表数据管理窗格中，可以添加、修改和删除记录。最后可以关闭表数据管理窗格。

请读者使用Navicat对话方式，按表6-4中的数据向成绩表score中输入部分记录；然后使用INSERT语句方式，输入剩余的记录，完成所有记录的输入。并比较两种输入方式的特点和适用范围。

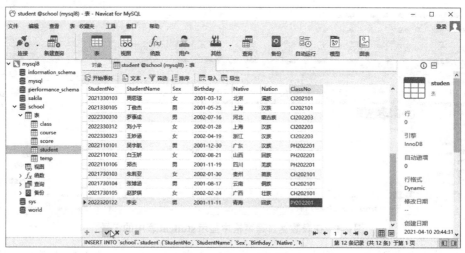

图6-6 student表记录

6.2 修改记录

修改记录是更新表中已经存在的记录中的值,通过UPDATE语句来修改记录,它可以更新特定记录和所有记录。UPDATE语句的基本语法格式如下:

```
UPDATE tb_name
    SET column1=value1, column2=value2, ..., columnN=valueN
    [WHERE conditions];
```

其中,SET子句指定表中要修改的列及其值,column表示需要更新的列名,value表示更新对应列后的值。修改多个列时,每个column=value之间用逗号分隔。每个指定的列值可以是表达式,也可是该列所对应的默认值:如果指定的是默认值,则用关键字DEFAULT表示值,即column=DEFAULT。

WHERE子句为可选项,用于限定表中要修改的行;conditions是条件表达式,指定更新满足条件的特定记录。如果无WHERE子句,则更新表中的所有记录。

6.2.1 修改特定记录

使用UPDATE语句修改特定记录时,需要通过WHERE子句指定被修改的记录所需满足的条件。如果表中满足条件表达式的记录不止一条,则使用UPDATE语句会更新所有满足条件的记录。

【例6-5】 将班级表class中ClassNo(班级编号)为CI202203的Grade(年级)列修改为2022,ClassNum(班级人数)列修改为默认值。SQL语句如下:

```
UPDATE school.class
    SET Grade='2022', ClassNum=DEFAULT
    WHERE ClassNo='CI202203';
```

运行上面语句,显示Affected rows:1(受影响的行:1),表示更新1行记录。

在Navicat的导航窗格中双击class,在打开的表数据管理窗格可以看到记录已经更新。

【例6-6】 将班级表class中,Grade(年级)为2022的ClassNum(班级人数)都改为40。

```
UPDATE school.class
    SET ClassNum=40
    WHERE Grade='2022';
SELECT * FROM class;
```

运行上面语句,显示 Affected rows:3,表示更新3行记录。

对于这类问题,要分清哪些是条件,哪些是要修改的列。

6.2.2 修改所有记录

使用UPDATE语句修改所有数据记录时,不需要指定WHERE子句。

【例6-7】 将班级表class中,所有ClassNum(班级人数)都在原来的人数上减10。

```
UPDATE school.class
    SET ClassNum=ClassNum-10;
SELECT * FROM class;
```

如果不加修改记录的限制条件,修改后的值可能违反约束,所以即便修改所有记录,通常也会加上条件。

【例6-8】 将成绩表score中所有学生的成绩提高5%。执行的SQL语句如下:

```
UPDATE school.score
    SET Score=Score*1.05;
```

将显示出错信息3819-Check constraint 'CK_score' is violated. ,这违反了定义的检查约束Score>=0 AND Score<=100。这时就要根据更新后的成绩值来设置要更新记录的条件,请读者思考解决方法。

6.3 删除记录

删除记录是删除表中已经存在的记录,通过这种方式可以删除表中不再使用的记录。可以删除特定的记录和删除表中所有的记录。

6.3.1 删除特定记录

使用DELETE语句删除表中的一行或多行记录,其语法格式如下:

```
DELETE FROM tb_name [WHERE conditions];
```

其中,tb_name指定要删除记录的表名;WHERE子句为可选项,指定删除条件,如果不指定WHERE子句,将删除表中的所有记录。使用DELETE语句删除特定记录时,要通过WHERE子句指定被删除的记录要满足的条件。

【例6-9】 删除成绩表score中学号为2021330105的成绩。

执行删除操作前,使用SELECT语句查看学号为2021330105的成绩记录,SQL语句如下：

```
SELECT * FROM school.score WHERE StudentNo='2021330105';
```

可以看到有3条学号为2021330105的成绩记录。下面用DELETE语句删除该记录：

```
DELETE FROM school.score WHERE StudentNo='2021330105';
```

运行上面的语句，显示"Affected rows：3"，表示删掉3条记录。再次执行SELECT语句：

```
SELECT * FROM school.score WHERE StudentNo='2021330105';
```

查询结果为空，表示删除操作成功。

6.3.2　删除所有记录

删除某个表的所有记录也称清空表。删除表中的所有记录后，表的定义仍然存在，即删除的是表中的记录，而不会删除表的定义。当使用DELETE语句时，省略WHERE子句；或者使用TRUNCATE语句。删除表中的所有数据后无法恢复，因此删除时必须慎重。

TRUNCATE语句将直接删除原来的表并重新创建一个表，而不是逐行删除表中的记录，因此执行速度比DELETE更快。TRUNCATE语句的语法格式如下：

```
TRUNCATE [TABLE] tb_name;
```

其中，tb_name指定要删除记录的表名。注意，如果表之间具有外键参照关系，则不能使用TRUNCATE语句清空记录，只能使用DELETE语句。

【例6-10】　删除班级表class中的所有记录。

使用RUNCATE语句清空class表中所有记录，SQL语句如下：

```
TRUNCATE school.class;
```

执行上面的语句，显示1701-Cannot truncate a table referenced in a foreign key constraint（'school'. 'student', CONSTRAINT'FK_student'），不能清空被参照的当前主表class，因为从student表的外键ClassNo参照了主表class的主键ClassNo，所以不能先删主表。

改为用DELETE语句：

```
DELETE FROM school.class;
```

显示1451-Cannot delete or update a parent row: a foreign key constraint fails（'school'. 'student', CONSTRAINT 'FK_student' FOREIGN KEY（'ClassNo'）REFERENCES 'class'（'ClassNo'）ON DELETE RESTRICT ON UPDATE RESTRICT），意思是学生表student中的StudentNo参照了班级表class中的ClassNo。所以要先删student表。

另外，执行上面两种删除语句时，显示的错误不同，可见TRUNCATE与DELETE语句在运行机制上是不同的。

按提示先清空从表student中的记录，SQL语句如下：

```
DELETE FROM school.student;
```

显示1451-Cannot delete or update a parent row: a foreign key constraint fails（'school'. 'score', CONSTRAINT 'FK_score_student' FOREIGN KEY（'StudentNo'）REFERENCES 'student'

（'StudentNo'）ON DELETE RESTRICT ON UPDATE RESTRICT），意思是成绩表score中的StudentNo参照了student表中的StudentNo。所以要先删成绩表。

按提示清空成绩表中的记录，SQL语句如下：

```
DELETE FROM school.score;
```

成功清空score表。

然后清空student表中所有记录：

```
DELETE FROM school.student;
```

成功清空student表。

最后清空class表：

```
DELETE FROM school.class;
```

清空成功。

6.3.3　使用Navicat对话方式删除记录

使用Navicat对话方式可以对表中的记录进行添加、修改、删除等操作。下面以在数据库school中的课程表course为例，介绍Navicat对记录的操作。

（1）在导航窗格中双击表名course，窗口中部打开course表数据管理窗格，显示表中的记录。可以像在Excel表中一样，对记录进行操作。

（2）移动记录。单击某行最左端一列，或者单击某行中的单元格，或者按键盘的上、下光标键，该行最左端显示▶符号，表示选中该行。

（3）修改单元格数据。单击单元格，把插入点放置在单元格中，输入新的单元格内容。

（4）右击某行的最左端列，或者右击单元格（没有把插入点设置到单个格中），将显示该行的快捷菜单，如图6-7所示。在快捷菜单中选择命令，可以执行相应的操作，如"删除记录"等。

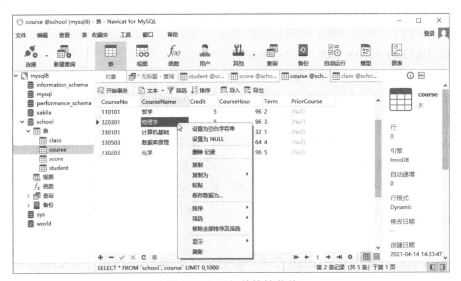

图6-7　记录行的快捷菜单

125

（5）在导航窗格中右击表名，如student，将显示快捷菜单，并从弹出的快捷菜单中选择相应命令，如"清空表"。

注意：执行操作后，必须关闭该表数据管理窗格，然后打开该表，才能显示该表的最新记录。

至此，school数据库中的4个表中的记录都已被清空。在进行第7章学习前，请先还原该数据库。

 6.4 习题6

一、选择题

1. （　　）是SQL的DML（data manipulation language）语句。

    A. SELECT　　　　B. INSERT　　　　　C. ALTER　　　　　D. CREATE

2. 下面关于INSERT语句的说法正确的是（　　）。

    A. INSERT一次只能插入一行元组　　　B. INSERT只能插入不能修改

    C. INSERT可以指定要插入哪行　　　　D. INSERT可以加WHERE条件

3. 以下插入数据的语句错误的是（　　）。

    A. INSERT 表 SET 字段名=值

    B. INSERT INTO 表（字段列表）VALUE（值列表）

    C. INSERT 表 VALUE（值列表）

    D. 以上答案都不正确

4. "UPDATE student SET s_name='王军' WHERE s_id=1;"代码执行的是（　　）。

    A. 添加姓名叫王军的记录　　　　　　B. 删除姓名叫王军的记录

    C. 返回姓名叫王军的记录　　　　　　D. 更新s_id为1的姓名为王军

5. 删除tb001数据表中id=2的记录的语法格式是（　　）。

    A. DELETE FROM tb001 VALUE id='2';

    B. DELETE INTO tb001 WHERE id='2';

    C. DELETE FROM tb001 WHERE id='2',

    D. UPDATE FROM tb001 WHERE id='2';

6. 在使用SQL语句删除数据时，如果DELETE语句后面没有WHERE条件值，那么将删除指定数据表中的（　　）数据。

    A. 部分　　　　　　B. 全部　　　　　　C. 指定的一条数据　　D. 以上皆可

7. 关于DELETE和TRUNCATE TABLE区别描述错误的是（　　）。

    A. DELETE可以删除特定范围的数据　　B. 两者执行效率一样

    C. DELETE返回被删除的记录行数　　　D. TRUNCATE TABLE返回值为0

二、练习题

1. 学生信息数据库studentInfo中4个表的定义见第5章，数据记录如表6-5～表6-9所示。

表6-5   系表department

DepartmentID（系编号）	DepartmentName（系名称）	Telephone（系电话）
11	哲学学院	NULL
21	物理学院	NULL
31	化工学院	NULL
51	计算机学院	NULL

表6-6   班级表class

ClassID（班级编号）	ClassName（班级名称）	ClassNum（班级人数）	Grade（年级）	DepartmentID（系编号）
2022111301	哲学22-1班	20	2022	11
2022211501	物理22-1班	30	2022	21
2022311401	化工22-1班	35	2022	31
2022511201	计算机22-1班	40	2022	51
2022511202	计算机22-2班	38	2022	51

表6-7   课程表course

CourseID（课程编号）	CourseName（课程名称）	Credit（学分）	CourseHour（课时数）	PreCourseID（先修课程编号）	Term（开课学期）
111315	哲学	6	96	511217	2
211511	物理学	6	96	211511	3
311416	化学	6	96	211511	5
511217	计算机基础	3	32	NULL	1
511236	数据库原理	4	64	511217	4

表6-8   学生表student

StudentID（学号）	StudentName（姓名）	Sex（性别）	Birthday（出生日期）	Telephone（电话）	Address（家庭地址）	ClassID（班级编号）
202211130101	刘博文	男	2002-08-21	NULL	北京	2022111301
202211130102	许曼莉	女	2002-04-15	NULL	上海	2022111301
202221150101	白沛玲	女	2003-01-08	NULL	浙江	2022211501
202221150102	陈浩天	男	2002-05-23	NULL	湖南	2022211501
202221150103	刘慧语	女	2002-09-17	NULL	山东	2022211501
202231140121	郑朝辉	男	2003-02-13	NULL	河南	2022311401
202231140122	孙妙涵	女	2002-04-22	NULL	四川	2022311401
202251120131	王一诺	男	2002-03-27	NULL	山西	2022511201
202251120132	赵梦琪	女	2002-10-05	NULL	广东	2022511201

续表

StudentID （学号）	StudentName （姓名）	Sex （性别）	Birthday （出生日期）	Telephone （电话）	Address （家庭地址）	ClassID （班级编号）
202225120133	胡子涵	男	2001-11-26	NULL	云南	2022511201
202251120206	孙芳菲	女	2001-12-22	NULL	陕西	2022511202
202251120207	陈成文	男	2002-06-09	NULL	河北	2022511202

表6-9　选课表selectcourse

StudentID（学号）	CourseID（课程编号）	Score（成绩）	SelectCourseDate（选课日期）
202211130101	111315	81	NULL
202211130102	111315	82	NULL
202221150101	211511	75	NULL
202221150102	211511	76	NULL
202221150103	211511	77	NULL
202231140121	311416	68	NULL
202231140122	311416	69	NULL
202251120131	511217	91	NULL
202251120132	511217	92	NULL
202251120133	511217	100	NULL
202251120206	511217	94	NULL
202251120207	511217	95	NULL
202251120131	511236	100	NULL
202251120132	511236	99	NULL
202251120133	511236	89	NULL
202251120206	511236	78	NULL
202251120207	511236	62	NULL

完成所有表的创建和记录插入后，备份数据库到指定的文件夹。

2. 用SQL语言完成以下数据更新操作。

（1）按表6-5～表6-9插入记录。

（2）在系表department中，按读者的想法添加一个新系，记录内容自定。在班级表class中新建一个班级，该班隶属于读者创建的系。在学生表student中，把读者作为学生，将记录插入学生表中。在选课表selectcourse中插入3条读者选课的记录。

（3）在学生表student中，把刘慧语的电话改为13501411332。

（4）在学生表student中，删除郑朝辉的记录。

第7章 记录的查询

本章主要讲述使用SQL语句查询记录的操作,包括基本查询、单表记录查询、分组聚合查询、多表记录查询和子查询等操作。

7.1 基本查询

SELECT语句可以从一个或多个数据库中的一个或多个表中查询数据,并将结果显示为另外一个二维表的形式,称为结果集(result set)。SELECT语句的基本语法格式如下:

```
SELECT [ALL | DISTINCT | DISTINCTROW] selection_list
    FROM table_source1[,table_source2...]
    [WHERE search_condition]
    [GROUP BY grouping_columns] [WITH ROLLUP]
    [HAVING search_condition]
    [ORDER BY order_expression [ASC | DESC]]
    [LIMIT offset[,limitnum]];
```

语法说明如下。

(1) ALL | DISTINCT:可选项,指定是否返回结果集中的重复行。如果没有指定这些选项,则默认为ALL,即返回SELECT操作中所有匹配的行,包括存在的重复行;如果指定选项DISTINCT或DISTINCTROW,则消除结果集中的重复行,其中DISTINCT或DISTINCTROW为同义词,这两个关键字应用于SELECT语句中指定的所有列。

(2) SELECT selection_list子句:描述结果集的列,指定要查询的列或表达式,之间用逗号分隔,用"*"代表表中所有的列。还可以为列指定新的别名,显示在输出的结果中。

(3) FROM table_source1[,table_source2 ...]子句:指定要查询的数据源,包括表、视图、表达式等。可以指定两个以上的表,表与表之间用逗号隔开。

(4) WHERE search_condition子句:可选项,指定对记录的过滤条件,即要查询的条件。如果有WHERE子句,就按照条件表达式search_condition指定的条件查询;如果没有WHERE子句,就查询所有记录。

(5) GROUP BY grouping_columns子句:可选项,用于对查询结果根据grouping. columns

的值分组。如果使用带WITH ROLLUP操作符的GROUP BY子句,则在结果集内不仅包含由GROUP BY提供的正常行,还包含汇总行。

(6) HAVING search_condition子句:用于分组结果集的附加条件,HAVING子句通常与GROUP BY子句一起使用,用来在GROUP BY子句后选择行。

(7) ORDER BY order_expression［ASC|DESC］子句:可选项,用于将查询结果集按指定列值的升序(ASC)或降序(DESC)排序。如果省略ORDER BY子句,则默认按ASC排序。

(8) LIMIT子句:可选项,用于指定查询结果集包含的记录。例如,如果想查询结果中从第1行开始,共3条的内容,则使用LIMIT 0,3;如果想查询结果中从第4行开始,共2条的内容,则使用LIMIT 3,2。

在SELECT语句中,所有可选子句必须依照SELECT语句的语法格式所罗列的顺序使用。

本章查询记录操作用到数据库school中的学生表student、成绩表score、班级表class和课程表course。

7.2 单表记录查询

单表记录查询是指从一张表中查询所需要的数据,是仅涉及一个表的查询,也称简单查询。

7.2.1 SELECT FROM基本子句的使用

SELECT子句的主要功能是输出列或表达式的值,FORM子句的主要功能是指定数据源,这两个子句在查询时都是必选项。最简单的SELECT语句的语法格式如下:

```
SELECT 目标表达式1,目标表达式2,...,目标表达式n
    FROM 表名;
```

SELECT语句中的"目标表达式"指定要查询的内容,包括列名、表达式、常量、函数和列别名等,各个"目标表达式"之间用逗号分隔。返回查询结果时,结果集中各目标表达式依照其列出的次序显示。

1. 查询所有的列

在SELECT语句中要查询所有列,用星号"*"通配符代表表中所有的列。返回查询结果时,结果集中各列的次序与这些列在定义表时的顺序相同。

【例7-1】 在数据库school中查询班级表class中的所有记录。SQL语句如下:

```
USE school;
SELECT * FROM class;
```

查询结果是从class表中依次取出每条记录,在Navicat的新建查询和命令列界面中运行上面的代码,分别显示如图7-1和图7-2所示。建议在新建查询窗格中编辑和运行SQL语句。

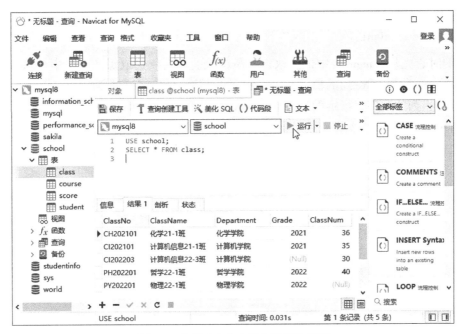

图7-1 在新建查询中运行的查询结果

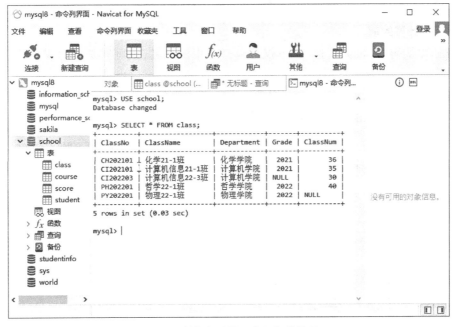

图7-2 在命令列界面中运行的结果

2. 查询指定的列

如果不需要将表中所有的列都显示出来,只需在SELECT后面列出要在结果集中显示的列名,各个列之间用","分隔。返回查询结果时,结果集中各列依照指定的次序显示。

【例7-2】 在数据库school中查询学生表student中的StudentName、Sex、StudentNo和ClassNo列。SQL语句如下:

```
SELECT StudentName,Sex,StudentNo,ClassNo
    FROM student;
```

查询时首先从student表中依次取出每条记录。然后仅选取每条记录中StudentName、Sex、StudentNo和ClassNo列的值，形成一条新的记录。最后将这些新记录组织为一个结果表进行输出，列的顺序为指定的顺序。在Navicat的命令列界面中运行上面的代码，显示如图7-3所示。

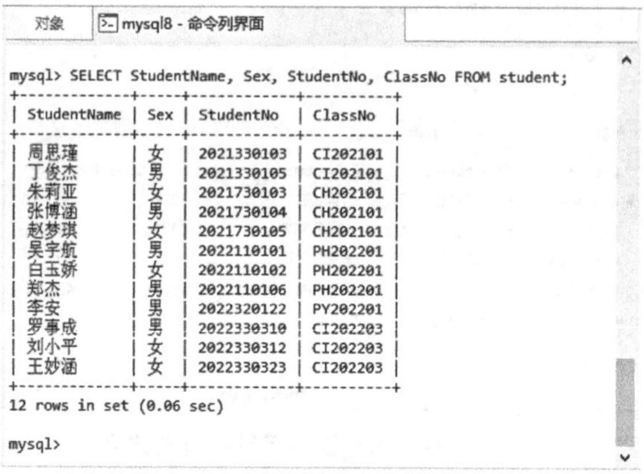

mysql> SELECT StudentName, Sex, StudentNo, ClassNo FROM student;

StudentName	Sex	StudentNo	ClassNo
周思瑾	女	2021330103	CI202101
丁俊杰	男	2021330105	CI202101
朱莉亚	女	2021730103	CH202101
张博涵	男	2021730104	CH202101
赵梦琪	女	2021730105	CH202101
吴宇航	男	2022110101	PH202201
白玉娇	女	2022110102	PH202201
郑杰	男	2022110106	PH202201
李安	男	2022320122	PY202201
罗事成	男	2022330310	CI202203
刘小平	女	2022330312	CI202203
王妙涵	女	2022330323	CI202203

12 rows in set (0.06 sec)

mysql>

图7-3　在命令列界面中查询指定的列

3. 查询计算的值

SELECT子句的“目标表达式”不仅可以是表中的列名，也可以是表达式，还可以是常量、函数等。

【例7-3】 在数据库school中查询学生表student中的全体学生，显示StudentName、Sex列，以及Age字符串和由Birthday计算得到的年龄。SQL语句如下：

```
SELECT StudentName,Sex,'Age:',YEAR(NOW())-YEAR(Birthday) FROM student;
```

在Navicat的命令列界面中运行上面的代码，显示如图7-4所示。

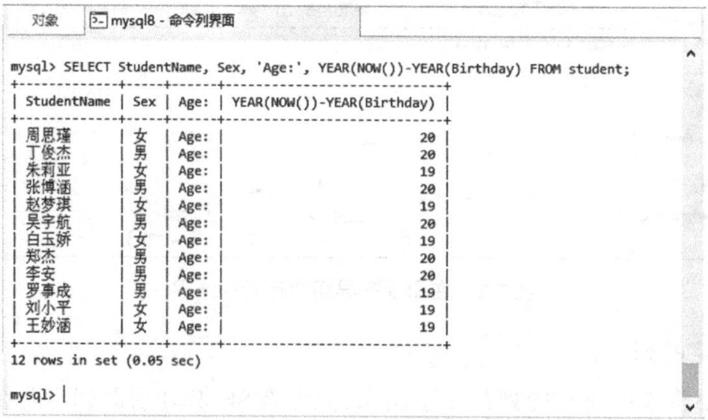

mysql> SELECT StudentName, Sex, 'Age:', YEAR(NOW())-YEAR(Birthday) FROM student;

StudentName	Sex	Age:	YEAR(NOW())-YEAR(Birthday)
周思瑾	女	Age:	20
丁俊杰	男	Age:	20
朱莉亚	女	Age:	19
张博涵	男	Age:	20
赵梦琪	女	Age:	19
吴宇航	男	Age:	20
白玉娇	女	Age:	19
郑杰	男	Age:	20
李安	男	Age:	20
罗事成	男	Age:	19
刘小平	女	Age:	19
王妙涵	女	Age:	19

12 rows in set (0.05 sec)

mysql> |

图7-4　查询计算的值

如果要计算值的目标表达式中不涉及表，可以省略FORM子句。例如，计算下面的表达式：

```
SELECT 12+2*30/3,"abc"="ABC",3>=5;
```

4. 定义列的别名

输出查询结果时,结果集中的列名显示为"目标表达式"名。可以为查询结果集中的列名定义一个别名,以便增加结果集的可读性。为结果集中的列名定义别名的子句的语法格式如下:

列名 [AS] 列的别名

当自定义的别名中含有空格时,必须使用单引号或双引号把别名括起来。另外,列的别名不允许出现在 WHERE 子句中。

【例7-4】 在数据库 school 中查询 student 表中全体学生的姓名、性别和年龄,要求对应的列名显示为中文名称。SQL 语句如下:

```
SELECT StudentName AS '姓名',Sex 性别,YEAR(NOW())-YEAR(Birthday) AS
年龄 FROM student;
```

在 Navicat 的命令列界面中运行上面的代码,显示如图7-5所示,结果中的列名显示为别名。

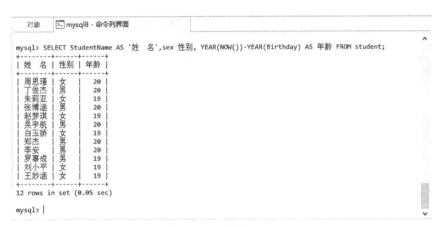

图7-5　定义列的别名

5. 不显示重复记录

DISTINCT 关键字主要用来从 SELECT 语句的结果集中去掉重复的记录。如果没有DISTINCT 关键字,系统将返回所有符合条件的记录,组成结果集,其中包括重复的记录。

表中的记录都是唯一的,记录不会重复,但是由于在结果集中只显示需要的列,就造成显示出来的记录看着是重复的。因此,结果集中是否有重复记录取决于列的组合。

【例7-5】 在数据库 school 中查询 student 表中的性别。显示 student 表中 StudentName、Sex 列的所有记录,这样显示的记录不重复,SQL 语句如下:

```
SELECT StudentName,Sex FROM student;
```

改为只显示性别,出现重复记录,SQL 语句如下:

```
SELECT Sex FROM student;
```

使用DISTINCT关键字,显示Sex列不重复的记录,SQL语句如下:

```
SELECT DISTINCT Sex FROM student;
```

7.2.2 使用WHERE子句过滤结果集

WHERE 子句用来选取需要检索的记录。表中包含大量的记录,查询时可能只需要查询表中的指定记录,即对记录进行过滤。在 SELECT 语句中使用 WHERE 子句,并根据WHERE 子句中指定的查询条件(也称搜索条件或过滤条件),从 FROM 子句的中间结果中选取适当的记录行,实现记录的过滤。其语法格式如下:

```
SELECT 目标表达式1, 目标表达式2, ..., 目标表达式n
    FROM 表名
    WHERE 查询条件表达式;
```

查询条件表达式由比较运算符、逻辑运算符和查询关键字连接表达式组成。根据查询条件的真假来决定某一条记录是否满足该查询条件,只有满足该查询条件的记录才会出现在结果集中。WHERE子句的查询条件有很多,常用的查询条件如表7-1所示。

表7-1 常用的查询条件

查询条件	操作符或关键字
比较	<,<=,=,>,>=,<>,! =,! <,! >,<=>
指定范围	BETWEEN AND, NOT BETWEEN AND
集合	IN, NOT IN
匹配字符	LIKE, NOT LIKE
是否空值	IS NULL, IS NOT NULL
逻辑运算符	ANOT 或 !, AND 或 &&, OR 或 ‖, XOR

表7-1中,“<>”表示不等于,等价于“! =”;“! >”表示不大于,等价于“<=”;“! <”表示不小于,等价于“>=”;BETWEEN AND 指定某列的取值范围;IN 指定某列的取值的集合;IS NULL判断某列的取值是否为空;AND 和 OR 连接多个条件。

在WHERE子句中,条件表达式中设置的条件越多,查询语句的限制就越多,能够满足所有条件的记录越少,查询出来的记录就越少。

1. 使用关系表达式和逻辑表达式的条件查询

WHERE 子句的主要功能是利用指定的条件选择结果集中的行。符合条件的行将出现在结果集中,不符合条件的行将不出现在结果集中。通过WHERE子句可以实现很复杂的条件查询。在使用WHERE子句时,需要通过关系运算符和逻辑运算符来编写条件表达式。条件表达式中的字符型和日期类型值要放到单引号内,数值类型的值直接出现在表达式中。

【例7-6】 查询student表中在春季出生的女生的学号、姓名和出生日期。

在我国,春季是3~5月,夏季是6~8月,秋季是9~11月,冬季是12月和第二年的1~2月。通过 MONTH(Birthday)函数得到月,用条件表达式 MONTH(Birthday)>=3 AND

MONTH(Birthday)<=5 表示春季出生。

本例输出列表为学号、姓名和出生日期,数据源为 student 表,条件为 Sex='女' AND (MONTH(Birthday)>=3 AND MONTH(Birthday)<=5)。SQL语句和查询结果如下:

```
SELECT StudentNo,StudentName,Sex,Birthday FROM student
    WHERE Sex='女' AND (MONTH(Birthday)>=3 AND MONTH(Birthday)<=5);
```

```
+------------+-------------+-----+------------+
| StudentNo  | StudentName | Sex | Birthday   |
+------------+-------------+-----+------------+
| 2021330103 | 周思瑾      | 女  | 2001-03-12 |
| 2022330323 | 王妙涵      | 女  | 2002-04-19 |
+------------+-------------+-----+------------+
2 rows in set (0.11 sec)
```

【例7-7】 查询 student 表中户籍是北京、上海或四川的学生信息。SQL语句和运行结果如下:

```
SELECT * FROM student WHERE native='北京' OR native='上海' OR native='四川';
```

```
+------------+-------------+-----+------------+--------+--------+----------+
| StudentNo  | StudentName | Sex | Birthday   | Native | Nation | ClassNo  |
+------------+-------------+-----+------------+--------+--------+----------+
| 2021330103 | 周思瑾      | 女  | 2001-03-12 | 北京   | 满族   | CI202101 |
| 2021330105 | 丁俊杰      | 男  | 2001-05-25 | 上海   | 汉族   | CI202101 |
| 2022110106 | 郑杰        | 男  | 2001-11-19 | 四川   | 羌族   | PH202201 |
| 2022330312 | 刘小平      | 女  | 2002-01-28 | 上海   | 汉族   | CI202203 |
+------------+-------------+-----+------------+--------+--------+----------+
4 rows in set (0.04 sec)
```

【例7-8】 查询 student 表中户籍是贵州或云南的少数民族的男生。SQL语句如下:

```
SELECT * FROM student WHERE(Native='贵州' OR Native='云南') AND Nation
!='汉族' AND Sex='男';
```

2. 使用BETWEEN...AND关键字的范围查询

当查询的条件被限定在某个取值范围时,使用 BETWEEN...AND 关键字最方便。BETWEEN...AND关键字在WHERE子句中的语法格式如下:

```
expression [NOT] BETWEEN expressionl AND expression2
```

其中,表达式 expressionl 的值不能大于表达式 expression2 的值。当不使用关键字 NOT 时,如果表达式 expression 的值在表达式 expressionl 与 expression2 之间(包括这两个值),则返回真1,否则返回假0;如果使用关键字NOT,则检索条件排除某个范围的值,其返回值相反。

使用 BETWEEN 搜索条件相当于用 AND 连接两个比较条件,如 x BETWEEN 10 AND 30 相当于表达式 x>=10 AND x<=30。在生成结果集中,边界值也符合条件。

NOT BETWEEN...AND 语句限定取值范围在两个指定值的范围之外,并且不包括这两个指定的边界值。

【例7-9】 对例7-6改用BETWEEN...AND关键字实现查询。SQL语句如下:

```
SELECT StudentNo,StudentName,Birthday FROM student
    WHERE Sex='女' AND MONTH(Birthday) BETWEEN 3 AND 5;
```

【例7-10】 在成绩表 score 中,查询选修课程号为330101的学生学号和成绩,并且要求成绩为90~100分。SQL代码和运行结果如下:

```
SELECT StudentNo,score FROM score
    WHERE CourseNo='330101' AND score BETWEEN 90 AND 100;
```

```
+-------------+-------+
| StudentNo   | score |
+-------------+-------+
| 2021330105  |    99 |
| 2022330310  |    93 |
+-------------+-------+
2 rows in set (0.01 sec)
```

【例7-11】 查询student表中出生日期为2001-05-01~2002-04-30的学生姓名、性别和出生日期。SQL语句和运行结果如下：

```
SELECT studentName,Sex,Birthday FROM student
    WHERE Birthday BETWEEN '2001-03-01' AND '2001-05-31';
```

```
+-------------+-----+------------+
| studentName | Sex | Birthday   |
+-------------+-----+------------+
| 周思瑾      | 女  | 2001-03-12 |
| 丁俊杰      | 男  | 2001-05-25 |
+-------------+-----+------------+
2 rows in set (0.03 sec)
```

如果查询出生日期不是2001-05-01~2002-04-30的学生，则SQL语句如下：

```
SELECT studentName,Sex,Birthday FROM student
    WHERE Birthday NOT BETWEEN '2001-03-01' AND '2001-05-31';
```

3. 使用IN关键字的集合查询

IN关键字可以判定某个列的值是否在指定的集合中，当要判定的值匹配集合中的任意一个值时，返回真1，否则返回假0。如果列的值在集合中，则满足查询条件，该记录将被查询出来；如果不在集合中，则不满足查询条件。IN关键字在WHERE子句中的语法格式如下：

```
expression [NOT] IN（元素1,元素2,...）
```

其中，expression为表达式或列名。NOT是可选参数，表示不在集合内。字符型元素要加上单引号或双引号。

使用IN搜索条件相当于用OR连接两个比较条件，如xIN$(2,5)$，相当于表达式$x=2$ OR $x=5$。虽然OR和IN可以实现相同的功能，但是使用IN的查询语句更加简洁。

也可以使用NOT IN关键字查询不在某取值范围内的记录。

尽管关键字IN可用于集合判定，但其最主要的用途是子查询，将在子查询中详细介绍。

【例7-12】 对例7-7采用IN关键字查询。SQL语句如下：

```
SELECT * FROM student WHERE Native IN('北京','上海','四川');
```

相反，可以使用关键字NOT查询列值不属于集合范围内的记录。例如，查询籍贯不是北京、上海、云南和四川的学生信息。SQL语句如下：

```
SELECT * FROM student WHERE Native NOT IN('北京','上海','四川');
```

4. 使用IS NULL关键字查询空值

当需要查询某列的值是否为空值时，可以使用关键字IS NULL。如果列的值为空值，则

满足条件;否则不满足条件。IS NULL关键字在WHERE子句中的语法格式如下:

```
expression IS [NOT] NULL
```

IS NULL不能用"=NULL"代替,"IS NOT NULL"也不能用"! =NULL"代替。虽然用"=NULL"或"! =NULL"设置查询条件时不会有语法错误,但查询不到结果集,返回空集。

【例7-13】 在班级表class中,查询没有确定人数的班级。SQL语句和运行结果如下:

```
SELECT * FROM class WHERE ClassNum IS NULL;
```

```
+----------+-----------+------------+-------+----------+
| ClassNo  | ClassName | Department | Grade | ClassNum |
+----------+-----------+------------+-------+----------+
| PY202201 | 物理22-1班 | 物理学院    | 2022  | NULL     |
+----------+-----------+------------+-------+----------+
1 row in set (0.02 sec)
```

5. 使用LIKE关键字的字符匹配查询

有时对要查询的数据的了解不够全面,不能确定所要的确切名称。例如,只知道姓"王"等,这时需要使用LIKE关键字进行模糊查询。LIKE关键字使用通配符在字符串内查找指定的模式,LIKE关键字可以匹配字符串是否相等,如果列的值与指定的字符串相匹配,则满足条件;否则不满足。通过字符串的比较来选择符合条件的行。LIKE关键字在WHERE子句中的语法格式如下:

```
expression [NOT] LIKE '模式字符串' [ESCAPE '换码字符']
```

其中,expression为表达式或列名。NOT是可选参数,表示与指定的字符串不匹配时就满足条件。模式字符串表示用来匹配的字符串,该字符串必须加单引号或者双引号。模式字符串中的所有字符都有意义,包括开头和结尾的空格。LIKE主要用于字符类型数据,可以是CHAR、VARCHAR、TEXT、DATETIME等数据类型。字符串内的单个英文字母和单个汉字都算一个字符。模式字符串可以是一个完整的字符串,也可以使用通配符实现模糊查询。它有两种通配符,分别是"%"和下划线"_"。

(1)"%"可以匹配任意长度的字符串。例如,st%y表示以字母st开头,以字母y结尾的任意长度的字符串,该字符串可以代表sty、stuy、staay、studenty等。

(2)"_"表示任意单个字符,该符号只能匹配一个字符。例如,st_y表示以字母st开头,以字母y结尾的4个字符,中间的"_"可以代表任意一个字符,字符串可以代表stay、stby等。

【例7-14】 在student表中,查询所有姓"刘"和姓"王"的学生。SQL语句和运行结果如下:

```
SELECT * FROM student WHERE StudentName LIKE '刘%' OR StudentName
LIKE '王%';
```

```
+------------+-------------+-----+------------+--------+--------+----------+
| StudentNo  | StudentName | Sex | Birthday   | Native | Nation | ClassNo  |
+------------+-------------+-----+------------+--------+--------+----------+
| 2022330312 | 刘小平       | 女  | 2002-01-28 | 上海   | 汉族   | CI202203 |
| 2022330323 | 王妙涵       | 女  | 2002-04-19 | 浙江   | 汉族   | CI202203 |
+------------+-------------+-----+------------+--------+--------+----------+
2 rows in set (0.02 sec)
```

【例7-15】 在student表中,查询姓"白"并且末尾字是"娇"的学生。SQL语句如下:

```
SELECT * FROM student WHERE StudentName LIKE '白_娇';
```

如果要匹配的字符串本身就含有通配符"%"或"_",这时就要使用ESCAPE关键字对通配符进行转义,把通配符"%"或"_"转换成普通字符。

【例7-16】 在班级表class中查询班级名称中含有下划线"_"的课程。

为了做ESCAPE练习,先把班级名称中的"-"替换成"_"。替换列值中部分字符串时使用下面语句:

```
UPDATE 表名 SET 字段名=REPLACE(字段名,'被替换字符串','用来替换的字符串');
```

SQL语句如下:

```
UPDATE class SET ClassName=REPLACE(ClassName,'-','_');
```

由于下划线"_"是一个通配符,所以使用关键字ESCAPE指定一个转义字符"#"。SQL语句和运行结果如下:

```
SELECT * FROM class WHERE ClassName LIKE '%#_%' ESCAPE '#';
```

```
+----------+---------------+------------+-------+----------+
| ClassNo  | ClassName     | Department | Grade | ClassNum |
+----------+---------------+------------+-------+----------+
| CH202101 | 化学21_1班    | 化学学院   | 2021  |       36 |
| CI202101 | 计算机信息21_1班 | 计算机学院 | 2021  |       35 |
| CI202203 | 计算机信息22_3班 | 计算机学院 | NULL  |       30 |
| PH202201 | 哲学22_1班    | 哲学学院   | 2022  |       40 |
| PY202201 | 物理22_1班    | 物理学院   | 2022  | NULL     |
+----------+---------------+------------+-------+----------+
5 rows in set (0.04 sec)
```

"模式字符串"中"#"后面的"_"不再是通配符,从而改变"_"原有的特殊作用,使其在匹配串中成为一个普通字符。

请读者再把班级名称中的"_"恢复为"-"。

使用通配符时需要注意:MySQL默认不区分大小写,如果需要区分大小写,则需更换字符集的校对规则;另外,百分号"%"不能匹配空值NULL。

7.2.3 对查询结果集的处理

可以对查询得到的记录进行排序后再显示,或者按某个关键字分组后再显示,或者按要求的数量显示。

1. 使用ORDER BY子句对查询结果排序

从表中查询出来的记录的排列顺序可能不是期望的顺序。为了使查询结果的顺序满足要求,可以使用ORDER BY关键字对查询的结果进行升序或降序排列。其语法格式如下:

```
ORDER BY expression1 [ASC | DESC][,expression2 [ASC | DESC],...]
```

其中,expression是排序的项,可以是列名、函数值和表达式的值,表示按照expression的值排序。可以同时指定多个排序expression项,如果第1项的值相等,则根据第2项的值排序,以此类推,各个排序项之间用逗号分隔。默认结果集记录按ASC升序排列;DESC表示按降序排列。对含有NULL值的列排序时,如果按升序排列,则NULL值出现在最前面;如果按降序排列,NULL值出现在最后,可以理解为空值是最小值。

ORDER BY 子句不可以使用TEXT、BLOB、LONGTEXT和MEDIUMBLOB等类型的列。

【例7-17】 查询班级表class中所有记录,结果记录按照ClassNum降序排列。SQL语句和运行结果如下:

```
SELECT * FROM class ORDER BY ClassNum DESC;
```

```
+---------+---------------+------------+-------+----------+
| ClassNo | ClassName     | Department | Grade | ClassNum |
+---------+---------------+------------+-------+----------+
| PH202201| 哲学22-1班     | 哲学学院    | 2022  | 40       |
| CH202101| 化学21-1班     | 化学学院    | 2021  | 36       |
| CI202101| 计算机信息21-1班 | 计算机学院  | 2021  | 35       |
| CI202203| 计算机信息22-3班 | 计算机学院  | NULL  | 30       |
| PY202201| 物理22-1班     | 物理学院    | 2022  | NULL     |
+---------+---------------+------------+-------+----------+
5 rows in set (0.04 sec)
```

注意:如果排序列的值存在NULL值,当按降序排列时该记录将显示为最后一条记录。

【例7-18】 在成绩表score中查询成绩大于90分的学生的学号、课程号和成绩,并先按课程号的升序,再按成绩的降序排列,其中成绩按80%计算。SQL语句和运行结果如下:

```
SELECT CourseNo 课程号,Score*0.8 成绩,StudentNo 学号 FROM score
    WHERE Score>=90
    ORDER BY CourseNo ASC,Score*0.8 DESC;
```

```
+--------+------+------------+
| 课程号 | 成绩 | 学号        |
+--------+------+------------+
| 110101 | 80   | 2022110101 |
| 330101 | 79.2 | 2021330105 |
| 330101 | 74.4 | 2022330310 |
| 330503 | 80   | 2021330103 |
+--------+------+------------+
4 rows in set (0.05 sec)
```

排序过程中,先按照CourseNo列的值排序,遇到CourseNo列的值相等的情况时,再把CourseNo列值相等的记录按照Score列的值排序。ORDER BY 子句中的排序项可以是表达式,如本例中的Score*0.8。

2. 限制查询结果的数量

用SELECT语句查询记录时,如果返回的结果集中的记录数很多,为了便于对查询结果集进行浏览和操作,可以使用LIMIT子句限制SELECT语句返回的行数。LIMIT子句的语法格式如下:

```
LIMIT 行数 OFFSET 位置偏移量
```

其中,"行数"指定返回的记录数,必须是非负的整数,如果指定的行数大于实际能返回的行数,将只返回它能返回的行数。

"位置偏移量"是一个可选参数,指示从哪一行开始显示,第1条记录的位置偏移量是0,第2条记录的位置偏移量是1,以此类推。如果不指定"位置偏移量",则默认为0,即从表中的第1条记录开始显示。

【例7-19】 在成绩表score中查询CourseNo为110101的成绩,按成绩从高到低排序,输出排名前6名的学生。SQL语句和运行结果如下:

```
SELECT StudentNo AS 学号,CourseNo AS 课程号,Score AS 成绩
    FROM score
    WHERE CourseNo='110101'
    ORDER BY Score DESC
    LIMIT 6;
```

```
+------------+--------+------+
| 学号       | 课程号 | 成绩 |
+------------+--------+------+
| 2022110101 | 110101 |  100 |
| 2022110106 | 110101 |   86 |
| 2021330105 | 110101 |   77 |
| 2021330103 | 110101 |   70 |
| 2022320122 | 110101 |   52 |
| 2022110102 | 110101 |   46 |
+------------+--------+------+
6 rows in set (0.03 sec)
```

该查询语句先使用ORDER BY score DESC对成绩降序排列,然后使用LIMIT 6限制返回的记录数,其中6是返回的记录数,偏移量默认为0,即从第1条记录开始显示。

如果按降序排列后输出第3至第6的学生,该子句改为LIMIT 4 OFFSET 2。输出结果如下:

```
+------------+--------+------+
| 学号       | 课程号 | 成绩 |
+------------+--------+------+
| 2021330105 | 110101 |   77 |
| 2021330103 | 110101 |   70 |
| 2022320122 | 110101 |   52 |
| 2022110102 | 110101 |   46 |
+------------+--------+------+
4 rows in set (0.02 sec)
```

LIMIT 4 OFFSET 2子句中的4是返回的记录数,2是指从第3条记录开始输出。

7.3 使用聚合函数或进行分组聚合查询

分组聚合查询是通过在SELECT语句中的GROUP BY分组子句中使用聚合函数(COUNT( )、SUM( )等)实现的一种查询。

7.3.1 使用聚合函数查询

聚合函数是MySQL提供的一类内置函数,它们可以实现数据统计等功能,用于对一组值进行计算并返回一个单一的值。聚合函数常与SELECT语句的GROUP BY子句一起使用,常用的聚合函数如表7-2所示。

表7-2 常用的聚合函数

函 数 名	说 明
COUNT([DISTINCT|ALL] *)	返回数据表中的记录数
COUNT([DISTINCT|ALL] <列名>)	返回指定列中的所有非空值的记录数
MAX([DISTINCT|ALL] <列名>)	返回指定列中的所有非空值的最大数值、最大的字符串和最近的日期时间
MIN([DISTINCT|ALL] <列名>)	返回指定列中的所有非空值的最小数值、最小的字符串和最小的日期时间
SUM([DISTINCT|ALL] <列名>)	返回指定列中的所有非空值的和
AVG([DISTINCT|ALL] <列名>)	返回指定列中的所有非空值的平均值

其中,如果指定关键字 DISTINCT,则在计算时取消指定列中的重复值;如果指定 ALL (默认值),则计算该列中的所有值。

注意: 除函数 COUNT(*)外,其余聚合函数(包括 COUNT(<列名>))都会忽略空值。

【例7-20】 查询班级表 class 中的班数。SQL 语句和运行结果如下:

```
SELECT COUNT(*) FROM class;

+----------+
| COUNT(*) |
+----------+
|        6 |
+----------+
1 row in set (0.02 sec)
```

【例7-21】 查询 class 表中的有班级人数的班数。SQL 语句和运行结果如下:

```
SELECT COUNT(ClassNum) FROM class;

+-----------------+
| COUNT(ClassNum) |
+-----------------+
|               5 |
+-----------------+
1 row in set (0.01 sec)
```

函数 COUNT(*)返回 student 表中记录的总行数,包含 NULL 值的行。

【例7-22】 查询 student 表中2021级学生的总数。SQL 语句和运行结果如下:

```
SELECT COUNT(StudentNo) FROM student
    WHERE SUBSTRING(StudentNo,1,4)='2021';

+------------------+
| COUNT(StudentNo) |
+------------------+
|                5 |
+------------------+
1 row in set (0.02 sec)
```

由于学号的前4位数字是入学年份,所以使用 SUBSTRING(被截取的字符串,从第几位开始截取,截取长度)函数从学号中截取年份,作为查询记录的条件。

【例7-23】 求成绩表 score 中的最高分、最低分和平均分。

```
SELECT MAX(Score),MIN(Score),AVG(Score) FROM score;

+------------+------------+------------+
| MAX(Score) | MIN(Score) | AVG(Score) |
+------------+------------+------------+
|        100 |         46 |       78.6 |
+------------+------------+------------+
1 row in set (0.01 sec)
```

【例7-24】 查询学生表 student 中女生的人数。SQL 语句和运行结果如下:

```
SELECT COUNT(Sex) FROM student WHERE Sex='女';

+------------+
| COUNT(Sex) |
+------------+
|          6 |
+------------+
1 row in set (0.01 sec)
```

如果指定关键字 DISTINCT,SQL 语句和运行结果如下:

```
SELECT COUNT(DISTINCT Sex) FROM student WHERE Sex='女';
```

```
+---------------------+
| COUNT(DISTINCT Sex) |
+---------------------+
|                   1 |
+---------------------+
1 row in set (0.14 sec)
```

7.3.2 分组聚合查询

在SELECT语句中使用GROUP BY子句将表中的记录分为不同的组。分组的目的是细化聚合函数的作用对象。如果不对查询结果进行分组,聚合函数将作用于整个查询结果;对查询结果进行分组后,聚合函数分别作用于每个组,查询结果按组聚合输出。GROUP BY子句的语法格式如下:

[GROUP BY 分组表达式1,分组表达式2,...][HAVING 条件表达式]

其中,GROUP BY对查询结果按"分组表达式"列表分组,"分组表达式"值相等的记录分为一组;"分组表达式"可以是一个,也可以是多个,之间用逗号分隔;HAVING短语对分组的结果进行过滤,仅输出满足条件的组。

1. GROUP BY子句

1)使用GROUP BY子句时应注意的要点

(1)GROUP BY子句中列出的分组表达式必须是检索列或有效的表达式,不能是聚合函数。如果在SELECT语句中使用表达式,则必须在GROUP BY子句中指定相同的表达式,不能使用别名。

(2)除聚合函数外,SELECT子句中的每个列都必须在GROUP BY子句中给出,即使用GROUP BY子句后,SELECT子句的目标列表达式中只能包含GROUP BY子句的列表中的列和聚合函数。

(3)如果用于分组的列中含有NULL值,则NULL将作为一个单独的分组返回;如果该列中存在多个NULL值,则将这些NULL值所在的记录行分为一组。

(4)GROUP BY子句的分组依据不可以使用TEXT、BLOB、LONGTEXT和MEDIUMBLOB等类型的列。

2)分组方法

(1)按单列分组。GROUP BY子句可以基于指定某一列的值将记录划分为多个分组,同一组内所有记录在分组属性上具有相同值。

【例7-25】 在学生表student中按照Sex单列分组,查询学生信息。

如果不使用聚合函数,SQL语句和运行结果如下:

```
SELECT Sex FROM student GROUP BY Sex;
```

```
2 rows in set (0.02 sec)
```

使用COUNT(*)聚合函数计算每个分组的数量,SQL语句和运行结果如下:

```
SELECT Sex,COUNT(*) FROM student GROUP BY Sex;
```

```
+-----+----------+
| Sex | COUNT(*) |
+-----+----------+
| 女  |        6 |
| 男  |        6 |
+-----+----------+
2 rows in set (0.02 sec)
```

【例7-26】 在成绩表score中按照CourseNo这个单列分组,统计各个课程号及该课程号的选课人数。SQL语句和运行结果如下:

```
SELECT CourseNo,COUNT(StudentNo) FROM score GROUP BY CourseNo;
```

```
+----------+------------------+
| CourseNo | COUNT(StudentNo) |
+----------+------------------+
| 110101   |                6 |
| 320301   |                1 |
| 330101   |                8 |
| 330503   |                2 |
| 730203   |                3 |
+----------+------------------+
5 rows in set (0.03 sec)
```

该语句对查询结果按CourseNo的值分组,所有CourseNo值相同的记录分为一组,然后对每一组用聚合函数COUNT计数,求得该组的学生人数。

使用GROUP BY CourseNo对记录分组时,SELECT子句中最好包含分组列CourseNo;否则,COUNT(StudentNo)值的意义不明确。

【例7-27】 在成绩表score中,统计每位学生的选课门数、最高分、最低分和平均分。按StudentNo单列分组,SQL语句和运行结果如下:

```
SELECT studentNo,count(*)选课门数,MAX(Score)最高分,MIN(Score)最低分,avg
(Score)平均分
    FROM score
    GROUP BY StudentNo;
```

```
+-----------+----------+--------+--------+-------------------+
| studentNo | 选课门数 | 最高分 | 最低分 | 平均分            |
+-----------+----------+--------+--------+-------------------+
| 2021330103|        3 |    100 |     70 | 83.33333333333333 |
| 2021330105|        3 |     99 |     66 | 80.66666666666667 |
| 2021730103|        2 |     87 |     51 |                69 |
| 2021730104|        2 |     82 |     81 |              81.5 |
| 2021730105|        2 |     84 |     73 |              78.5 |
| 2022110101|        1 |    100 |    100 |               100 |
| 2022110102|        1 |     46 |     46 |                46 |
| 2022110106|        1 |     86 |     86 |                86 |
| 2022320122|        2 |     89 |     52 |              70.5 |
| 2022330310|        1 |     93 |     93 |                93 |
| 2022330312|        1 |     83 |     83 |                83 |
| 2022330323|        1 |     73 |     73 |                73 |
+-----------+----------+--------+--------+-------------------+
12 rows in set (0.04 sec)
```

查询结果按学号StudentNo分组,将StudentNo值相同的记录作为一组,然后对每组计数,求最大值、最小值和平均值。

（2）按多列分组。GROUP BY子句可以指定多列的值，将记录划分为多个分组。

【例7-28】 在Student表中按照Sex和ClassNo分组。SQL语句和运行结果如下：

```
SELECT Sex,ClassNo,COUNT(ClassNo) FROM student GROUP BY Sex,ClassNo;
```

```
+-----+----------+----------------+
| Sex | ClassNo  | COUNT(ClassNo) |
+-----+----------+----------------+
| 女  | CI202101 |              1 |
| 男  | CI202101 |              1 |
| 女  | CH202101 |              2 |
| 男  | CH202101 |              1 |
| 男  | PH202201 |              2 |
| 女  | PH202201 |              1 |
| 男  | PY202201 |              1 |
| 男  | CI202203 |              1 |
| 女  | CI202203 |              2 |
+-----+----------+----------------+
9 rows in set (0.04 sec)
```

首先按照Sex分组，然后按照ClassNo分组。

2. HAVING子句

分组之前的条件要使用WHERE子句，而分组之后的条件要使用HAVING子句。

如果分组后还要求按一定的条件（如平均分大于85）对每个组进行筛选，最终只输出满足筛选条件的组，则可以使用HAVING子句指定筛选条件。

【例7-29】 查询成绩表score中所有学生选课的平均成绩，但只有当平均成绩大于或等于60的情况下才输出。SQL语句和运行结果如下：

```
SELECT avg(Score)平均分
    FROM score
    HAVING avg(Score)>=60;
```

```
+--------+
| 平均分 |
+--------+
|   78.6 |
+--------+
1 row in set (0.02 sec)
```

如果输出条件改为80分，查询结果将为empty set（空集）。

【例7-30】 在成绩表score中查询有2门以上（含2门）课程成绩大于或等于60分的学生学号和课程数。SQL语句和运行结果如下：

```
SELECT StudentNo,COUNT(*)课程数 FROM score
    WHERE Score>=60
    GROUP BY StudentNo
    HAVING COUNT(*)>=2;
```

```
+------------+--------+
| StudentNo  | 课程数 |
+------------+--------+
| 2021330103 |      3 |
| 2021330105 |      3 |
| 2021730104 |      2 |
| 2021730105 |      2 |
+------------+--------+
4 rows in set (0.02 sec)
```

【例7-31】 查询成绩表score中所有学生选课的总成绩大于或等于150分的学号、总成绩和平均成绩。SQL语句和运行结果如下：

```
SELECT StudentNo 学号,SUM(Score)总分,AVG(Score)平均分
    FROM score
    GROUP BY StudentNo
    HAVING SUM(Score)>=150
    ORDER BY StudentNo;
```

```
+------------+------+-------------------+
| 学号       | 总分 | 平均分            |
+------------+------+-------------------+
| 2021330103 | 250  | 83.33333333333333 |
| 2021330105 | 242  | 80.66666666666667 |
| 2021730104 | 163  |              81.5 |
| 2021730105 | 157  |              78.5 |
+------------+------+-------------------+
4 rows in set (0.03 sec)
```

该语句先按GROUP BY StudentNo分组，再利用HAVING SUM(Score)>=150指定筛选条件，最后按ORDER BY StudentNo排序输出。

3. GROUP BY 子句与 WITH ROLLUP

在GROUP BY子句中，如果加上WITH ROLLUP操作符，则在结果集内不仅包含由GROUP BY提供的正常行，还包含汇总行，汇总行显示在最后一行。

【例7-32】 查询成绩表score中每一门课的平均分和所有课的平均分。SQL语句和运行结果如下：

```
SELECT CourseNo 课程号,AVG(Score)每门课程的平均分
    FROM score
    GROUP BY CourseNo WITH ROLLUP;
SELECT AVG(Score)每门课程的平均分,CourseNo 课程号
    FROM score
    GROUP BY CourseNo WITH ROLLUP;
```

```
+--------+-------------------+
| 课程号 | 每门课程的平均分  |
+--------+-------------------+
| 110101 | 71.83333333333333 |
| 320301 |                89 |
| 330101 |            83.625 |
| 330503 |                83 |
| 730203 | 72.33333333333333 |
| NULL   |              78.6 |
+--------+-------------------+
6 rows in set (0.03 sec)
```

运行结果的最后一行即为汇总行，显示所有课的平均分。

7.4 多表记录查询

如果一个查询同时涉及两个或多个表，则称为连接查询。连接查询是关系数据库中多表查询的方式，如果多个表之间存在关联关系，则可以通过连接查询同时查看各表的数据。连接查询主要包括交叉连接、内连接和外连接。

7.4.1 交叉连接

交叉连接（CROSS JOIN）又称笛卡尔积。交叉连接的结果集是把一张表的每一行与另一张表的每一行连接为新的一行,返回两张表的每一行相连接后所有可能的搭配结果。交叉连接返回的查询结果集的记录行数等于其所连接的两张表记录行数的乘积。交叉连接产生的结果集一般是毫无意义的,但在数据库的数据模式上却有着重要的作用,所以这种查询实际很少使用。交叉连接对应的SQL语句的语法格式如下:

```
SELECT * FROM 表1 CROSS JOIN 表2;
```
或
```
SELECT * FROM 表1,表2;
```

交叉连接不使用WHERE子句。

【例7-33】 将班级表class和学生表student进行交叉连接。SQL语句和运行结果如下:

```
SELECT * FROM student CROSS JOIN class;
```
或
```
SELECT * FROM student,class;
```

```
+-----------+-------------+-----+------------+--------+--------+----------+----------+----------------+-------------+-------+----------+
| StudentNo | StudentName | Sex | Birthday   | Native | Nation | ClassNo  | ClassNo  | ClassName      | Department  | Grade | ClassNum |
+-----------+-------------+-----+------------+--------+--------+----------+----------+----------------+-------------+-------+----------+
| 2021330103| 周思瑾      | 女  | 2001-03-12 | 北京   | 满族   | CI202101 | PY202201 | 物理22-1班     | 物理学院    | 2022  | NULL     |
| 2021330103| 周思瑾      | 女  | 2001-03-12 | 北京   | 满族   | CI202101 | PH202201 | 哲学22-1班     | 哲学学院    | 2022  | 40       |
| 2021330103| 周思瑾      | 女  | 2001-03-12 | 北京   | 满族   | CI202101 | CI202203 | 计算机信息22-3班| 计算机学院  | NULL  | 30       |
| 2021330103| 周思瑾      | 女  | 2001-03-12 | 北京   | 满族   | CI202101 | CI202101 | 计算机信息21-1班| 计算机学院  | 2021  | 35       |
| 2021330103| 周思瑾      | 女  | 2001-03-12 | 北京   | 满族   | CI202101 | CH202101 | 化学21-1班     | 化学学院    | 2021  | 36       |
| 2021330105| 丁俊杰      | 男  | 2001-05-25 | 上海   | 汉族   | CI202101 | PY202201 | 物理22-1班     | 物理学院    | 2022  | NULL     |
| 2021330105| 丁俊杰      | 男  | 2001-05-25 | 上海   | 汉族   | CI202101 | PH202201 | 哲学22-1班     | 哲学学院    | 2022  | 40       |
| 2021330105| 丁俊杰      | 男  | 2001-05-25 | 上海   | 汉族   | CI202101 | CI202203 | 计算机信息22-3班| 计算机学院  | NULL  | 30       |
| 2021330105| 丁俊杰      | 男  | 2001-05-25 | 上海   | 汉族   | CI202101 | CI202101 | 计算机信息21-1班| 计算机学院  | 2021  | 35       |
| 2021330105| 丁俊杰      | 男  | 2001-05-25 | 上海   | 汉族   | CI202101 | CH202101 | 化学21-1班     | 化学学院    | 2021  | 36       |
| 2021730103| 朱莉亚      | 女  | 2002-01-30 | 贵州   | 苗族   | CH202101 | PY202201 | 物理22-1班     | 物理学院    | 2022  | NULL     |
| ...       | ...         | ... |            |        |        |          |          |                |             |       |          |
| 2022330323| 王妙涵      | 女  | 2002-04-19 | 浙江   | 汉族   | CI202203 | PY202201 | 物理22-1班     | 物理学院    | 2022  | NULL     |
| 2022330323| 王妙涵      | 女  | 2002-04-19 | 浙江   | 汉族   | CI202203 | PH202201 | 哲学22-1班     | 哲学学院    | 2022  | 40       |
| 2022330323| 王妙涵      | 女  | 2002-04-19 | 浙江   | 汉族   | CI202203 | CI202203 | 计算机信息22-3班| 计算机学院  | NULL  | 30       |
| 2022330323| 王妙涵      | 女  | 2002-04-19 | 浙江   | 汉族   | CI202203 | CI202101 | 计算机信息21-1班| 计算机学院  | 2021  | 35       |
| 2022330323| 王妙涵      | 女  | 2002-04-19 | 浙江   | 汉族   | CI202203 | CH202101 | 化学21-1班     | 化学学院    | 2021  | 36       |
+-----------+-------------+-----+------------+--------+--------+----------+----------+----------------+-------------+-------+----------+
60 rows in set (0.37 sec)
```

本例中,student表有12条记录,class表有5条记录,这两张表交叉连接后结果集的记录行数是12×5=60条。当所关联的两张表的记录行数很多时,交叉连接的查询结果集会非常大,且查询执行时间会很长。因此,应该避免使用交叉连接。

另外,也可以在FROM子句的交叉连接后面,使用WHERE子句设置过滤条件,减少返回的结果集。

7.4.2 内连接

内连接（INNER JOIN）是在交叉连接的查询结果集中,通过在查询中设置连接条件,舍弃不匹配的记录,保留表关系中所有相匹配的记录。具体来说,内连接就是使用比较运算符进行表间某(些)列值的比较操作,并将与连接条件相匹配的行组成新的记录,其目的是消除交叉连接中某些没有意义的行。也就是说,在内连接查询中,只有满足条件的记录才能出现在结果集中。内连接所对应的SQL语句有以下两种表示形式。

（1）使用INNER JOIN的显式语法格式如下：

```
SELECT 目标列表达式 1,目标列表达式 2,...,目标列表达式 n
    FROM 表 1 [INNER] JOIN 表 2
    ON 连接条件
[WHERE 过滤条件];
```

（2）使用WHERE子句定义连接条件的隐式语法格式如下：

```
SELECT 目标列表达式 1,目标列表达式 2,...,目标列表达式 n
    FROM 表 1,表 2
    WHERE 连接条件 [AND 过滤条件];
```

其中，"目标列表达式"为需要检索的列的名称或列别名，"表1"和"表2"是进行内连接的表名。

上述两种表示形式的差别在于：使用INNER JOIN后，FROM子句中的ON子句可用来设置连接表的连接条件，而其他过滤条件则可以在SELECT语句中的WHERE子句中指定；使用WHERE子句定义连接条件的形式时，表与表之间的连接条件和查询时的过滤条件均在WHERE子句中指定。使用WHERE子句定义连接条件比较简单明了，而INNER JOIN符合ANSI SQL标准规范，使用INNER JOIN能够确保不会忘记连接条件。本节主要通过显示语法介绍内连接。

连接查询中用来连接两个表的条件称为连接条件，其一般格式如下：

```
[表名 1.]列名 1 比较运算符 [表名 2.]列名 2
```

说明如下。

① 比较运算符主要有=、>、>=、<、<=、! =(<>)。连接条件中的列名称为连接列或连接字段，连接条件中的各连接字段的类型必须是可比的，但不一定要相同。

② 当查询引用多个表时，所有列的引用都必须明确。任何重复的列名都必须用表名限定。

③ 如果多个表要做连接，那么这些表之间必然存在着主键和外键的关系。只要将这些键的关系列出，就可以得出表连接的结果。

④ 当两个或多个表中存在相同意义的列时，便可以通过这些列对相关的表进行连接查询。连接条件中用到的列虽然不必具有相同的名称或相同的数据类型，但是如果数据类型不相同，则必须兼容或可隐性转换。

⑤ 当表的名称很长或需要多次使用相同的表时，可以为表指定别名，用别名代表原来的表名。为表取别名的基本语法格式如下：

```
表名 [AS] 表别名
```

其中，关键字AS为可选项。

注意： 如果在FROM子句中指定了表的别名，那么它所在的SELECT语句的其他子句都必面使用表别名来代替原来的表名。当同一个表在SELECT语句中多次被使用时，必须用表别名加以区分。

内连接就是将参与连接的数据表中的每列与其他数据表的列相匹配，形成临时数据表，并将数据项相等的记录从临时数据表中选择出来。按照连接条件把连接分为等值连接、不等值连接、自然连接和自连接。

1. 等值连接

在ON子句中连接两个表的条件称为连接条件,当连接条件中的比较运算符是"="时,称为等值连接,它通过INNER JOIN关键字连接多表。语法格式如下:

```
SELECT 目标列表达式1,目标列表达式2,...,目标列表达式n
    FROM 表1 [INNER] JOIN 表2
ON 表1.列名=表2.列名[WHERE 过滤条件];
```

INNER JOIN是默认连接,可简写为JOIN。

【例7-34】 对student表和class表做等值连接。SQL语句和运行结果如下:

```
SELECT student. *,class. * FROM student INNER JOIN class
    ON student.ClassNo=class.ClassNo;
```

StudentNo	StudentName	Sex	Birthday	Native	Nation	ClassNo	ClassNo	ClassName	Department	Grade	ClassNum
2021730103	朱莉亚	女	2002-01-30	贵州	苗族	CH202101	CH202101	化学21-1班	化学学院	2021	36
2021730104	张博涵	男	2001-08-17	云南	侗族	CH202101	CH202101	化学21-1班	化学学院	2021	36
2021730105	赵梦琪	女	2002-02-24	广西	壮族	CH202101	CH202101	化学21-1班	化学学院	2021	36
2021330103	周思瑾	女	2001-03-12	北京	满族	CI202101	CI202101	计算机信息21-1班	计算机学院	2021	35
2021330105	丁俊杰	男	2001-05-25	上海	汉族	CI202101	CI202101	计算机信息21-1班	计算机学院	2021	35
2022330310	罗事成	男	2002-07-16	河北	蒙古族	CI202203	CI202203	计算机信息22-3班	计算机学院	NULL	30
2022330312	刘小平	女	2002-01-18	上海	汉族	CI202203	CI202203	计算机信息22-3班	计算机学院	NULL	30
2022330323	王妙涵	女	2002-04-19	浙江	汉族	CI202203	CI202203	计算机信息22-3班	计算机学院	NULL	30
2022110101	吴宇航	男	2001-12-30	广东	汉族	PH202201	PH202201	哲学22-1班	哲学学院	2022	40
2022110102	白玉娇	女	2002-08-21	山西	回族	PH202201	PH202201	哲学22-1班	哲学学院	2022	40
2022110106	郑杰	男	2001-11-19	四川	羌族	PH202201	PH202201	哲学22-1班	哲学学院	2022	40
2022320122	李安	男	2001-11-11	青海	回族	PY202201	PY202201	物理22-1班	物理学院	2022	NULL

12 rows in set (0.18 sec)

在连接操作中,如果SELECT子句涉及多个表的相同列名(如ClassNo),必须在相同的列名前加上表名(如student. ClassNo、class. ClassNo)加以区分。

从结果中看出,前7列来自student表,后5列来自class表,并且student表的课程号列ClassNo与class表的ClassNo列的值是相等的。

【例7-35】 对student表和class表做等值连接,查询计算机学院的全体同学的学号、姓名、班号、班名和系名。

在SELECT输出列表中给出了输出的列,对于表中不重复的列,不需加表名限定。而ClassNo列在两个表中都有,所以必须明确student. ClassNo或者class. ClassNo。SQL语句和运行结果如下:

```
SELECT StudentNo,StudentName,a.ClassNo,ClassName,Department
    FROM student AS a JOIN class AS b
    ON a.ClassNo=b.ClassNo
    WHERE Department='计算机学院';
```

StudentNo	StudentName	ClassNo	ClassName	Department
2021330103	周思瑾	CI202101	计算机信息21-1班	计算机学院
2021330105	丁俊杰	CI202101	计算机信息21-1班	计算机学院
2022330310	罗事成	CI202203	计算机信息22-3班	计算机学院
2022330312	刘小平	CI202203	计算机信息22-3班	计算机学院
2022330323	王妙涵	CI202203	计算机信息22-3班	计算机学院

5 rows in set (0.06 sec)

该查询为参与连接的表取了别名,为student、class表分别取别名a、b,并在相同的列名前加上表的别名。

查询语句中,ON后面的"a. ClassNo=b. ClassNo"为连接条件,WHERE后面的"Department='计算机学院'"为过滤条件。

【例7-36】 查询选修了课程名为"数据库原理"的学生学号、姓名、课程号、课程名、成绩。

```
SELECT a.StudentNo,StudentName,b.CourseNo,CourseName,Score
    FROM student AS a JOIN course AS b JOIN score c
    ON a.StudentNo=c.StudentNo AND b.CourseNo=c.CourseNo
    WHERE CourseName='数据库原理';
```

```
+------------+-------------+----------+--------------+-------+
| StudentNo  | StudentName | CourseNo | CourseName   | Score |
+------------+-------------+----------+--------------+-------+
| 2021330103 | 周思瑾      | 330503   | 数据库原理   |  100  |
| 2021330105 | 丁俊杰      | 330503   | 数据库原理   |   66  |
+------------+-------------+----------+--------------+-------+
2 rows in set (0.07 sec)
```

使用INNER JOIN实现多个表的内连接时,需要在FROM子句的多个表之间连续使用INNER JOIN或JOIN。

2. 不等值连接

在ON子句中,当连接条件中的连接运算符不是=时,而是其他的运算符,则是不等值连接。

【例7-37】 对student表和class表做不等值连接,返回的结果集限制在3条以内。SQL语句和运行结果如下:

```
SELECT *
    FROM student INNER JOIN class
    ON student.ClassNo ! = class.ClassNo
    LIMIT 3;
```

```
+------------+-------------+-----+------------+--------+--------+----------+----------+----------------+------------+-------+----------+
| StudentNo  | StudentName | Sex | Birthday   | Native | Nation | ClassNo  | ClassNo  | ClassName      | Department | Grade | ClassNum |
+------------+-------------+-----+------------+--------+--------+----------+----------+----------------+------------+-------+----------+
| 2021330103 | 周思瑾      | 女  | 2001-03-12 | 北京   | 满族   | CI202101 | PY202201 | 物理22-1班     | 物理学院   | 2022  | NULL     |
| 2021330103 | 周思瑾      | 女  | 2001-03-12 | 北京   | 满族   | CI202101 | PH202201 | 哲学22-1班     | 哲学学院   | 2022  | 40       |
| 2021330103 | 周思瑾      | 女  | 2001-03-12 | 北京   | 满族   | CI202101 | CI202203 | 计算机信息22-3班 | 计算机学院 | NULL  | 30       |
+------------+-------------+-----+------------+--------+--------+----------+----------+----------------+------------+-------+----------+
3 rows in set (0.05 sec)
```

从结果看出,前7列来自student表,后5列来自class表,并且student表的ClassNo列与class表的ClassNo列的值不相等。本操作返回结果的数量较多,所以限制了返回的数量。

3. 自然连接

自然连接只有当连接的列在两张表中的列名都相同时才可以使用,否则返回的是笛卡尔积的结果集。自然连接在FROM子句中使用关键字NATURAL JOIN。

自然连接操作就是在表关系的笛卡尔积中选取满足连接条件的行。具体过程是:首先

根据表关系中相同名称的列进行记录匹配,然后去掉重复的列。还可以理解为在等值连接中把目标列中重复的列去掉。语法格式如下:

```
SELECT 目标列表达式1,目标列表达式2,...,目标列表达式n
FROM 表1 NATURAL JOIN 表2;
```

从语法格式看出,使用NATURAL JOIN进行自然连接时,不需要指定连接条件。

在自然连接时,会自动根据两张表中相同的列名进行数据匹配。在执行完自然连接的新关系中,虽然可以指定包含哪些列,但是不能指定执行过程中的匹配条件,即对哪些列的值进行匹配。在执行完自然连接的新关系中,执行过程中所有匹配的列名只有一个,即会去掉重复列。

【例7-38】 用自然连接查询每个学生及其选修课程的情况,要求显示学生学号、姓名、选修的课程号和成绩。SQL语句和运行结果如下:

```
SELECT a.StudentNo,StudentName,CourseNo,Score
    FROM student AS a NATURAL JOIN score AS b;
```

```
+------------+-------------+----------+-------+
| StudentNo  | StudentName | CourseNo | Score |
+------------+-------------+----------+-------+
| 2021330103 | 周思瑾      | 110101   |    70 |
| 2021330103 | 周思瑾      | 330101   |    80 |
| 2021330103 | 周思瑾      | 330503   |   100 |
| 2021330105 | 丁俊杰      | 110101   |    77 |
| 2021330105 | 丁俊杰      | 330101   |    99 |
| 2021330105 | 丁俊杰      | 330503   |    66 |
| 2021730103 | 朱莉亚      | 330101   |    87 |
| 2021730103 | 朱莉亚      | 730203   |    51 |
| 2021730104 | 张博涵      | 330101   |    81 |
| 2021730104 | 张博涵      | 730203   |    82 |
| 2021730105 | 赵梦琪      | 330101   |    73 |
| 2021730105 | 赵梦琪      | 730203   |    84 |
| 2022110101 | 吴宇航      | 110101   |   100 |
| 2022110102 | 白玉娇      | 110101   |    46 |
| 2022110106 | 郑杰        | 110101   |    86 |
| 2022320122 | 李安        | 110101   |    52 |
| 2022320122 | 李安        | 320301   |    89 |
| 2022330310 | 罗事成      | 330101   |    93 |
| 2022330312 | 刘小平      | 330101   |    83 |
| 2022330323 | 王妙涵      | 330101   |    73 |
+------------+-------------+----------+-------+
20 rows in set (0.06 sec)
```

如果要求在结果集中同时显示课程名,请读者写出SQL语句。

4. 自连接

若某个表与自身进行连接,称为自表连接或自身连接,简称自连接。使用自连接时,需要为表指定多个不同的别名,且对所有查询字段的引用均必须使用表别名限定,否则SELECT操作会失败。

【例7-39】 查询与"数据库原理"这门课学分相同的课程信息。SQL语句和运行结果如下:

```
SELECT c1.*
    FROM course AS c1 JOIN course AS c2
    ON c1.Credit=c2.Credit
    WHERE c2.CourseName='数据库原理';
```

```
+----------+------------+--------+------------+------+-------------+
| CourseNo | CourseName | Credit | CourseHour | Term | PriorCourse |
+----------+------------+--------+------------+------+-------------+
| 330503   | 数据库原理  |     4  |        64  |   4  | NULL        |
+----------+------------+--------+------------+------+-------------+
3 rows in set (0.06 sec)
```

也可以使用下面的SQL语句实现自连接。

```
SELECT c1.*
    FROM course AS c1,course AS c2
     WHERE c1.Credit=c2.Credit AND c2.CourseName='数据库原理';
```

查询结果中仍然包含"数据库原理"这门课。如果要去掉这条记录,只需在上述SELECT语句的WHERE子句中增加一个条件"AND c1. CourseName! ='数据库原理'"。

7.4.3 外连接

外连接首先将连接的两张表分为基础表和参考表,然后以基础表为依据返回满足和不满足连接条件的记录,就像是在参考表中增加了一条全部由空值组成的"万能行",它可以和基础表中所有不满足连接条件的记录进行连接。

外连接的基本语法格式如下:

```
SELECT 目标列表达式1,目标列表达式2,...,目标列表达式n
    FROM 表1 LEFT | RIGHT [OUTER] JOIN 表2
    ON 表1.列名=表2.列名;
```

外连接和内连接非常相似,外连接可以查询两个或两个以上的表,也需要通过指定列进行连接,当该列取值相等时,可以查询出该表的记录。而且,该列取值不相等的记录也可以查询出来。

外连接根据连接表的顺序,可分为左外连接和右外连接两种。

1. 左外连接(LEFT OUTER JOIN或LEFT JOIN)

左外连接也称左连接,结果集中返回该关键字左表(基础表)中的所有记录,然后用左表中的记录按照连接条件与该关键字右表(参考表)中的记录进行连接匹配。

如果在右表中没有满足条件的记录,左表的某些记录就和右表中的"万能行"连接,即结果集的右表中对应行的列值均被填充为NULL。

【例7-40】 将课程表course与成绩表score进行左连接。

为了演示右表score表中没有满足条件的记录的情况,在course表中添加两条记录,SQL语句如下:

```
INSERT INTO school.course(CourseNo,CourseName,Credit,CourseHour,Term,
PriorCourse)
    VALUES ('330506','MySQL 应用',4,64,5,'330503'),('330507','PHP 应用',4,64,6,'
    330506');
```

course表作为左表,与右表score表进行左外连接的SQL语句及运行结果如下:

```
SELECT * FROM course LEFT JOIN score
    ON course.CourseNo=score.CourseNo;
```

151

```
+----------+------------+--------+------------+------+-------------+-----------+----------+-------+
| CourseNo | CourseName | Credit | CourseHour | Term | PriorCourse | StudentNo | CourseNo | Score |
+----------+------------+--------+------------+------+-------------+-----------+----------+-------+
| 110101   | 哲学       | 5      | 96         | 2    | NULL        | 2022320122| 110101   | 52    |
| 110101   | 哲学       | 5      | 96         | 2    | NULL        | 2022110106| 110101   | 86    |
| 110101   | 哲学       | 5      | 96         | 2    | NULL        | 2022110102| 110101   | 46    |
| 110101   | 哲学       | 5      | 96         | 2    | NULL        | 2022110101| 110101   | 100   |
| 110101   | 哲学       | 5      | 96         | 2    | NULL        | 2021330105| 110101   | 77    |
| 110101   | 哲学       | 5      | 96         | 2    | NULL        | 2021330103| 110101   | 70    |
| 320301   | 物理学     | 5      | 96         | 3    | NULL        | 2022320122| 320301   | 89    |
| 330101   | 计算机基础 | 2      | 32         | 1    | NULL        | 2022330323| 330101   | 73    |
| 330101   | 计算机基础 | 2      | 32         | 1    | NULL        | 2022330312| 330101   | 83    |
| 330101   | 计算机基础 | 2      | 32         | 1    | NULL        | 2022330310| 330101   | 93    |
| 330101   | 计算机基础 | 2      | 32         | 1    | NULL        | 2021730105| 330101   | 73    |
| 330101   | 计算机基础 | 2      | 32         | 1    | NULL        | 2021730104| 330101   | 81    |
| 330101   | 计算机基础 | 2      | 32         | 1    | NULL        | 2021730103| 330101   | 87    |
| 330101   | 计算机基础 | 2      | 32         | 1    | NULL        | 2021330105| 330101   | 99    |
| 330101   | 计算机基础 | 2      | 32         | 1    | NULL        | 2021330103| 330101   | 80    |
| 330503   | 数据库原理 | 4      | 64         | 4    | NULL        | 2021330105| 330503   | 66    |
| 330503   | 数据库原理 | 4      | 64         | 4    | NULL        | 2021330103| 330503   | 100   |
| 330506   | MySQL应用  | 4      | 64         | 5    | 330503      | NULL      | NULL     | NULL  |
| 330507   | PHP应用    | 4      | 64         | 6    | 330506      | NULL      | NULL     | NULL  |
| 730203   | 化学       | 5      | 96         | 5    | NULL        | 2021730105| 730203   | 84    |
| 730203   | 化学       | 5      | 96         | 5    | NULL        | 2021730104| 730203   | 82    |
| 730203   | 化学       | 5      | 96         | 5    | NULL        | 2021730103| 730203   | 51    |
+----------+------------+--------+------------+------+-------------+-----------+----------+-------+
22 rows in set (0.07 sec)
```

从结果可以看出,查询时会从左表course表的第1条记录开始,到右表class表中扫描所有记录,如果查找到course.CourseNo=score.CourseNo的记录,就把这两条记录合并成一条记录,并输出;如果在右表score表中没找到course.CourseNo=score.CourseNo的记录,则输出左表记录,并把右表所有列中的数据项用NULL表示,就像结果中的倒数第5条、第4条记录一样。

在具体应用中,对于1:n的两个表,应该把n表作为左表,1表作为右表。将score表作为左表,course表作为右表,两个表进行左外连接,其SQL语句及运行结果如下:

```
SELECT * FROM score LEFT JOIN course
    ON score.CourseNo=course.CourseNo;
```

```
+-----------+----------+-------+----------+------------+--------+------------+------+-------------+
| StudentNo | CourseNo | Score | CourseNo | CourseName | Credit | CourseHour | Term | PriorCourse |
+-----------+----------+-------+----------+------------+--------+------------+------+-------------+
| 2021330103| 110101   | 70    | 110101   | 哲学       | 5      | 96         | 2    | NULL        |
| 2021330103| 330101   | 80    | 330101   | 计算机基础 | 2      | 32         | 1    | NULL        |
| 2021330103| 330503   | 100   | 330503   | 数据库原理 | 4      | 64         | 4    | NULL        |
| 2021330105| 110101   | 77    | 110101   | 哲学       | 5      | 96         | 2    | NULL        |
| 2021330105| 330101   | 99    | 330101   | 计算机基础 | 2      | 32         | 1    | NULL        |
| 2021330105| 330503   | 66    | 330503   | 数据库原理 | 4      | 64         | 4    | NULL        |
| 2021730103| 330101   | 87    | 330101   | 计算机基础 | 2      | 32         | 1    | NULL        |
| 2021730103| 730203   | 51    | 730203   | 化学       | 5      | 96         | 5    | NULL        |
| 2021730104| 330101   | 81    | 330101   | 计算机基础 | 2      | 32         | 1    | NULL        |
| 2021730104| 730203   | 82    | 730203   | 化学       | 5      | 96         | 5    | NULL        |
| 2021730105| 330101   | 73    | 330101   | 计算机基础 | 2      | 32         | 1    | NULL        |
| 2021730105| 730203   | 84    | 730203   | 化学       | 5      | 96         | 5    | NULL        |
| 2022110101| 110101   | 100   | 110101   | 哲学       | 5      | 96         | 2    | NULL        |
| 2022110102| 110101   | 46    | 110101   | 哲学       | 5      | 96         | 2    | NULL        |
| 2022110106| 110101   | 86    | 110101   | 哲学       | 5      | 96         | 2    | NULL        |
| 2022320122| 110101   | 52    | 110101   | 哲学       | 5      | 96         | 2    | NULL        |
| 2022320122| 320301   | 89    | 320301   | 物理学     | 5      | 96         | 3    | NULL        |
| 2022330310| 330101   | 93    | 330101   | 计算机基础 | 2      | 32         | 1    | NULL        |
| 2022330312| 330101   | 83    | 330101   | 计算机基础 | 2      | 32         | 1    | NULL        |
| 2022330323| 330101   | 73    | 330101   | 计算机基础 | 2      | 32         | 1    | NULL        |
+-----------+----------+-------+----------+------------+--------+------------+------+-------------+
20 rows in set (0.09 sec)
```

【例7-41】 将student表与class表进行左外连接。SQL语句和运行结果如下:

```
SELECT * FROM student LEFT JOIN class
    ON student.ClassNo=class.ClassNo;
```

```
+-----------+-------------+-----+------------+--------+--------+----------+----------+------------------+------------+-------+----------+
| StudentNo | StudentName | Sex | Birthday   | Native | Nation | ClassNo  | ClassNo  | ClassName        | Department | Grade | ClassNum |
+-----------+-------------+-----+------------+--------+--------+----------+----------+------------------+------------+-------+----------+
| 2021330103| 周思瑾       | 女  | 2001-03-12 | 北京   | 满族    | CI202101 | CI202101 | 计算机信息21-1班  | 计算机学院  | 2021  |       35 |
| 2021330105| 丁俊杰       | 男  | 2001-05-25 | 上海   | 汉族    | CI202101 | CI202101 | 计算机信息21-1班  | 计算机学院  | 2021  |       35 |
| 2021730103| 朱莉亚       | 女  | 2002-01-30 | 贵州   | 苗族    | CH202101 | CH202101 | 化学21-1班        | 化学学院    | 2021  |       36 |
| 2021730104| 张博涵       | 男  | 2001-08-17 | 云南   | 侗族    | CH202101 | CH202101 | 化学21-1班        | 化学学院    | 2021  |       36 |
| 2021730105| 赵梦琪       | 女  | 2002-02-24 | 广西   | 壮族    | CH202101 | CH202101 | 化学21-1班        | 化学学院    | 2021  |       36 |
| 2022110101| 吴宇航       | 男  | 2001-12-30 | 广东   | 汉族    | PH202201 | PH202201 | 哲学22-1班        | 哲学学院    | 2022  |       40 |
| 2022110102| 白玉娇       | 女  | 2002-08-21 | 山西   | 回族    | PH202201 | PH202201 | 哲学22-1班        | 哲学学院    | 2022  |       40 |
| 2022110106| 郑杰        | 男  | 2001-11-19 | 四川   | 羌族    | PH202201 | PH202201 | 哲学22-1班        | 哲学学院    | 2022  |       40 |
| 2022320122| 李安        | 男  | 2001-11-11 | 青海   | 回族    | PY202201 | PY202201 | 物理22-1班        | 物理学院    | 2022  |     NULL |
| 2022330310| 罗喜成       | 男  | 2002-07-16 | 河北   | 蒙古族   | CI202203 | CI202203 | 计算机信息22-3班  | 计算机学院  | NULL  |       30 |
| 2022330312| 刘小平       | 女  | 2002-01-28 | 上海   | 汉族    | CI202203 | CI202203 | 计算机信息22-3班  | 计算机学院  | NULL  |       30 |
| 2022330323| 王妙涵       | 女  | 2002-04-19 | 浙江   | 汉族    | CI202203 | CI202203 | 计算机信息22-3班  | 计算机学院  | NULL  |       30 |
+-----------+-------------+-----+------------+--------+--------+----------+----------+------------------+------------+-------+----------+
12 rows in set (0.07 sec)
```

从结果可以看出,查询时会从左表 student 表的第1条记录开始,到右表 class 表中扫描所有记录,如果查找到 student. ClassNo=class. ClassNo 的记录,就把这两条记录合并成一条记录,并输出;如果在右表 class 表中没找到 student. ClassNo=class. ClassNo 的记录,则输出左表记录,并把右表所有列中的数据项用 NULL 表示。

2. 右外连接(RIGHT OUTER JOIN 或 RIGHT JOIN)

右外连接也称右连接,以右表(JOIN 关键字右边的表)为基础表,其连接方法与左外连接完全一样,即结果集中返回右表的所有记录行,然后右表的这些记录与左表(参考表)中的记录按照连接条件进行匹配连接。如果左表中没有满足连接条件的记录,则结果集的左表中的相应行的数据项填充为 NULL。

【例7-42】 将成绩表 score 与课程表 course 进行右外连接,course 表作为右表。

```
SELECT score.CourseNo,score.StudentNo,course.CourseNo,course.CourseName
    FROM score RIGHT JOIN course
    ON score.CourseNo = course.CourseNo;
```

```
+----------+------------+----------+--------------+
| CourseNo | StudentNo  | CourseNo | CourseName   |
+----------+------------+----------+--------------+
| 110101   | 2021330103 | 110101   | 哲学          |
| 110101   | 2021330105 | 110101   | 哲学          |
| 110101   | 2022110101 | 110101   | 哲学          |
| 110101   | 2022110102 | 110101   | 哲学          |
| 110101   | 2022110106 | 110101   | 哲学          |
| 110101   | 2022320122 | 110101   | 哲学          |
| 320301   | 2022320122 | 320301   | 物理学         |
| 330101   | 2021330103 | 330101   | 计算机基础      |
| 330101   | 2021330105 | 330101   | 计算机基础      |
| 330101   | 2021730103 | 330101   | 计算机基础      |
| 330101   | 2021730104 | 330101   | 计算机基础      |
| 330101   | 2021730105 | 330101   | 计算机基础      |
| 330101   | 2022330310 | 330101   | 计算机基础      |
| 330101   | 2022330312 | 330101   | 计算机基础      |
| 330101   | 2022330323 | 330101   | 计算机基础      |
| 330503   | 2021330103 | 330503   | 数据库原理      |
| 330503   | 2021330105 | 330503   | 数据库原理      |
| NULL     | NULL       | 330506   | MySQL应用     |
| NULL     | NULL       | 330507   | PHP应用       |
| 730203   | 2021730103 | 730203   | 化学          |
| 730203   | 2021730104 | 730203   | 化学          |
| 730203   | 2021730105 | 730203   | 化学          |
+----------+------------+----------+--------------+
22 rows in set (0.09 sec)
```

查询结果中包含右表 course 表和 score 表的记录,course 表的 CourseNo 在 score 表中的相应记录不存在时,用 NULL 代替。

7.5 子查询

子查询是一个SELECT查询,它嵌套在SELECT、INSERT、UPDATE、DELETE语句或其他子查询的WHERE子句或HAVING短语中。子查询也称内层查询,而包含子查询的语句称为外层查询,子查询可以嵌套。嵌套查询的执行过程是:首先执行内层查询,它查询出来的数据并不被显示出来,而是传递给外层查询,并作为外层查询的查询条件。嵌套查询可以用多个简单查询构成一个复杂的查询,从而增强SQL的查询能力。通过子查询,可以实现多表之间的查询。在整个SELECT语句中,先计算子查询,其次将子查询的结果作为父查询的过滤条件。

子查询中可以包括IN、NOT IN、ANY、EXISTS和NOT EXISTS等关键字。子查询中还可以包含比较运算符(<、<=、>、>=、=、<>、! =等)。

7.5.1 使用带比较运算符的子查询

带比较运算符的子查询是指外层查询把一个表达式的值与由子查询产生的值之间用比较运算符连接。当能确切知道子查询返回一个值时,可以用<、<=、>、>=、=、<>、! =等比较运算符构造子查询,否则会出现错误。最后返回比较结果为真的记录。

【例7-43】 在成绩表score中,查询高于平均分的选课学生。

```
SELECT  StudentNo,CourseNo,Score FROM score
    WHERE Score > (SELECT AVG(Score)FROM score);
```

子查询过程是首先执行子查询,从score表中查询Score列的平均分。

```
SELECT AVG(Score)FROM score;

+-----------+
| AVG(Score) |
+-----------+
|      78.6 |
+-----------+
1 row in set (0.03 sec)
```

然后把子查询的结果78.6分与外层查询的Score列值一一比较,从score表中查找Score列值大于平均分78.6的学生。

```
SELECT StudentNo,CourseNo,Score FROM score
    WHERE Score > 78.6;

+-----------+----------+-------+
| StudentNo | CourseNo | Score |
+-----------+----------+-------+
| 2021330103 | 330101  |    80 |
| 2021330103 | 330503  |   100 |
| 2021330105 | 330101  |    99 |
| 2021730103 | 330101  |    87 |
| 2021730104 | 330101  |    81 |
| 2021730104 | 730203  |    82 |
| 2021730105 | 730203  |    84 |
| 2022110101 | 110101  |   100 |
| 2022110106 | 110101  |    86 |
| 2022320122 | 320301  |    89 |
| 2022330310 | 330101  |    93 |
| 2022330312 | 330101  |    83 |
+-----------+----------+-------+
12 rows in set (0.04 sec)
```

7.5.2 使用带IN关键字的子查询

带IN关键字的子查询用于判定一个给定值是否存在于子查询的结果集中。当子查询仅仅返回一个数据列时,适合用带IN关键字的查询。带IN的子查询语法格式如下:

```
WHERE 查询表达式 IN (子查询语句)
```

使用IN关键字进行子查询时,由子查询语句返回一个数据列。把查询表达式单个数据与由子查询语句产生的一系列的数值相比较,如果数据值匹配一系列值中的一个,则返回真。

【例7-44】 查询没选修过任何课程的学生,也就是在成绩表score中没有考试记录的学生。

为了体现有学生没有选修课程(即在score表中没有成绩),先在student表中添加两位学生,SQL代码如下:

```
INSERT INTO student(StudentNo,StudentName,Sex,Birthday,Native,Nation,
ClassNo) VALUES ('2022110131','杨琪妙','女','2002-08-21','河南','汉族','PH202201'),
('2022110123','徐鹏','男','2003-01-09','湖北','汉族','PY202201');
```

子查询在score表中查询得到有成绩的学号StudentNo的集合,子查询的SQL语句如下:

```
SELECT DISTINCT StudentNo FROM score;
```

```
+------------+
| StudentNo  |
+------------+
| 2021330103 |
| 2021330105 |
| 2021730103 |
| 2021730104 |
| 2021730105 |
| 2022110101 |
| 2022110102 |
| 2022110106 |
| 2022320122 |
| 2022330310 |
| 2022330312 |
| 2022330323 |
+------------+
12 rows in set (0.09 sec)
```

WHERE子句检查主查询在student表中的值与子查询结果中的值不相匹配的记录,就是没有成绩的学生。SQL语句和运行结果如下:

```
SELECT StudentName,StudentNo FROM student
    WHERE StudentNo NOT IN (SELECT DISTINCT StudentNo FROM score);
```

```
+------------+------------+
| StudentName | StudentNo  |
+------------+------------+
| 徐鹏        | 2022110123 |
| 杨琪妙      | 2022110131 |
| 黄子轩      | 2022320130 |
+------------+------------+
3 rows in set (0.04 sec)
```

如果查询在成绩表score中选过课的学生记录,则在上面的SQL语句中去掉NOT。

7.5.3 使用SOME、ANY和ALL的子查询

SQL 支持 3 种定量比较谓词：SOME、ANY 和 ALL。它们都是判断是否任何或全部返回值都满足搜索要求，使用比较运算符与 SOME、ANY 和 ALL 关键字一起构造子查询。

（1）SOME 和 ANY 是同义词，可以替换使用。SOME 是把每一行指定的表达式的值与子查询的结果集进行比较，如果哪行的比较结果为真，就返回该行。

（2）ALL 用于指定表达式需要与子查询结果集中的每个值都进行比较，当表达式与每个值都满足比较关系时，会返回真，否则返回假。

1. 使用SOME（或ANY）的子查询

SOME（或 ANY）关键字表示只要满足内查询语句返回结果中的一个，就可以通过该条件来执行外层查询语句。SOME 与 IN 的功能大致相同，IN 可以独立进行相等比较，而 SOME 必须与比较运算符配合使用，但可以进行任何比较。SOME 的语法格式如下：

<表达式> {=、<>、! =、>、>=、<、<=、! >、! <} SOME （子查询）

【例7-45】 在成绩表score中，查询低于平均分的学生。

首先通过子查询得到平均分，SQL 语句和运行结果如下：

```
SELECT AVG(Score)FROM score;

+-----------+
| AVG(Score) |
+-----------+
|      78.6 |
+-----------+
1 row in set (0.02 sec)
```

然后在 score 表中，把每一行的 Score 列与子查询得到的平均分进行比较，即返回 Score<
78.6 的行。SQL语句和运行结果如下：

```
SELECT * FROM score
    WHERE Score < SOME (SELECT AVG(Score)FROM score);

+------------+----------+-------+
| StudentNo  | CourseNo | Score |
+------------+----------+-------+
| 2021330103 | 110101   |    70 |
| 2021330105 | 110101   |    77 |
| 2021330105 | 330503   |    66 |
| 2021730103 | 730203   |    51 |
| 2021730105 | 330101   |    73 |
| 2022110102 | 110101   |    46 |
| 2022320122 | 110101   |    52 |
| 2022330323 | 330101   |    73 |
+------------+----------+-------+
8 rows in set (0.03 sec)
```

【例7-46】 查询男生中比某个女生出生年份晚的学生姓名和出生年份。

首先通过子查询得到所有女生的出生年份为（2001，2002），SQL 语句和运行结果如下：

```
SELECT DISTINCT YEAR(Birthday) FROM student WHERE Sex='女';
```

```
+----------------+
| YEAR(Birthday) |
+----------------+
|           2001 |
|           2002 |
+----------------+
2 rows in set (0.06 sec)
```

然后在外层查询中查找出生年份比2001年或2002年晚的男生,SQL语句和运行结果如下:

```
SELECT StudentName,YEAR(Birthday) FROM student
    WHERE Sex='男' AND YEAR(Birthday)> ANY (
        SELECT YEAR(Birthday)FROM student WHERE Sex='女');
```

```
+-------------+----------------+
| StudentName | YEAR(Birthday) |
+-------------+----------------+
| 徐鹏        |           2003 |
| 黄子轩      |           2002 |
| 罗事成      |           2002 |
+-------------+----------------+
3 rows in set (0.04 sec)
```

2. 使用ALL的子查询

ALL的用法和ANY或SOME一样,也是把列值与子查询结果进行比较,但它不是要求任意结果值的列值为真,而是要求所有列的结果都为真,否则就不返回行。

【例7-47】 查询男生中比所有女生出生年份晚的学生姓名和出生年份。SQL语句和运行结果如下:

```
SELECT StudentName,YEAR(Birthday) FROM student
    WHERE Sex='男' AND YEAR(Birthday)> ALL (
        SELECT YEAR(Birthday)FROM student WHERE Sex='女');
```

```
+-------------+----------------+
| StudentName | YEAR(Birthday) |
+-------------+----------------+
| 徐鹏        |           2003 |
+-------------+----------------+
1 row in set (0.04 sec)
```

执行该查询时,先在子查询中求出女生的出生年份为(2001,2002),在外层查询中查找出生年份比2001年和2002年都晚的男生。

7.5.4 使用带EXISTS关键字的子查询

EXISTS关键字表示存在,使用EXISTS关键字时,内查询语句不返回查询的记录,而是返回一个真或假值。如果内层查询语句查询到满足条件的记录,就会返回一个真值1,否则返回假值0。当返回真值时,外查询进行查询,否则外查询不进行查询。

【例7-48】 在学生表student中,如果存在2002-01-01以后出生的学生,则输出这些学生的姓名和出生日期。SQL语句和运行结果如下:

```
SELECT StudentName,Birthday FROM student
    WHERE EXISTS (SELECT * FROM student
        WHERE Birthday > '2002-01-01')AND Birthday > '2002-01-01';
```

```
+-------------+------------+
| StudentName | Birthday   |
+-------------+------------+
| 朱莉亚      | 2002-01-30 |
| 赵梦琪      | 2002-02-24 |
| 白玉娇      | 2002-08-21 |
| 徐鹏        | 2003-01-09 |
| 杨琪妙      | 2002-08-21 |
| 黄子轩      | 2002-03-23 |
| 罗喜成      | 2002-07-16 |
| 刘小平      | 2002-01-28 |
| 王妙涵      | 2002-04-19 |
+-------------+------------+
9 rows in set (0.03 sec)
```

只要存在一位学生的出生日期符合条件就返回真值,并输出满足条件的所有行。

【例7-49】 如果存在课程号为11010的课程,就查询选修这门课程的所有学生。SQL语句和运行结果如下:

```
SELECT StudentName FROM student a
    WHERE EXISTS (SELECT * FROM score b
        WHERE a.StudentNo=b.StudentNo AND CourseNo='110101');
```

```
+-------------+
| StudentName |
+-------------+
| 周思瑾      |
| 丁俊杰      |
| 吴宇航      |
| 白玉娇      |
| 郑杰        |
| 李安        |
+-------------+
6 rows in set (0.03 sec)
```

由于外层的WHERE子句中的关键字EXISTS前面没有指定内层查询结果集与外层查询的比较条件,所以要用关键字EXISTS构造子查询时内层的WHERE子句的连接条件,即a. StudentNo=b. StudentNo。

7.5.5　用子查询插入、修改或删除记录

利用子查询插入、修改和删除记录,就是利用一个嵌套在INSERT、UPDATE或DELETE语句中的子查询成批地添加、修改或删除表中的记录。

1. 用子查询插入记录

INSERT语句中的SELECT子查询可以从一个或多个表向目标表中插入记录。使用SELECT子查询可同时插入多行。SELECT语句返回的是一个查询到的结果集,INSERT语句将这个结果集插入目标表中,结果集中记录的列数和列的类型要与目标表完全一致。其语法格式如下:

```
INSERT INTO 表名[(列名列表1)] SELECT 列名列表2 FROM 表名;
```

子查询的列名列表1必须与INSERT语句的列名列表2匹配。如果INSERT语句没有指定列的列表,则二者的列数、列的数据和顺序要完全一致。

【例7-50】 把成绩表score中不及格的记录添加到临时成绩表temp_score中。

先定义临时表的结构temp_score,SQL语句如下:

```
CREATE TABLE temp_score
```

```
(
    StudentNo CHAR(10) NOT NULL,
    CourseNo CHAR(6) NOT NULL,
    Score FLOAT NOT NULL DEFAULT 0,
    PRIMARY KEY (StudentNo, CourseNo)
);
```

为了后续例题对比,插入一位汉族学生的成绩记录,SQL语句如下:

```
INSERT INTO temp_score(StudentNo,CourseNo,Score)
    VALUES ('2021330105', '320301', 32);
```

然后用子查询插入记录,SQL语句如下:

```
INSERT INTO temp_score(StudentNo, CourseNo, Score)
    (SELECT * FROM score
        WHERE Score<60);
```

最后查询记录,SQL语句和运行结果如下:

```
SELECT * FROM temp_score;

+------------+----------+-------+
| StudentNo  | CourseNo | Score |
+------------+----------+-------+
| 2021330105 | 320301   |    32 |
| 2021730103 | 730203   |    41 |
| 2022110102 | 110101   |    36 |
| 2022320122 | 110101   |    42 |
+------------+----------+-------+
4 rows in set (0.03 sec)
```

2. 用子查询修改记录

UPDATE 语句中的 SELECT 子查询可用于对一个或多个其他的表或视图的值进行修改。使用SELECT子查询可同时修改多行数据。实际上是将子查询的结果作为修改条件表达式中的一部分。

【例7-51】 在临时成绩表temp_score中,对于少数民族学生的成绩,如果低于60分,则增加5分。

先在WHERE子句中利用子查询得到少数民族学生的学号集合,SQL语句如下:

```
SELECT StudentNo FROM student
    WHERE Nation ! ='汉族';
```

然后利用UPDATE成批修改表数据,SQL语句如下:

```
UPDATE temp_score SET Score=Score+5
    WHERE StudentNo IN
        (SELECT StudentNo FROM student
            WHERE Nation ! ='汉族')AND Score<60;
```

最后查询显示加分后的学生记录,看出汉族学生没有被加分,SQL语句和运行结果如下:

```
SELECT s.StudentNo,s.StudentName,s.Nation,t.Score
```

```
FROM temp_score AS t INNER JOIN student AS s
ON t.StudentNo=s.StudentNo;
```

```
4 rows in set (0.06 sec)
```

3. 用子查询删除记录

在DELETE语句中利用子查询可以删除符合条件的记录行,实际上是将子查询的结果作为删除条件表达式中的一部分。

【例7-52】 在临时成绩表temp_score中,删除"李安"的所有选课成绩。

首先在student表中查询"李安"的学号(StudentNo),SQL语句和运行结果如下:

```
SELECT StudentNo FROM student
    WHERE StudentName='李安';
```

然后利用DELETE语句删除该学号的成绩,SQL语句如下:

```
DELETE FROM temp_score
    WHERE StudentNo=(SELECT StudentNo FROM student
        WHERE StudentName='李安' );
```

看出该学生的选课记录已经被删除。

 7.6 习题7

一、选择题

1. 下列选项中用于查询记录的语句是(　　)。

    A. INSERT   B. SELECT   C. UPDATE   D. DELETE

2. 以下(　　)是查询语句SELECT选项的默认值。

    A. ALL   B. DISTINCT

    C. DISTINCTROW   D. 以上答案都不正确

3. 以下(　　)在SELECT语句中对查询数据进行排序。

    A. WHERE   B. ORDER BY   C. LIMIT   D. GROUP BY

4. 以下与"price>=399 && price<=1399"功能相同的选项是(　　)。

    A. price BETWEEN 399 AND 1399   B. price IN(399,1399)

    C. 399<=price<=1399   D. 以上答案都不正确

5. 以下不是比较运算符的是(　　)。

    A. AND   B. ANY   C. ALL   D. SOME

6. 以下(　　)是聚合函数。

    A. DISTINCT   B. SUM   C. IF   D. TOP

7. 以下连接查询中,(　　)仅会保留符合条件的记录。

    A. 左外连接   B. 右外连接   C. 内连接   D. 自连接

8. 对于"SELECT * FROM city LIMIT 5,10;",描述,正确的是(　　)。

    A. 获取第6条到第10条记录　　　　　　B. 获取第5条到第10条记录

    C. 获取第6条到第15条记录　　　　　　D. 获取第5条到第15条记录

9. 在语句"SELECT * FROM student WHERE name LIKE '％晓％';"中,WHERE 关键字表示的含义是(　　)。

    A. 条件　　　　　　B. 在哪里　　　　　　C. 模糊查询　　　　　　D. 逻辑运算

10. 查询 tb_book 表中 userno 列的记录,并去除重复值的是(　　)。

    A. SELECT DISTINCT userno FROM tb_book;

    B. SELECT userno DISTINCT FROM tb_book;

    C. SELECT DISTINCT(userno) FROM tb_book;

    D. SELECT userno FROM DISTINCT tb_book;

二、练习题

1. 在学生信息数据库 studentInfo 中,查询学生表 Student 中的所有女生记录。

2. 在学生信息数据库 studentInfo 中,查询课程表 Course 中课时数为 30～80 的所有记录。

3. 在学生表 Student 中按性别分组,求出每组学生的平均年龄。

4. 在学生表 Student 中,输出年龄最大的女生的所有信息。

5. 在选课表 SelectCourse 中,统计每位学生的平均成绩。

6. 查询计算机学院的全体同学的学号、姓名、班号、班名和系名。

7. 查询每位学生及其选修课程的情况,要求显示学号、姓名、选修的课程号和成绩。

第8章 索引和视图

本章主要讲述索引和视图的基本概念、特点,以及相关操作的方法。

 索引

索引(index)是对表中一列或多列的值进行排序,并建立索引表的一种数据结构,使用索引可快速访问表中的特定数据。索引包含从表生成的键,以及映射到指定记录行的存储位置指针。用于索引的属性由表中的一列或多列组合而成。当通过索引查询表中的数据时,不需要遍历所有数据库中的所有数据,就可以快速查询表中的特定记录,这样会提高查询效率。

索引一旦创建,将由数据库自动管理和维护。例如,向表中插入、修改和删除一条记录时,数据库会自动在索引中做出相应的修改。在编写SQL查询语句时,具有索引的表与不具有索引的表没有任何区别,索引只是提供一种快速访问指定记录的方法。

在MySQL中,当执行查询时,查询优化器会对可用的多种数据检索方法的成本进行估计,从中选用最有效的查询计划。

8.1.1 索引的分类

按照分类标准的不同,MySQL的索引有多种分类形式。

1. 按用途分类

根据用途,MySQL中的索引分为普通索引、唯一索引、主键索引、全文索引和空间索引等几类。

(1)普通索引(INDEX)。普通索引是最基本的索引类型。创建普通索引时,使用关键字INDEX或KEY,不附加任何限制条件。

(2)唯一(UNIQUE)索引。唯一索引与普通索引的区别仅在于索引列值不能重复,即索引列值必须是唯一的,但可以是空值。创建唯一索引时使用关键字UNIQUE,限制该索引的值必须是唯一的。

(3)主键(PRIMARY KEY)索引。主键索引是一种特殊的唯一索引,在创建表时定义主键后自动创建主键索引,也可通过修改表的方法增加主键。一个表只能有一个主键索引。与唯一索引的不同在于其索引列值不能为空。

(4)全文(FULLTEXT)索引。全文索引是指在定义索引的列上支持值的全文查找,允许在这些索引列中插入重复值和空值。

（5）空间（SPATIAL）索引。空间索引是对空间数据类型的列建立的索引。空间数据类型有4种，分别是GEOMETRY、POINT、LINESTRING和POLYGON。

2. 按索引列的个数分类

索引可以建立在单一列上，称为单列索引。也可以建立在多个列上，称为多列索引。

（1）单列索引。单列索引就是一个索引只包含表中的一个列。一个表上可以建立多个单列索引。在表中的单个列上创建索引，单列索引只根据该列索引。单列索引可以是普通索引，也可以是唯一索引，还可以是全文索引。只要保证该索引只对应一个列即可。

（2）多列索引。多列索引也称组合索引、复合索引。多列索引是指在表的多个列上创建一个索引，该索引指向创建时对应的多个列，可以通过这几个列进行查询。

3. 按索引顺序与数据表的物理顺序是否相同分类

聚簇索引是指索引表的索引键值顺序与数据表的物理顺序相同，这样能保证索引值相近的记录行所存储的物理位置也相近。一个表只能有一个聚簇索引，因为一个表的物理顺序只有一种情况，所以，对应的聚簇索引只能有一个。

非聚簇索引的索引顺序与数据表的物理顺序无关。非聚簇索引就是普通索引，仅仅是对列创建相应的索引，不影响整个表的物理存储顺序。

并非所有的MySQL存储引擎都支持聚簇索引，目前只有SQLidDB和InnoDB支持聚簇索引。

8.1.2 查看索引

使用SHOW INDEX语句查看表上建立的索引名、索引类型及相关参数，其语法格式如下：

```
SHOW INDEX FROM tb_name [FROM db_name];
SHOW INDEX FROM db_name.tb_name;
```

这两个语句功能相同。

【例8-1】 在数据库school中，查看成绩表score上建立的索引。SQL语句如下：

```
SHOW INDEX FROM school.score;
```

在Navicat的新建查询窗格中运行上面语句后，显示如图8-1所示。

图8-1 查看表的索引信息

8.1.3 创建索引

创建索引是指在某个表的一列或多列上建立一个索引。MySQL提供了4种创建索引的方法。

1. 使用CREATE TABLE语句创建索引

使用CREATE TABLE语句可在创建表的同时创建该表的索引,其语法格式如下:

```
CREATE [TEMPORARY] TABLE [db_name.]tb_name
(
    column_name data_type [列级完整性约束条件, ]
    [ ..., ]
    [表级完整性约束条件, ]
    [CONSTRAINT index_name] [UNIQUE|FULLTEXT] [INDEX] [index_name]
    (index_column)
);
```

语法说明如下。

(1) UNIQUE、INDEX:创建索引的类型。UNIQUE是唯一索引,INDEX是普通索引。

(2) index_name:创建的索引名称。一个表上可以建立多个索引,每个索引名必须是唯一的。索引名可以不写,如果不写索引名,则默认与列名相同。

(3) index_column:索引列的定义,其语法格式如下:

```
index_column_name [(length)] [ASC|DESC]
```

index_column_name:要创建索引的列名。通常将查询语句中在WHERE子句和JOIN子句里出现的列作为索引列。

length:指定使用列的前length个字符创建索引,length小于列实际长度。

ASC | DESC:指定索引是按升序(ASC)还是降序(DESC)排列,默认为ASC。

2. 使用CREATE INDEX语句创建索引

用CREATE INDEX语句能够在一个已存在的表上创建索引,其语法格式如下:

```
CREATE [UNIQUE|FULLTEXT] [INDEX] index_name
    ON tb_name (index_column_name [(length)] [ASC | DESC]);
```

语法格式说明与CREATE TABLE中相关选项的含义相同。可以指定索引的类型、唯一性和复合性,既可以在一个列上创建索引,也可以在两个或者两个以上的列上创建索引。

3. 使用ALTER TABLE语句创建索引

使用ALTER TABLE语句可以添加索引。语法格式如下:

```
ALTER TABLE tb_name
    ADD [UNIQUE|FULLTEXT] [INDEX] [index_name] (index_column_name [(length)]
[ASC|DESC]);
```

4. 自动创建索引

前面3种创建索引的方法是通过SQL语句直接创建索引。另外,在表中定义主键约束、唯一键约束、外键约束时,会同时创建索引,就是说间接创建了索引。

在创建主键约束时,会自动创建一个唯一的聚簇索引。虽然在逻辑上,主键约束是一种重要的结构,但是在物理结构上,与主键约束相对应的结构是唯一的聚簇索引。换句话说,在物理实现上,不存在主键约束,而只存在唯一的聚簇索引。

同样,在创建唯一键约束时,也同时创建索引,这种索引则是唯一的非聚簇索引。如果建立外键,也自动建立外键索引。

因此,当使用约束创建索引时,索引的类型和特征基本上已经确定了,定制的余地比较小。

当在表上定义主键或唯一键约束时,如果表中已经有了使用CREATE INDEX语句创建的标准索引时,那么由主键约束或唯一键约束创建的索引将覆盖以前创建的标准索引。也就是说,主键约束或唯一键约束创建的索引的优先级高于使用CREATE INDEX语句创建的索引。

8.1.4 创建索引实例

1. 没有索引

在定义表结构时,如果没有添加建立索引的关键字,也没有定义主键、唯一键和外键,则该表没有索引。

【例8-2】 创建temptable1表,表的列为ID、Info。SQL语句如下:

```
CREATE TABLE temptable1
(
    ID INT NOT NULL,
    Info VARCHAR(50)
);
SHOW INDEX FROM temptable1;
```

执行SHOW INDEX语句,查看该表上建立的索引,看出该表中没有索引,如图8-2所示。

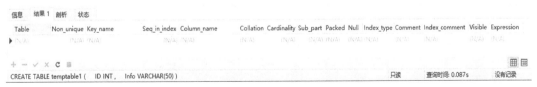

图8-2 查看表的索引信息——没有索引

2. 普通索引

普通索引是最基本的索引,它没有任何限制。普通索引可以建立在任何数据类型的列上,如果语句中没有指明排序的方式,则采用默认的索引方式,即ASC(升序索引)。

【例8-3】 创建temptable2表,表的列为ID、Info,创建表的同时Info列建立普通索引,并按升序排列。SQL语句如下：

```
CREATE TABLE temptable2
(
    ID INT NOT NULL,
    Info VARCHAR(50),
    INDEX index_info(Info ASC)
);
SHOW INDEX FROM temptable2;
```

执行SHOW INDEX语句，查看该表上建立的索引，index_info是用户创建的普通索引，如图8-3所示。

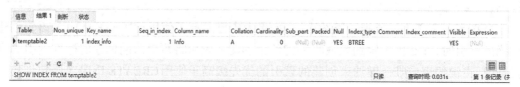

图8-3　查看表的索引信息——普通索引

3. 列值前缀索引

创建基于列值前缀字符的索引时，在列名后的小括号中指定。对字符类型排序，如果是英文，按照字母顺序排列；如果是中文，不同的系统有不同的处理规则，MySQL中是按照汉语拼音对应的英文字母顺序排序。

【例8-4】　创建temptable3表，表的列为ID、Info，为Info列的前3个字符建立降序普通索引。SQL语句如下：

```
CREATE TABLE temptable3
(
    ID INT NOT NULL,
    Info VARCHAR(50),
    INDEX index_info3 (Info(3)DESC)
);
SHOW INDEX FROM temptable3;
```

执行SHOW INDEX语句，查看该表上建立的索引，如图8-4所示。index_info3是用户创建的普通索引，Sub_part列下的3就是前缀索引的字符数目；Callation列下的D表示降序。

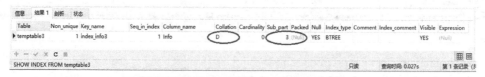

图8-4　查看表的索引信息——列值前缀索引（1）

【例8-5】　在temptable2表中，为Info列添加列值前缀普通索引，SQL语句如下：

```
ALTER TABLE temptable2
    ADD INDEX index_info4 (Info(4)DESC);
SHOW INDEX FROM temptable2;
```

执行SHOW INDEX语句,查看该表上建立的索引,如图8-5所示。Info列上有两个索引,第1行是原来添加的普通索引,第2行是上面代码添加的列值前缀普通索引,Sub_part列下的4是前缀索引的字符数目;Callation列下的D表示降序。

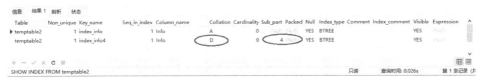

图8-5 查看表的索引信息——列值前缀索引(2)

4. 唯一索引

创建唯一索引时,需要使用UNIQUE关键字。如果定义列为唯一键约束,则系统会自动建立一个唯一索引。索引列的值必须唯一,但允许有空值。如果是组合索引,则列值的组合必须唯一。

【例8-6】 创建系表department,在表的系编号DepartmentNo列上建立名为no_index的唯一索引,以升序排列。SQL语句如下:

```
CREATE TABLE department
(
    DepartmentNo CHAR(2) UNIQUE,
    DepartmentName VARCHAR(10) NOT NULL,
    Telephone CHAR(20),
    UNIQUE INDEX no_index(DepartmentNo ASC)
);
SHOW INDEX FROM department;
```

在Navicat的新建查询窗格中查看建立的查询,显示如图8-6所示。第1行索引是在创建唯一键约束时,系统默认创建的一个唯一索引;第2行的no_index是用户创建的索引。

图8-6 查看添加电话列Telephone后的索引信息

由于在DepartmentNo列上创建索引时指定了索引名称no_index,与系统在该列上创建的索引名DepartmentNo(图8-6中的第1行)不一样,所以不会发生冲突。如果使用UNIQUE INDEX子句在DepartmentNo列上创建的索引名也是DepartmentNo,则发生Duplicate key name 'DepartmentNo'(该列名重复)的错误。

【例8-7】 使用CREATE INDEX在表department的DepartmentName列上创建唯一索引。SQL语句如下:

```
CREATE UNIQUE INDEX name_index ON department(DepartmentName);
```

在Navicat的新建查询窗格中查看建立的查询,第1行索引是新建的索引,显示如图8-7所示。

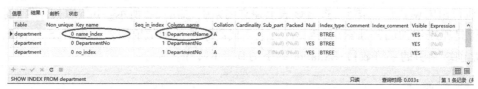

图 8-7　查看添加的 name_index 索引信息

【例 8-8】　使用 ALTER TABLE 语句在表 department 的电话列 Telephone 上创建唯一索引。SQL 语句如下：

```
ALTER TABLE department ADD UNIQUE INDEX(Telephone DESC);
```

本例 SQL 语句中没有给出索引名，则将索引列的列名 Telephone 作为索引名，如图 8-8 所示。

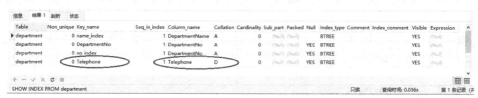

图 8-8　查看添加的 Telephone 索引

5. 多列索引

多列索引是在多个列上创建一个索引。如果是建立多列唯一索引，则列值的组合值必须唯一。

【例 8-9】　创建表 teacher，列有 TeacherNo、CHAR(6)；TeacherName、CHAR(20)；Age、INT；DepartmentNo、CHAR(2)。在 TeacherName 列和 Age 列上建立多列索引，并且 TeacherName 列按升序排列，Age 列按降序排列，索引名为 name_age_index。SQL 语句如下：

```
CREATE TABLE teacher
(
    TeacherNo CHAR(6) PRIMARY KEY,
    TeacherName CHAR(20),
    Age INT,
    DepartmentNo CHAR(2),
    INDEX name_age_index(TeacherName ASC,Age DESC)
);
SHOW INDEX FROM teacher;
```

在 Navicat 的新建查询窗格中查看建立的查询，如图 8-9 所示，第 1 行索引 PRIMARY 是系统自动创建的主键索引。第 2、3 行是用户创建的多列索引，列名分别是 TeacherName 和 Age。

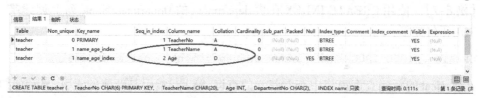

图 8-9　查看多列索引

在表teacher上的索引name_age_index是建立在两个列TeacherName、Age上的,排序时先按TeacherName列的值升序排列。当TeacherName值相同时,再按Age列的值降序排列。

6. 全文索引

全文索引只能建立在数据类型为CHAR、VARCHAR和TEXT的列上。

【例8-10】 在teacher表中添加简历列Note、VARCHAR(50),并指定Note列为全文索引。使用ALTER TABLE语句,在已经创建的teacher表中添加Note列,并在Note列上建立一个FULLTEXT索引,索引名为note_index。SQL语句如下:

```
ALTER TABLE teacher
    ADD COLUMN Note VARCHAR(50),
    ADD FULLTEXT INDEX note_index(Note);
SHOW INDEX FROM teacher;
```

在Navicat的新建查询窗格中查看建立的FULLTEXT查询,如图8-10所示。

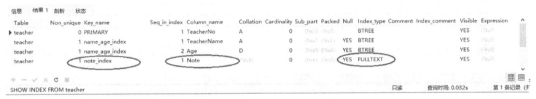

图8-10 查看FULLTEXT索引

8.1.5 指定使用的索引

可以在SELECT语句中使用指定的索引,其语法格式如下:

```
SELECT 表达式列表 FROM TABLE[{USE|IGNORE|FORCE} INDEX(key_list)]
WHERE 条件;
```

说明:在查询语句中表名的后面添加USE|IGNORE|FORCE INDEX(key_list)子句。

USE INDEX:指定查询语句使用的索引列表。

IGNORE INDEX:指定查询语句忽略一个或者多个索引。

FORCE INDEX:指定查询语句强制使用一个特定的索引。

【例8-11】 指定使用index_name6索引用于Name查询。SQL语句如下:

```
SELECT * FROM temptable5 USE INDEX (index_name6) WHERE Name='abcdefg';
```

运行下面的SQL语句,查看使用索引的情况,显示如图8-11所示,使用了指定的索引。

```
EXPLAIN SELECT * FROM temptable5 USE INDEX (index_name6) WHERE Name='abcdefg';
```

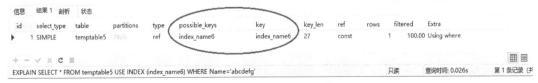

图8-11 查看使用的指定索引

8.1.6 删除索引

对于不再使用的索引,应该删除。

1. 使用DROP INDEX语句删除索引

删除索引语句的语法格式如下:

```
DROP INDEX index_name ON tb_name;
```

其中,index_name指定要删除的索引名,tb_name指定该索引所在的表。该语句的作用是删除建立在tb_name表上的名称为index_name的索引。

【例8-12】 删除temptable表中创建的索引index_name6。SQL语句如下:

```
DROP INDEX index_name6 ON temptable5;
```

执行删除语句后,temptable5表上的index_name6索引被删除,对temptable表本身没有任何影响,也不影响该表上的其他索引。

2. 使用ALTER TABLE语句删除索引

ALTER TABLE语句具有很多功能,不仅能添加索引,还能删除索引。其语法格式如下:

```
ALTER TABLE tb_name DBOP INDEX index_name;
```

上面语句的功能是删除tb_name表中的索引index_name。

如果要删除主键PRIMARY KEY索引,因为一个表只有一个PRIMARY KEY索引,因此不需要指定索引名。其语法格式如下:

```
ALTER TABLE tb_name DROP PRIMARY KEY;
```

使用ALTER TABLE语句的DROP CONSTRAINT子句能够在表中删除主键或外键约束,同时也删除了相应于主键、外键的索引。

注意:如果删除表中的某一列,而该列是索引项,则该列的索引也被删除。对于多列组合的索引,如果删除其中的某列,则该列也会从索引中删除。如果删除组成索引的所有列,则整个索引将被删除。

【例8-13】 删除temptable5表中创建的主键索引。SQL语句如下:

```
ALTER TABLE temptable5 DROP PRIMARY KEY;
```

显示错误提示:1075-Incorrect table definition; there can be only one auto column and it must be defined as a key。意思是不能删除该索引,因为自动列必须定义为主键索引。

【例8-14】 删除temptable6表中创建的主键索引。SQL语句如下:

```
CREATE TABLE temptable6
(
    ID INT NOT NULL PRIMARY KEY,
    Name VARCHAR(20),
    Age INT,
    INDEX index_name(Name ASC)
```

```
);
SHOW INDEX FROM temptable6;
```

执行删除主键索引语句,SQL语句如下:

```
ALTER TABLE temptable6 DROP PRIMARY KEY;
```

然后使用SHOW INDEX查看该表的索引,已经没有主键索引了。

```
SHOW INDEX FROM temptable6;
```

【例8-15】 删除student表上的外键索引。在删除前、后查看索引,SQL语句如下:

```
SHOW INDEX FROM school.student;
ALTER TABLE school.student DROP CONSTRAINT FK_student;
SHOW INDEX FROM school.student;
```

8.2 视图

视图由表派生,派生表称为视图的基本表,简称基表。视图可以来源于一个或多个基表的行或列的子集,也可以是基表的统计汇总,或者是视图与基表的组合。视图是由SELECT语句构成的,基于选择查询的虚拟表。视图中保存的仅仅是一条SELECT语句,视图中的数据是存储在基表中的,数据库中只存储视图的定义。

只有在调用视图时,才会执行视图中的SQL语句,进行取数据操作。视图的内容没有存储,而是在视图被引用时才派生出数据。这样不会占用空间,由于是即时引用,视图的内容总是与真实表的内容一致。

8.2.1 创建视图

使用CREATE VIEW语句创建视图,其语法格式如下:

```
CREATE [OR REPLACE] VIEW view_name[(column_name1,column_name2,...)]
    AS select_statement
    [WITH [{CASCADED | LOCAL}] CHECK OPTION];
```

具体介绍如下。

(1) OR REPLACE:可选项,该子语句用于替换数据库中已有的同名视图,但需要在该视图上具有DROP权限。

(2) view_name:指定视图的名称。该名称在数据库中必须是唯一的,不能与其他表或视图同名。视图的命名建议采用"view_表名_功能"形式。

(3) column_name:可选子句,为视图中的每个列指定明确的名称。其中,列名的数目必须等于SELECT语句检索出的结果数据集的列数,并且每个列名之间用逗号分隔。如果省略column_name子句,则新建视图使用与基础表或源视图中相同的列名。

(4) select_statement:指定创建视图的查询语句,查询语句参数是一个完整的SELECT语句,表示从某个表中查出某些满足条件的记录,将这些记录导入视图中。SELECT语句可以是任何复杂的查询语句,但不允许包含子查询。

(5) WITH CHECK OPTION:可选项,在更新视图上的记录时,该子句检查新记录是否符合 select_statement 中指定的 WHERE 子句的条件。如果插入的新记录不符合 WHERE 子句的条件,则插入操作无法成功。

【例8-16】 在 student 表上创建一个名为 view_student1 的视图,要求该视图包含 student 表中所有列、所有计算机学院(ClassNo 前两个字符是 CI)学生记录,并且要求保证今后对该视图数据的修改都必须符合这个条件。SQL 语句如下:

```
USE school;
CREATE OR REPLACE VIEW view_student1
    AS
    SELECT * FROM school.student WHERE LEFT(ClassNo,2)='CI'
        WITH CHECK OPTION;
```

在 Navicat 的新建查询窗格中输入 SQL 语句,如图 8-12 所示。

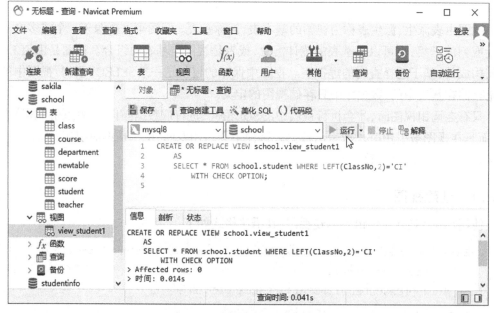

图8-12　运行创建视图的语句

运行代码后在导航窗格中刷新视图,在视图下可以看到新建的视图名 view_student1。创建视图后,就可以如同查询基本表那样查询该视图,在导航窗格中双击视图名打开视图,内容窗格中显示该视图中的记录,如图 8-13 所示。该视图中的记录与使用下面 SQL 语句进行查询的结果相同:

```
SELECT * FROM school.student WHERE LEFT(ClassNo,2)='CI';
```

【例8-17】 在数据库 school 中创建视图 view_score_avg,要求该视图包含成绩表 score 中所有学生的学号和平均成绩,并按学号 StudentNo 排序。创建所需视图 view_score_avg 的 SQL 语句如下:

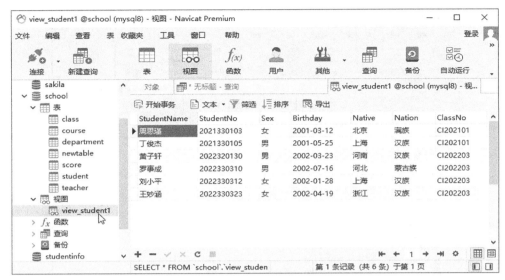

图8-13 打开视图

```
CREATE VIEW school.view_score_avg(StudentNo,Score_avg)
    AS
    SELECT StudentNo,AVG(Score) FROM score
        GROUP BY StudentNo;
```

在Navicat的新建查询窗格中输入SQL语句,如图8-14所示。

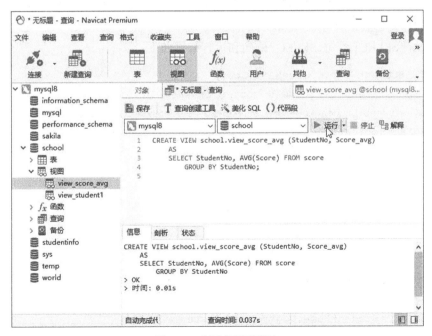

图8-14 创建视图的语句

双击视图view_score_avg,显示该视图中的记录,如图8-15所示。该视图中的记录与使用下面SQL语句进行查询的结果相同:

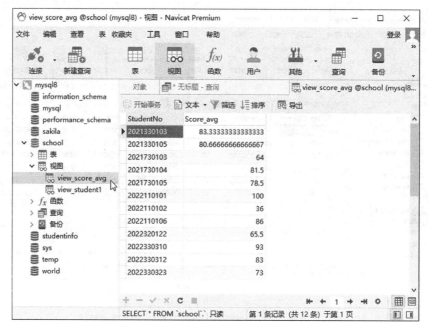

图8-15 视图的记录

```
SELECT StudentNo,AVG(Score) FROM score
    GROUP BY StudentNo;
```

【例8-18】 在数据库school中创建名为view_score1的成绩视图,要求该视图包含
StudentName、CourseName和Score列以及所有Score<60的学生记录,并且要求保证以后对该
视图记录的修改都必须符合Score<60条件。

首先设计SELECT语句,SELECT语句和运行结果如下:

```
SELECT StudentName,CourseName,Score
    FROM student INNER JOIN course INNER JOIN score
    ON student.StudentNo=score.StudentNo AND course.CourseNo=score.CourseNo
    WHERE Score<60;
```

然后创建视图,其SQL语句如下:

```
CREATE OR REPLACE VIEW view_score1(StudentName,CourseName,Score)
    AS
    SELECT StudentName,CourseName,Score
        FROM student INNER JOIN course INNER JOIN score
        ON student.StudentNo=score.StudentNo AND course.CourseNo=score.CourseNo
        WHERE Score<60
    WITH CHECK OPTION;
```

创建视图后,双击视图名打开视图,查询该视图中的记录,如图8-16所示。由此可见,视图是把SELECT语句的查询结果创建为一个虚拟表。

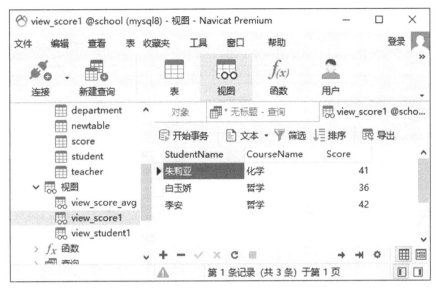

图8-16 查询视图中的记录

8.2.2 查看视图定义

查看视图的定义是指查看数据库中已经存在的视图的定义,查看视图必须要有查看视图的权限。查看视图的方法包括以下几条语句,它们从不同的角度显示视图的相关信息。

(1)使用SHOW CREATE VIEW语句查看已有视图的定义(结构),其语法格式如下:

```
SHOW CREATE VIEW view_name;
```

其中,view_name指定要查看视图的名称。

(2)使用DESCRIBE语句查看视图的定义,语法格式如下:

```
DESCRIBE | DESC view_name;
```

(3)查询information_schem数据库下的views表。语法格式如下:

```
SELECT * FROM information_schema.views WHERE tb_name ='视图名';
```

【例8-19】 查看数据库school中视图的定义。

使用SHOW CREATE VIEW语句查看视图view_student1的定义,SQL语句如下:

```
SHOW CREATE VIEW view_student1;
```

上面语句在新建查询中不能完整地呈现出结果,所以在命令列界面中运行,显示如图8-17所示。

使用DESCRIBE语句查看view_score_avg视图的定义,SQL语句和在命令列界面中的运行结果如下:

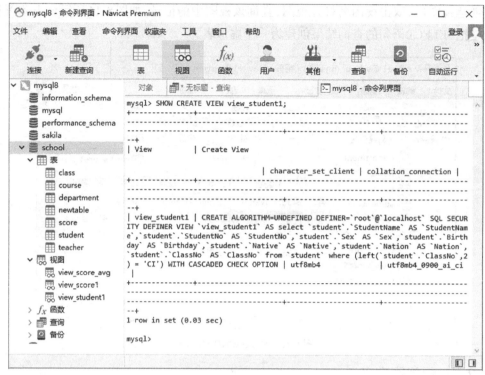

图8-17　查看视图的定义

```
DESC view_score_avg;
```

```
+-----------+----------+------+-----+---------+-------+
| Field     | Type     | Null | Key | Default | Extra |
+-----------+----------+------+-----+---------+-------+
| StudentNo | char(10) | NO   |     | NULL    |       |
| Score_avg | double   | YES  |     | NULL    |       |
+-----------+----------+------+-----+---------+-------+
2 rows in set (0.04 sec)
```

在information_schem数据库中,查询views表中的视图view_score1,SQL语句如下:

```
SELECT * FROM information_schema.views WHERE tb_name ='view_score1';
```

8.2.3　查询视图记录

创建视图后,就可以像对表一样对视图进行查询,这也是对视图进行最多的一种操作。在Navicat中,在导航窗格中双击视图名,内容窗格中显示该视图中的记录。可以使用SELECT语句查询视图中的数据。

【例8-20】　使用视图view_student1查询学生"刘小平"的基本情况。SQL语句如下:

```
USE school;
SELECT * FROM view_student1
    WHERE StudentName='刘小平';
```

在新建查询窗格中输入上面的SQL语句,单击"运行"按钮,显示查询结果如图8-18所示。

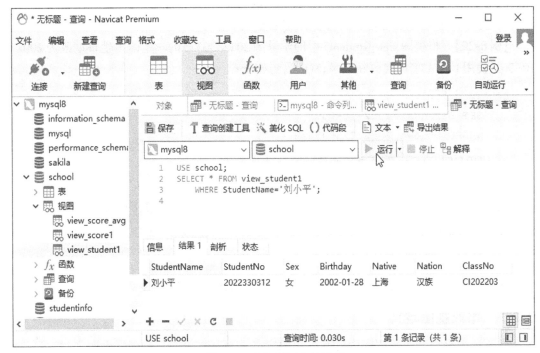

图8-18 查询视图中的记录

8.2.4 修改视图数据

创建视图后,可以使用该视图检索表中的数据,在满足条件的情况下还可以通过视图修改数据。由于视图是不存储数据的虚表,因此对视图中数据的修改,最终将转换为对视图所引用的基础表中数据的修改。修改操作包括插入(INSERT)、修改(UPDATE)和删除(DELETE)记录。更新视图时,只有满足可更新条件的视图才能更新,否则会导致错误。所以,尽量不要更新视图。对于可更新的视图,需要该视图中的行和基础表中的行之间具有一对一的关系。

1. 使用INSERT语句通过视图向基础表插入数据

【例8-21】 在数据库school中,向视图view_student1中插入一条记录。使用INSERT语句插入记录,SQL语句如下:

```
INSERT INTO school.view_student1(StudentNo,StudentName,Sex,Birthday,
Nation,Nation,ClassNo)
    VALUES ('2022330335','于泽睿','男','2002-05-06','吉林','汉族','CI202203');
```

由于在创建视图时使用了WITH CHECK OPTION子句指定更新视图上的数据时要符合select_statement中所指定的限制条件WHERE LEFT(ClassNo,2)='CI'。请读者把班级号改成以PY开头,把学号改为2022330336后运行,将显示1369-CHECK OPTION failed 'school.view_student1'。

然后使用下列语句查看在视图view_student1中的记录:

```
SELECT * FROM school.view_student1;
```

2. 使用 UPDATE 语句通过视图修改基础表的数据

【例 8-22】 将视图 view_student1 中的学号为 2022330335 的学生的出生日期改为 2002-10-06。使用 UPDATE 语句更新记录,SQL 语句如下:

```
UPDATE school.view_student1
    SET Birthday='2002-10-06'
    WHERE StudentNo='2022330335';
```

3. 使用 DELETE 语句通过视图删除基础表的数据

【例 8-23】 删除视图 view_student1 中学号为 2022330335 的学生记录。

使用 DELETE 语句在 MySQL 的命令行客户端输入如下 SQL 语句,删除指定数据:

```
DELETE FROM school.view_student1
    WHERE StudentNo='2022330335';
```

注意: 对于依赖多个基础表的视图,不能使用 DELETE 语句。

8.2.5 修改视图定义

修改视图是指修改数据库中已有视图的定义。当基本表的某些列发生改变时,可以通过修改视图来保持视图和基本表之间的一致。可以通过 CREATE OR REPLACE VIEW 语句重新创建视图,或者 ALTER 语句修改视图。使用 ALTER VIEW 语句修改已有视图的定义的语法格式如下:

```
ALTER VIEW view_name [(column_name1,column_name2,...)]
    AS select_statement
    [WITH [{CASCADED | LOCAL}] CHECK OPTION];
```

ALTER VIEW 语句的语法与 CREATE VIEW 类似,参数一样。但需要注意的是:对于 ALTER VIEW 语句的使用,需要用户具有针对视图的 CREATEVIEW 和 DROP 权限,以及由 SELECT 语句选择的每一列上的某些权限。

【例 8-24】 把 view_score1 视图用 ALTER 语句修改,把列名改为"学号""学生名""课程号""课程名"和"成绩",包含所有学生记录。SQL 代码如下:

```
ALTER VIEW view_score1(学号,学生名,课程号,课程名,成绩)
    AS
    SELECT score.StudentNo,StudentName,score.CourseNo,CourseName,Score
    FROM student,course,score
    WHERE student.StudentNo=score.StudentNo AND course.CourseNo=score.CourseNo;
```

修改视图后,双击视图名打开视图,查询该视图中的记录,如图 8-19 所示。

8.2.6 删除视图

视图的删除与表的删除类似,既可以在 Navicat 中删除,也可以通过 DROP VIEW 语句删除。删除视图不会影响表中的数据,如果在某个视图上创建了其他数据对象,该视图仍然

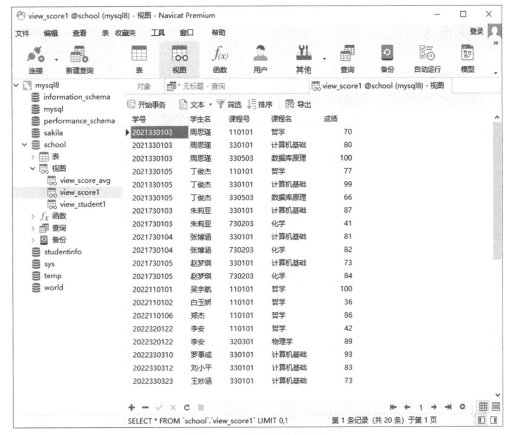

图8-19　查询视图中的记录

可以被删除,但是当执行创建在该视图上的数据对象时,操作将出错。

在确认删除视图之前,应该检查是否有数据库对象依赖于将被删除的视图。如果存在这样的对象,那么首先应确定是否还有必要保留该对象,如果不必保留,则可以直接删除该视图。

删除视图时,只能删除视图的定义,不会删除数据。用户必须拥有DROP权限。使用DROP VIEW语句删除视图,其语法格式如下:

```
DROP VIEW [IF EXISTS] view_name [,view_name,...];
```

语法说明如下。

(1) view_name:指定要被删除的视图名。使用DROP VIEW语句可以一次删除多个视图,但必须在每个视图上拥有DROP权限。

(2) IF EXISTS:可选项,用于防止因删除不存在的视图而出错。如果在DROP VIEW语句中没有给出该关键字,则当指定的视图不存在时系统会发生错误。

【例8-25】 删除视图view_score_avg和view_score1。SQL语句如下:

```
DROP VIEW IF EXISTS view_score_avg,view_score1student_view1;
```

在Navicat中删除视图view_student1,先展开"视图",然后右击视图名,显示"确认删除"对话框,单击"删除"按钮。

8.3 习题8

一、选择题

1. 建立索引的主要目的是( )。

    A. 节省存储空间   B. 提高安全性

    C. 提高查询速度   D. 提高数据更新的速度

2. 索引可以提高( )操作的效率。

    A. INSERT   B. UPDATE   C. DELETE   D. SELECT

3. 能够在已存在的表上建立索引的语句是( )。

    A. CREATE TABEL   B. ALTER TABLE

    C. UPDATE TABLE   D. REINDEX TABLE

4. 下面关于创建和管理索引正确的描述是( )。

    A. 创建索引是为了便于全表扫描

    B. 索引会加快DELETE、UPDATE和INSERT语句的执行速度

    C. 索引被用于快速找到想要的记录

    D. 大量使用索引可以提高数据库的整体性能

5. 有关索引的说法错误的是( )。

    A. 索引的目的是提高记录查询的速度

    B. 索引是数据库内部使用的对象

    C. 索引建立得太多,会降低数据增加、删除的修改速度

    D. 只能为一个列建立索引

6. SQL语言中的DROP INDEX语句的作用是( )。

    A. 删除索引   B. 更新索引   C. 建立索引   D. 修改索引

7. 下面列出的关于视图的选项中,( )是不正确的。

    A. 视图对应二级模式结构的外模式

    B. 视图是虚表

    C. 使用视图可以加快查询语句的执行速度

    D. 使用视图可以简化查询语句的编写

8. 以下( )表的操作可用于创建视图。

    A. UPDATE   B. DELETE   C. INSERT   D. SELECT

9. 下面关于视图的描述正确的是( )。

    A. 视图没有表结构文件   B. 视图中不保存数据

    C. 视图仅能查询数据   D. 以上说法都不正确

10. 下列关于视图和表的说法正确的是( )。

    A. 每个视图对应一个表

    B. 视图是表的一个镜像备份

    C. 对所有视图都可以像表一样执行UPDATE操作

    D. 视图的数据全部在表中

11. SQL的视图是从( )中导出的。

  A. 基表   B. 视图   C. 基表或视图   D. 数据库

二、练习题

1. 在studentInfoschool数据库中,查看选课表SelectCourse上建立的索引。

2. 在学生表Student中,为姓名列StudentName的前1个汉字建立降序普通索引。

3. 在班级表class中的班级编号ClassID列上建立唯一索引,以升序排列。

4. 在studentInfo数据库中,在student表上创建一个名为view_student的视图,要求该视图包含student表中所有列、所有学生记录,并且要求保证今后对该视图数据的修改都必须符合这个条件。

5. 使用视图view_student查询学生"刘慧语"的基本情况。

第9章 MySQL编程基础

本章介绍MySQL的编程基础、运算符和表达式、系统函数。

9.1 编程基础

MySQL程序设计结构是在SQL标准的基础上增加了一些程序设计语言的元素，包括常量、变量、运算符、表达式、流程控制和函数等内容。

9.1.1 标识符

标识符用于命名一些对象，如数据库、表、列、变量等，以便在程序中的其他地方引用。前面章节介绍的数据库名、表名、列名就是标识符。标识符是符合标识符格式规则的名称。由于MySQL标识符的命名规则较烦琐，这里推荐使用万能命名规则：标识符由字母、数字或下划线"_"组成，且第一个字符必须是字母或下划线。

说明如下。

（1）MySQL关键词、列名、索引名、变量名、常量名、函数名、存储过程名等不区分大小写。但数据库名，表名，视图名则跟操作系统有关，Windows不区分大小写，UNIX、Linux、iOS区分大小写。

（2）以特殊字符@@、@开头的标识符用于系统变量和用户会话变量，并且不能用作任何其他类型的对象的名称。

（3）标识符不能是SQL保留字。

（4）不允许嵌入空格或其他特殊字符。

9.1.2 注释

注释是程序代码中不执行的文本字符串，用于对代码进行解释说明。SQL语言提供了两种形式的注释。

1. 单行注释

注释以#或者--加上一个空格开始，其后面为注释内容。如果对多行注释，则需要每行都使用注释语句。

2. 多行注释

注释以/*开始，以*/结束，中间为注释内容。/*、*/可以在程序的任意处注释，包含在/*和*/之间的文本都是注释。

9.1.3 常量

常量指在程序运行过程中值不变的量。常量又称文字值或标量值，表示一个特定数据值的符号。常量都有数据类型，数据类型是一种属性，用于指定常量可保存的数据类型。MySQL系统提供的数据类型在第6章已经介绍了。

常量的使用格式取决于它所表示的值的数据类型。根据常量值的不同类型，常量分为字符串常量、数值常量、日期时间常量、布尔值和NULL等。

1. 字符串常量

字符串常量是指用单引号或双引号括起来的字符序列。由于大多编程语言（如Java、C等）使用双引号表示字符串，为了便于区分，在MySQL中推荐使用单引号表示字符串。

【例9-1】 SELECT语句输出3个字符串，SQL语句和在Navicat的命令列界面中的执行结果如下：

```
SELECT '123+456=? ',"I'm a student. "AS col2,'I\'m a student. 'AS col3;
```

```
+----------+--------------+--------------+
| 123+456=? | col2         | col3         |
+----------+--------------+--------------+
| 123+456=? | I'm a student. | I'm a student. |
+----------+--------------+--------------+
1 row in set (0.03 sec)
```

上面第3个字符串中使用了转义字符"\"输出单引号，但是使该字符串变得不好理解。遇到这种情况时，建议使用第2个字符串的形式，即用另外一种引号表示字符串。

2. 数值常量

数值常量分为整型常量和实数常量（即浮点小数常量和定点小数常量）。

1）整型常量

整型常量以不包含小数点的十进制数字表示。整型常量必须全部为数字，不能包含小数点，如100、3、+12356、-2136768。

2）实数常量

实数常量以包含小数点的十进制数字表示，分为定点表示和浮点表示。

（1）定点表示，如13.56、3.0、+12.356、-28346.239。

（2）浮点表示，如3.452E3、0.12E-3、+562E+6、-328E-3。

【例9-2】 SELECT输出数值常量。

```
SELECT 100,+12356,-2136768,3.0,-28346.239,3.452E6,-328E-38;
```

```
+-----+-------+----------+-----+------------+---------+----------+
| 100 | 12356 | -2136768 | 3.0 | -28346.239 | 3.452E6 | -328E-38 |
+-----+-------+----------+-----+------------+---------+----------+
| 100 | 12356 | -2136768 | 3.0 | -28346.239 | 3452000 | -3.28e-36 |
+-----+-------+----------+-----+------------+---------+----------+
1 row in set (0.02 sec)
```

3. 日期时间常量

日期时间常量是一个符合日期、时间格式的字符串,并被单引号或双引号括起来。MySQL可以识别多种格式的日期和时间。

(1) 数字日期格式,如'2022-05-21'、'2022/05/21'、'21. 05. 2022'、'05/21/2022'。

(2) 字母日期格式,如'May 21, 2022'、'October 23, 2022'。

(3) 未分隔的字符串日期格式,如'20210313'、'20221102'。

(4) 时间格式,如'10:03:08'、'03:56 PM'。

(5) 日期时间格式,如'2021-05-09 10:03:52'、'2022-03-30 08:01:02. 520'。

日期时间常量的值必须符合日期、时间标准。例如,'2021-10-32'是错误的日期常量。

4. 布尔值

布尔值只包含两个值:True 和 False。在代码中,也可以用0表示False,非0表示True。

【例9-3】 SELECT语句输出True和False,其SQL语句和执行结果如下:

```
SELECT True,False,10>5,10<5,True OR False,True AND False,True AND 13;
```

```
+------+-------+------+------+--------------+---------------+-------------+
| True | False | 10>5 | 10<5 | True OR False | True AND False | True AND 13 |
+------+-------+------+------+--------------+---------------+-------------+
|    1 |     0 |    1 |    0 |            1 |              0 |           1 |
+------+-------+------+------+--------------+---------------+-------------+
1 row in set (0.03 sec)
```

在用SELECT语句显示布尔值True和False时,会把其转换为数值1和0。

5. NULL值

NULL值可适用于各种列的类型,它通常用来表示"值不确定""没有值"等含义。NULL值参与算术运算、比较运算以及逻辑运算时,结果依然为NULL。

9.1.4 变量

变量是指在程序运行过程中值可以改变的量,用于临时存放数据。变量具有变量名、值和数据类型3个属性;变量名用于标识该变量;值是该变量的取值;数据类型就是值的数据类型,用于确定该变量存放值的格式及允许的运算。

在 MySQL 数据库中,变量分为系统变量(以@@开头)和用户自定义变量。其中,系统变量分为系统会话变量和全局系统变量,静态变量属于特殊的全局系统变量。

与其他高级编程语言类似,用户自定义变量用于存储临时数据。用户自定义变量分为用户会话变量(以@开头)和局部变量(不以@开头)。

1. 变量名

变量名必须是一个合法的标识符。MySQL规定,变量名必须以 ASCII 字母、Unicode 字母、汉字、下划线(_)或@开头,后跟一个或多个 ASCII 字母、Unicode 字母、汉字、下划线(_)、@或$,但不能都是下划线(_)、@或$。数据库名、表名、列名等,都是数据库变量。如果是用户会话变量,变量名必须以@开头,而且长度不能超过128个字符。例如:Mark、@StudentID、@name、@i_123、@@a、@var_#$。

2. 变量的数据类型

变量的数据类型与常量的数据类型相同。

3. 系统变量

MySQL 系统变量分为系统会话变量(以@@开头)和全局系统变量。系统变量由 MySQL 系统本身创建,用于记录系统的各种设定值,可以直接使用。MySQL 常用系统变量如表9-1 和表9-2所示。

表9-1　MySQL 常用系统变量——系统会话变量

系统变量名	描　述
@@VERSION	当前 MySQL 版本
@@HOSTNAME	主机名
@@BASEDIR	MySQL 系统文件夹
@@DATADIR	MySQL 数据文件夹
@@CHARACTER_SET_CLIENT @@CHARACTER_SET_CONNECTION @@CHARACTER_SET_RESULTS	当前客户端、连接、结果的字符集
@@AUTOCOMMIT	自动提交事务,默认为1
@@MAX_CONNECTIONS	返回 MySQL 允许的最大同时连接数
@@CONNECT_TIMEOUT	连接超时值

表9-2　MySQL 常用系统变量——全局系统变量

系统变量名	描　述
CURRENT_USER	当前用户
CURRENT_DATE CURRENT_TIME CURRENT_TIMESTAMP	当前日期、时间、时间戳

系统变量有以下特征。

(1) 系统变量在 MySQL 服务器启动时被创建并初始化为默认值。

(2) 用户只能使用系统预先定义的系统变量,不能创建系统变量。

(3) 系统会话变量名以@@开头,全局系统变量名不以@@开头。

(4) 显示系统变量使用SELECT语句,其语法格式如下:

```
SELECT 系统变量名1 [,系统变量名2,...];
```

【例9-4】　显示系统变量的值,SQL语句和运行结果如下:

```
SELECT@@VERSION,@@HOSTNAME,CURRENT_USER,@@BASEDIR,@@DATADIR;
```

```
+-----------+------------+--------------+-------------------------------------+--------------------------------------+
| @@VERSION | @@HOSTNAME | CURRENT_USER | @@BASEDIR                           | @@DATADIR                            |
+-----------+------------+--------------+-------------------------------------+--------------------------------------+
| 8.0.23    | T-PC       | root@localhost | C:\Program Files\MySQL\MySQL Server 8.0\ | C:\ProgramData\MySQL\MySQL Server 8.0\Data\ |
+-----------+------------+--------------+-------------------------------------+--------------------------------------+
1 row in set (0.03 sec)
```

【例9-5】 显示系统变量当前日期、时间、时间戳,SQL语句和运行结果如下:

```
SELECT CURRENT_DATE,CURRENT_TIME,CURRENT_TIMESTAMP;
```

```
+--------------+--------------+---------------------+
| CURRENT_DATE | CURRENT_TIME | CURRENT_TIMESTAMP   |
+--------------+--------------+---------------------+
| 2021-05-12   | 22:48:03     | 2021-05-12 22:48:03 |
+--------------+--------------+---------------------+
1 row in set (0.03 sec)
```

4. 用户会话变量

用户会话变量与系统会话变量相似,它们都与"当前会话"有密切关系。用户会话变量是由用户创建,其作用域限制在用户连接会话中的变量,不同用户会话中的用户会话变量互相不受影响。

1)定义用户会话变量

用户会话变量的定义与赋值有两种方法:使用SET语句或者使用SELECT语句。

方法一:使用SET语句定义用户会话变量,并为其赋值,其语法格式如下:

```
SET @user_variable1[:]=expression1 [,@user_variable2[:]=expression2,...]
```

语法说明如下。

(1) user_variable 为用户会话变量名,expression 可以是常量、变量或表达式。SET语句可以同时定义多个变量,中间用逗号隔开。

(2)用户会话变量名必须以@开头,并符合标识符的命名规则,变量名对大小写不敏感。

(3)用户会话变量的定义与赋值同时进行,用户变量通过SET语句以初始化的方式创建,用户变量的类型也是通过初始化自动分配(即用户变量无须使用DECLARE语句定义)。

(4)用户会话变量的数据类型是赋值运算符"="或":="右边表达式的计算结果的数据类型。"="和":="等价。

定义用户会话变量并初始化或者赋值后,可以在需要时使用(引用)用户会话变量。使用SELECT语句输出用户会话变量,其语法格式如下:

```
SELECT @user_variable1 [,@user_variable2,...]
```

【例9-6】 创建用户会话变量@user_name 和@age,并为其赋值,然后使用SELECT语句输出变量的值。SQL语句如下:

```
SET @user_name='张三';
SELECT @user_name;
SET @user_name='Jack',@age=18;
SELECT @user_name,@age;
SET @age=@age+1;
SELECT @user_name,@age;
```

在 Navicat命令列界面中的运行结果如图9-1所示。

在新建查询窗格中运行,运行结果显示在"结果1""结果2""结果3"选项卡中,如图9-2所示。

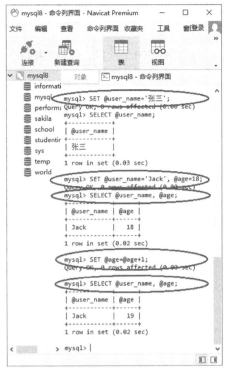

图9-1　命令列

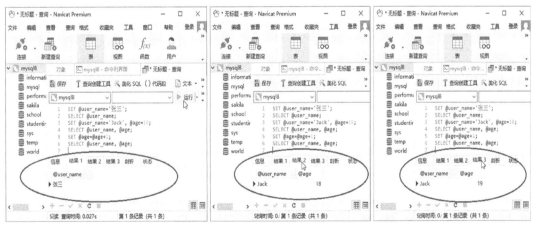

图9-2　新建查询

方法二：使用SELECT语句定义用户会话变量，并为其赋值，语法格式有两种。

第1种语法格式如下：

```
SELECT @user_variable1:=expression1 [,user_variable2:=expression2,...]
```

语法格式中需要使用":="赋值语句，原因在于"="是比较运算符。

第2种语法格式如下：

```
SELECT expression1 INTO @user_variable1,expression2 INTO @user_variable2,...
```

第1种语法格式与第2种语法格式的区别在于：第1种语法格式中的SELECT语句会产

生结果集;第2种语法格式中的SELECT语句仅仅用于会话变量的定义和赋值,不会产生结果集,也不显示结果。

【例9-7】 分别使用":="与"="的SQL语句和运行结果如下:

```
SELECT @a = 100;

+--------+
| @a=100 |
+--------+
| NULL   |
+--------+
1 row in set (0.02 sec)

SELECT @a;

+------+
| @a   |
+------+
| NULL |
+------+
1 row in set (0.02 sec)

SELECT @a := 100;

mysql> SELECT @a := 100;
+-----------+
| @a := 100 |
+-----------+
|       100 |
+-----------+
1 row in set (0.02 sec)

SELECT @a;

+-----+
| @a  |
+-----+
| 100 |
+-----+
1 row in set (0.02 sec)
```

【例9-8】 创建用户会话变量@a,并赋值,然后使用SELECT语句输出该变量的值。SQL语句和运行结果如下:

```
SELECT @a := 'abc';

mysql> SELECT @a := 'abc';
+-------------+
| @a := 'abc' |
+-------------+
| abc         |
+-------------+
1 row in set (0.02 sec)

SELECT 100 INTO @b;
SELECT @a,@b;

+-----+-----+
| @a  | @b  |
+-----+-----+
| abc | 100 |
+-----+-----+
1 row in set (0.02 sec)
```

注意：SELECT...INTO...语句不会产生结果集。

2）用户会话变量在SQL语句中的使用

检索数据时，如果SELECT语句的结果集是单个值，可以将SELECT语句的返回结果赋予用户会话变量。

【例9-9】 使用聚合函数计算学生人数，并赋值给@StudentCount变量。

（1）方法一：下面语句的运行结果如下：

```
SET @StudentCount = (SELECT COUNT(*) FROM student);
SELECT @StudentCount;

+---------------+
| @StudentCount |
+---------------+
|            15 |
+---------------+
1 row in set (0.02 sec)
```

注意：SET语句中的SELECT查询语句需要使用括号括起来。

（2）方法二：上面的SET语句也可以使用SELECT的"：="赋值，SQL代码和运行结果如下：

```
SELECT @StudentCount := (SELECT COUNT(*) FROM student);

+---------------------------------------------+
| @StudentCount := (SELECT COUNT(*) FROM student) |
+---------------------------------------------+
|                                          15 |
+---------------------------------------------+
1 row in set (0.02 sec)
```

（3）方法三：SQL语句和运行结果如下：

```
SELECT @StudentCount := COUNT(*) FROM student;

+-------------------------+
| @StudentCount := COUNT(*) |
+-------------------------+
|                      15 |
+-------------------------+
1 row in set (0.02 sec)
```

```
SELECT @StudentCount := (SELECT COUNT(*) FROM student) AS 人数;
```

（4）方法四：SQL语句和运行结果如下：

```
SELECT COUNT(*)INTO @StudentCount FROM student;
SELECT @StudentCount AS 人数;
```

（5）方法五：SQL语句和运行结果如下：

```
SELECT COUNT(*) FROM student INTO @StudentCount;
SELECT @StudentCount;

+---------------+
| @StudentCount |
+---------------+
|            15 |
+---------------+
1 row in set (0.02 sec)
```

189

上述所有的方法都把统计学生人数的聚合函数COUNT(*)的值赋给@StudentCount变量,可以根据实际需要选用其中一种方法。

自定义函数的函数体使用SELECT语句时,该SELECT语句不能产生结果集,否则将产生编译错误,此时可以选用方法一、方法四和方法五等方法。

例如,将学生人数赋给@StudentCount变量时,如果不希望SELECT语句产生结果集,可以选用方法一、方法四和方法五。

用户会话变量也可以直接嵌入SELECT、INSERT、UPDATE和DELETE语句的条件表达式中。

【例9-10】 先把要查找的学号赋值给用户会话变量名,然后用该用户会话变量名与列进行比较。SQL代码和运行结果如下:

```
SET @StudentNo='2021730103';
SELECT * FROM student WHERE StudentNo=@StudentNo;
```

```
+-------------+------------+-----+------------+--------+--------+----------+
| StudentName | StudentNo  | Sex | Birthday   | Native | Nation | ClassNo  |
+-------------+------------+-----+------------+--------+--------+----------+
| 朱莉亚      | 2021730103 | 女  | 2002-01-30 | 贵州   | 苗族   | CH202101 |
+-------------+------------+-----+------------+--------+--------+----------+
1 row in set (0.03 sec)
```

通过@符号,MySQL解析器可以分辨StudentNo是列名,@StudentNo是用户会话变量名。

【例9-11】 把学号为2022320130的学生的所在班级保存到一个用户变量中,然后查询这个班级的所有学生名单。SQL语句和运行结果如下:

```
SET @StudentNo='2021730103';
SET @ClassNo=(SELECT ClassNo FROM student WHERE StudentNo=@StudentNo);
SELECT * FROM student WHERE ClassNo=@ClassNo;
```

```
+-------------+------------+-----+------------+--------+--------+----------+
| StudentName | StudentNo  | Sex | Birthday   | Native | Nation | ClassNo  |
+-------------+------------+-----+------------+--------+--------+----------+
| 黄子轩      | 2022320130 | 男  | 2002-03-23 | 河南   | 汉族   | CI202203 |
| 罗事成      | 2022330310 | 男  | 2002-07-16 | 河北   | 蒙古族 | CI202203 |
| 刘小平      | 2022330312 | 女  | 2002-01-28 | 上海   | 汉族   | CI202203 |
| 王妙涵      | 2022330323 | 女  | 2002-04-19 | 浙江   | 汉族   | CI202203 |
+-------------+------------+-----+------------+--------+--------+----------+
4 rows in set (0.04 sec)
```

5. 局部变量

局部变量的作用范围仅限制在程序的内部,即在其定义局部变量的批处理、存储过程、函数、触发器和语句块中。局部变量常用来保存临时数据。普通变量通常都是局部变量。局部变量名不能与全局变量名重复。局部变量由用户创建且必须使用DECLARE语句定义后才能使用。该部分内容将在第12章详细介绍。

9.2 运算符和表达式

运算是对数据进行加工的过程,描述各种不同运算的符号称为运算符,运算符的作用是用来指明对操作数所进行的运算,而参与运算的数据称为操作数。

表达式可用来执行运算,操作字符串或测试数据,每个表达式都产生唯一的值。表达式的类型由运算符的类型决定。MySQL 中的运算符和表达式有:算术运算符、比较(关系)运算符、逻辑运算符等。

9.2.1 算术运算符和算术表达式

MySQL 支持的算术运算符有加法、减法、乘法、除法和取余运算(MySQL 没有幂运算符),运算符及其说明如表 9-3 所示。

表 9-3　MySQL 支持的算术运算符

运算符	说　　　明
+	加法运算,返回相加后的值。例如,"SELECT 1+2;"的结果为 3
−	减法运算,返回相减后的值。例如,"SELECT 1−2;"的结果为−1
*	乘法运算,返回相乘后的值。例如,"SELECT 2*3;"的结果为 6
/ 或 DIV	除法运算,返回相除后的商。例如,"SELECT 2/3;"的结果为 0.6667
% 或 MOD	取余运算,返回相除后的余数。例如,"SELECT 10 MOD 4;"的结果为 2

在除法运算和取余运算中,如果除数为 0,将是非法除数,返回结果为 NULL。

算术表达式包含各种算术运算符,必须规定各个运算的先后顺序,这就是算术运算符的优先级。表 9-4 按优先顺序由高到低列出了算术运算符。

表 9-4　算术运算符的优先级

优先级	算术运算符	操　　作
1	（　　）	圆括号
2	+、−	正号、负号
3	*、/、%	乘法、除法、取余
4	+、−	加法、减法

当一个表达式中含有多种算术运算符时,将按上述顺序求值。对于同等优先级的多种算术运算符,从左到右依次计算。使用括号"（　）"可以改变优先级的顺序,如果表达式中含有括号,则先计算括号内表达式的值;如果有多层括号,则先计算最内层括号中的表达式。

9.2.2 比较运算符和比较表达式

比较运算符又称关系运算符,用于对左边操作数和右边操作数进行比较,比较结果为真返回 1,为假返回 0,不确定返回 NULL。MySQL 数据库支持的比较运算符如表 9-5 所示。

运算符可以是用于比较数值、字符串及其表达式的值。数值作为浮点数进行比较,而字符串以不区分大小写的方式比较。

表9-5　MySQL数据库支持的比较运算符

运　算　符	说　　　明
=	等于
<=>	安全等于
<> 或！=	不等于
<	小于
<=	小于或等于
>	大于
>=	大于或等于
BEIWEEN min AND max	在 min 和 max 之间
IN(valuel,value2,…)	存在于集合(valuel,value2,…)中
IS NULL	为 NULL
IS NOT NULL	不为 NULL
LIKE	通配符匹配,"％"匹配任何数目字符,甚至包括零字符。"_"只能匹配一个字符
REGEXP 或 RLIKE	正则表达式匹配

1. 等于运算(=)

"="运算符用来比较两边的操作数是否相等,相等的话返回1,不相等的话返回0。NULL不能用于=比较。具体的语法规则如下:

(1) 如果有一个或两个操作数为NULL,则比较运算的结果为NULL。

(2) 如果两个操作数都是字符串,则按照字符串进行比较。

(3) 如果两个操作数均为整数,则按照整数进行比较。

(4) 如果一个操作数为字符串,另一个操作数为数值,则自动将字符串转换为数值。

【例9-12】　使用相等(=)判断,SQL语句和运行结果如下:

```
SELECT 1=0,2=2,'2'=2,'0.02'=0,'aB'='Ab',(1+3)=(2+2),NULL=null,0=NULL;

+-----+-----+-------+----------+-----------+-------------+-----------+--------+
| 1=0 | 2=2 | '2'=2 | '0.02'=0 | 'aB'='Ab' | (1+3)=(2+2) | NULL=null | 0=NULL |
+-----+-----+-------+----------+-----------+-------------+-----------+--------+
|   0 |   1 |     1 |        0 |         1 |           1 |      NULL |   NULL |
+-----+-----+-------+----------+-----------+-------------+-----------+--------+
1 row in set (0.01 sec)
```

2=2和'2' =2的返回值相同,都是1,因为在判断时,自动把字符串'2'转换成了数值2。

因为字符不区分大小写,'aB'='Ab'为相同的字符串比较,因此返回值为1。

表达式1+3和表达式2+2的结果都为4,因此结果相等,返回值为1。

由于=不能用于空值NULL的判断,因此 NULL=null、0=NULL的返回值为NULL。

2. 安全等于运算符(<=>)

<=>操作符用来判断NULL值,具体语法规则为:当两个操作数均为NULL时,其返回值为1;而当一个操作数为NULL时,其返回值为0。

【例9-13】 使用<=>进行相等的判断,SQL语句和运行结果如下:

```
SELECT 1<=>0,2<=>2,'2'<=>2,'0.02'<=>0,'aB'<=>'Ab',(1+3)<=>(2+2),NULL<=>
null,0<=>NULL;
```

```
+-------+-------+---------+------------+------------+----------------+-----------+----------+
| 1<=>0 | 2<=>2 | '2'<=>2 | '0.02'<=>0 | 'aB'<=>'Ab'| (1+3)<=>(2+2)  | NULL<=>null| 0<=>NULL |
+-------+-------+---------+------------+------------+----------------+-----------+----------+
|     0 |     1 |       1 |          0 |          1 |              1 |          1 |        0 |
+-------+-------+---------+------------+------------+----------------+-----------+----------+
1 row in set (0.03 sec)
```

9.2.3 逻辑运算符和逻辑表达式

逻辑运算符又称布尔运算符,用于确定表达式的真和假。MySQL数据库支持的逻辑运算符如表9-6所示。逻辑运算符的求值结果与关系运算符相同,如果结果为真则返回1,为假则返回0,不确定则返回NULL。

表9-6 MySQL数据库支持的逻辑运算符

运算符	说明
NOT 或 !	逻辑非
AND 或 &&	逻辑与
OR 或 ‖	逻辑或
XOR	逻辑异或

1. NOT或!

NOT和! 都是逻辑非运算符,返回和操作数相反的结果,具体语法规则为:当操作数为0(假)时,返回值为1;当操作数为非零值时,返回值为0;当操作数为NULL时,返回值为NULL。

NOT与! 的优先级不同:NOT的优先级低于+,! 的优先级别要高于+。

【例9-14】 使用NOT和! 进行逻辑判断,SQL语句和运行结果如下:

```
SELECT NOT 1+2,! 1+2,NOT-2+1,! -2+1,NOT NULL,! NULL,NOT(1+2),!(1+2);
```

```
+---------+-------+---------+--------+----------+-------+----------+--------+
| NOT 1+2 | ! 1+2 | NOT -2+1| ! -2+1 | NOT NULL | !NULL | NOT(1+2) | !(1+2) |
+---------+-------+---------+--------+----------+-------+----------+--------+
|       0 |     2 |       0 |      1 | NULL     | NULL  |        0 |      0 |
+---------+-------+---------+--------+----------+-------+----------+--------+
1 row in set (0.14 sec)
```

由结果可以看到,NOT 1+2和! 1+2的返回值不同,这是因为NOT与! 的优先级不同,因此NOT 1+2相当于NOT(1+2),先计算1+2=3,然后进行NOT运算,由于操作数不为0,因此NOT 1+2的结果是0。而! 1+2相当于(! 1)+2,先计算! 1结果为0,再加2,最后结果为2。

在使用运算符时,一定要注意不同运算符的优先级,如果不能确定优先级顺序,最好使用括号,以保证运算结果的正确。

2. AND或&&

AND和&&都是逻辑与运算符,具体语法规则为:当所有操作数都为非零值并且不为

NULL时,返回值为1;当一个或多个操作数为0时,返回值为0;操作数中有任何一个为NULL时,返回值为NULL。

【例9-15】 使用AND和&&进行逻辑判断,SQL语句和运行结果如下:

```
SELECT 1 AND-1,1 &&-1,1 AND 0,1 && 0,0 AND NULL,1 AND NULL;
```

```
+----------+---------+---------+--------+------------+------------+
| 1 AND -1 | 1 && -1 | 1 AND 0 | 1 && 0 | 0 AND NULL | 1 AND NULL |
+----------+---------+---------+--------+------------+------------+
|        1 |       1 |       0 |      0 |          0 | NULL       |
+----------+---------+---------+--------+------------+------------+
1 row in set (0.15 sec)
```

由结果可以看到,AND和&&的作用相同。1 AND-1中没有0或者NULL,所以返回值为1;1 AND 0中有操作数0,所以返回值为0;1 AND NULL中有NULL,所以返回值为NULL。

AND运算符可以有多个操作数,但要注意多个操作数运算时,AND两边一定要使用空格隔开,不然会影响结果的正确性。

3. OR和||

OR和||都是逻辑或运算符,具体语法规则为:当两个操作数都为非NULL值时,如果有任意一个操作数为非零值,则返回值为1,否则结果为0;当有一个操作数为NULL时,如果另一个操作数为非零值,则返回值为1,否则结果为NULL;假如两个操作数均为NULL,则返回值为NULL。

【例9-16】 使用OR和||进行逻辑判断,SQL语句和运行结果如下:

```
SELECT 1 OR-1 OR 0,1 OR 2,1 OR NULL,0 OR NULL,NULL OR NULL;
SELECT 1 ||-1 || 0,1||2,1||NULL,0||NULL,NULL||NULL;
```

```
+------------+--------+-----------+-----------+--------------+
| 1 OR -1 OR 0 | 1 OR 2 | 1 OR NULL | 0 OR NULL | NULL OR NULL |
+------------+--------+-----------+-----------+--------------+
|          1 |      1 |         1 | NULL      | NULL         |
+------------+--------+-----------+-----------+--------------+
1 row in set (0.04 sec)
```

```
+------------+------+---------+---------+-----------+
| 1 || -1 || 0 | 1||2 | 1||NULL | 0||NULL | NULL||NULL |
+------------+------+---------+---------+-----------+
|          1 |    1 |       1 | NULL    | NULL      |
+------------+------+---------+---------+-----------+
1 row in set (0.03 sec)
```

由结果可以看到,OR和||的作用相同。1 OR-1 OR 0含有0,但同时包含有非0的值1和-1,所以返回结果为1;1 OR 2中没有操作数0,所以返回结果为1;1 OR NULL虽然有NULL,但是有操作数1,所以返回结果为1;0 OR NULL中没有非0值,并且有NULL,所以返回值为NULL;NULL OR NULL中只有NULL,所以返回值为NULL。

4. XOR

XOR表示逻辑异或,具体语法规则为:当任意一个操作数为NULL时,返回值为NULL;对于非NULL的操作数,如果两个操作数都是非0值或者都是0值,则返回值为0;如果一个为0值,另一个为非0值,返回值为1。

【例9-17】 使用XOR进行逻辑判断,SQL语句和运行结果如下:

```
SELECT 1 XOR 1,0 XOR 0,1 XOR 0,1 XOR NULL,1 XOR 1 XOR 1;
+---------+---------+---------+------------+---------------+
| 1 XOR 1 | 0 XOR 0 | 1 XOR 0 | 1 XOR NULL | 1 XOR 1 XOR 1 |
+---------+---------+---------+------------+---------------+
|       0 |       0 |       1 | NULL       |             1 |
+---------+---------+---------+------------+---------------+
1 row in set (0.04 sec)
```

由结果可以看到:1 XOR 1和0 XOR 0中运算符两边的操作数都为非零值,或者都是零值,因此返回0;1 XOR 0中两边的操作数,一个为0值,另一个为非0值,所以返回值为1;1 XOR NULL中有一个操作数为NULL,所以返回值为NULL;1 XOR 1 XOR 1中有多个操作数,运算符相同,因此从左到右依次计算,1 XOR 1的结果为0,再与1进行异或运算,所以返回值为1。

提示:a XOR b的计算等同于(a AND (NOT b))或者((NOT a)AND b)。

9.3 系统函数

MySQL数据库管理系统提供了很丰富的系统函数(也称内部函数),这些系统函数无须定义就可以直接使用,包括数学函数、字符串函数、日期和时间函数、数据类型转换函数、条件控制函数、系统信息函数和加密函数等。所有函数对数据操作后,都会返回一个结果。使用这些函数可以简化用户的操作。

9.4 习题9

一、选择题

1. SQL语言又称( )。
   A. 结构化定义语言　　　　　　　B. 结构化控制语言
   C. 结构化查询语言　　　　　　　D. 结构化操纵语言
2. 在MySQL中会话变量前面的字符为( )。
   A. *　　　　　B. #　　　　　C. @@　　　　　D. @
3. "SELECT SQRT(100);"的输出结果为( )。
   A. 10000　　　B. 200　　　　C. 100　　　　　D. 10
4. 下列选项中,用于创建一个带有条件判断的循环过程的语句是( )。
   A. LOOP语句　　　　　　　　　B. ITERATE语句
   C. REPEAT语句　　　　　　　　D. QUIT语句
5. 下列关于存储过程的描述错误的是( )。
   A. 存储过程名称不区分大小写
   B. 存储过程名称区分大小写
   C. 存储过程名称不能与内置函数重名
   D. 存储过程的参数名不能和字段名相同

6. 在MySQL语句中,可以匹配0个到多个字符的通配符是(　　　)。

　　A. *　　　　　　　　B. %　　　　　　　　C. ?　　　　　　　　D. _

7. MySQL提供的单行注释语句可以是以(　　　)开始的一行内容。

　　A. /*　　　　　　　　B. #　　　　　　　　C. {　　　　　　　　D. /

二、思考题

1. SQL提供了几种注释? 分别如何实现注释?

2. 在MySQL数据库中,变量分为哪几类? 如何定义用户会话变量?

第10章 存储过程与存储函数

本章将介绍存储过程和存储函数的概念、作用,创建、执行(调用)、查看、修改及删除的方法以及过程体的相关内容。

10.1 存储过程

存储过程(stored procedure)是一组为了完成特定功能的 SQL 语句集,经编译后存储在MySQL 数据库中,通过指定存储过程名并给定参数来调用执行它。

存储过程由参数、编程语句和返回值组成,可以通过输入参数向存储过程中传递参数值,也可以通过输出参数向调用者传递多个输出值。存储过程中的编程语句可以是声明式 SQL 语句(如 CREATE、UPDATE 和 SELECT 等语句)、过程式 SQL 语句(如 IF THEN ELSE 控制结构语句),也可以调用其他的存储过程。这组语句集经过编译后存储在数据库中。当要执行存储过程时,只需指定存储过程名并给定参数,则可调用并执行它,而不必重新编译。因此这种通过定义一段程序存放在数据库中的方式,可提高数据库执行语句的效率。

10.1.1 创建存储过程

使用 SQL 语句创建存储过程的语法格式如下:

```
CREATE PROCEDURE sp_name ([proc_parameter[,...]])
[characteristic...]
routine_body
```

主要语法说明如下。

(1) sp_name:存储过程名,默认在当前数据库中创建。需要在指定数据库中创建存储过程时,则要在名称前面加上数据库的名称,格式为 db_name. sp_name。存储过程名不能与内置函数名重复,否则会发生错误。

(2) proc_parameter:存储过程的参数列表。proc_parameter 中的每个参数由三部分组成,分别是输入/输出类型、参数名称和参数类型。其形式如下:

```
[IN | OUT | INOUT] param_name type
```

其中,IN 表示输入参数,是使数据可以传递给一个存储过程;OUT 表示输出参数,用于存储过程需要返回一个操作结果的情形；INOUT表示既可以充当输入参数，也可以充当输出参数。param_name是存储过程的参数名称，也称形式参数（简称形参）。

type指定存储过程的参数类型，可以是任意数据类型。当有多个参数时，参数列表中彼此间用逗号分隔。存储过程可以没有参数（此时存储过程的名称后仍需加上一对括号）。

需要注意的是：参数名不要与表的列名相同，否则尽管不会返回出错消息，但是存储过程中的SQL语句会将参数名当作列名，从而引发不可预知的结果。

（3）characterisic：指定存储过程的特性，其格式如下：

```
COMMENT 'string' | LANGUAGE SQL | [ NOT] DETERMINISTIC |
{CONTAINS SQL | NO SQL | READS SQL DATA | MODIFIES SQL DATA}
| SQL SECURITY {DEFINER | INVOKER}
```

characterisic参数有多个取值，其取值说明如下。

① COMMENT 'string'：用于对存储过程的描述，其中string为描述内容，COMMENT为关键字。描述信息可以用SHOW CREATE PROCEDURE语句显示。

② LANGUAGE SQL：指定编写这个存储过程的语言为SQL语言，这也是默认的语言。目前而言，MySQL存储过程还不能用外部编程语言来编写。

③ DETERMINISTIC：指定存储过程的执行结果是否确定。DETERMINISTIC表示结果是确定的，每次执行存储过程时，相同的输入会得到相同的输出。NOT DETERMINISTIC表示结果是非确定的，相同的输入可能得到不同的输出。默认为NOT DETERMINISTIC。

④ {CONTAINS SQL | NO SQL | READS SQL DATA | MODIFIES SQL DATA}：指定存储过程使用SQL语句的限制。CONTAINS SQL表示存储过程包含SQL语句，但不包含读或写数据的语句；NO SQL表示存储过程中不包含SQL语句；READS SQL DATA表示存储过程中包含读数据的语句；MODIFIES SQL DATA表示存储过程包含写数据的语句。如果没有指定，则默认为CONTAINS SQL。

⑤ SQL SECURITY {DEFINER | INVOKER}：指定谁有权限执行此存储过程。DEFNER表示只有定义者自己才能够执行；INVOKER表示调用者可以执行。默认为DEFINER。

（4）routine_body：存储过程的主体部分，也称存储过程体，其包含了在过程调用时必须执行的SQL语句。存储过程体以关键字BEGIN开始，以关键字END结束。如果存储过程体中只有一条SQL语句，可以省略BEGIN...END。

【例10-1】 在数据库school中创建一个显示student表所有记录的过程。SQL代码如下：

```
CREATE PROCEDURE up_display_all_student()
BEGIN
    SELECT * FROM student;
END;
```

在Navicat的新建查询窗格中输入上面的SQL代码，单击"运行"按钮，如果信息窗格中显示OK，则表示创建过程成功，如图10-1所示。在导航窗格中，右击school下的"函数"，并从弹出的快捷菜单中选择"刷新"命令，就能看到新建的过程名，以后就可以调用执行这个过程了。

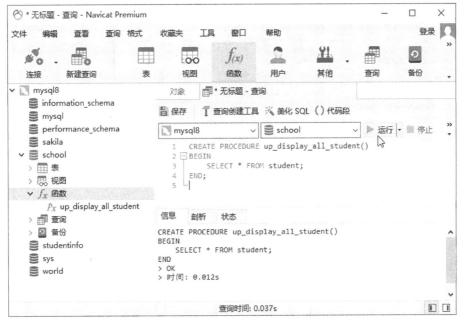

图 10-1　创建过程

10.1.2　执行存储过程

创建好存储过程后,使用CALL语句或者其他存储过程调用它,执行存储过程也称调用存储过程,用SQL语句执行存储过程的语法格式如下:

```
CALL sp_name([parameter [,...]])
```

语法说明如下。

(1) sp_name为存储过程名,如果要执行某个特定数据库的存储过程,则需要在前面加上该数据库名。

(2) parameter为执行该存储过程所用的参数,也称实际参数(简称实参),执行语句中的实参个数必须等于存储过程的参数个数。

(3)当执行没有参数的存储过程时,使用CALL sp_name()语句与使用CALL sp_name语句相同。

【例10-2】　调用执行up_display_all_student过程。SQL语句如下:

```
CALL up_display_all_student();
```

在Navicat的新建查询窗格中输入上面的SQL代码,然后选中该代码,单击"运行已选择的"按钮,则在"结果1"窗格中显示运行结果,如图10-2所示,表示调用执行该过程成功。

10.1.3　查看、修改与删除存储过程

1. 查看存储过程

(1)查看存储过程的状态。查看存储状态时使用SHOW STATUS语句,语法格式如下:

```
SHOW PROCEDURE STATUS [LIKE 'pattern'];
```

图 10-2　调用执行过程

参数说明：LIKE 'pattern'用来匹配存储过程的名称，如果不指定该参数，则会查看所有的存储过程。

例如，查看以up开头的存储过程名：

```
SHOW PROCEDURE STATUS LIKE 'up%';
```

（2）查看存储过程的具体信息。如果要查看指定存储过程的详细信息，要使用SHOW CREATE语句。语法格式如下：

```
SHOW CREATE PROCEDURE sp_name;
```

其中，参数sp_name指定存储过程的名称。

在Navicat的导航窗格中，展开操作数据库中的"函数"，如数据库school中的"函数"，将显示用户创建的存储过程和存储函数，存储过程名前面的图标显示为px。

（3）查看所有的存储过程。创建存储过程或自定义函数成功后，这些信息会存储在information_schema数据库下的routines表中，routines表中存储着所有的存储过程和自定义函数的信息。可以执行SELECT语句查询该表中的所有记录，也可以查看单条记录的信息。如果要查询单条记录的信息，要用roufine_name字段指定存储过程或自定义函数的名称，否则，将会查询出所有的存储过程和自定义函数的内容。语法格式如下：

```
SELECT * FROM information_schema.routines [WHERE routine_name='名称'];
```

2. 修改存储过程

如果需要修改存储过程，可以先删除存储过程，再重建存储过程；或者使用修改存储过程语句更改已存在的存储过程。修改存储过程的语法格式如下：

```
ALTER PROCEDURE sp_name
    [characteristic...]
```

其中，sp_name表示存储函数的名称；characteristic指定存储函数的特性，与CREATE

PROCEDURE 相同。使用 ALTER PROCEDURE 语句是为了保持存储过程的权限不变。

【例 10-3】 修改存储过程 up_display_all_student 的定义,将读写权限改为 MODIFIES SQL DATA,并指明调用者可以执行。SQL 语句如下:

```
ALTER PROCEDURE up_display_all_student MODIFIES SQL DATA SQL SECURITY INVOKER;
```

3. 删除存储过程

创建完成的存储过程保存在 MySQL 服务器上,如果要删除数据库中存在的存储过程,其语法格式如下:

```
DROP PROCEDURE [IF EXISTS] sp_name;
```

语法说明如下。

(1) sp_name 指定要删除的存储过程名。它后面没有参数列表,也没有括号。在删除之前,必须确认该存储过程没有任何依赖关系,否则会导致其他与之关联的存储过程无法运行。

(2) IF EXISTS 这个关键字用于防止因删除不存在的存储过程而引发的错误。

在 Navicat 的导航窗格中,展开操作数据库中的"函数",右击要删除的存储过程名,并从弹出的快捷菜单中选择"删除函数"命令。

【例 10-4】 使用先删除后修改的方法修改存储过程。SQL 语句如下:

```
DROP PROCEDURE IF EXISTS up_countstudent;
CREATE PROCEDURE up_countstudent()
BEGIN
    SELECT count(*)FROM student;
END;
```

【例 10-5】 查看数据库 school 中的存储过程,查看 up_display_all_student 存储过程的具体信息,然后删除存储过程 up_display_all_student。SQL 语句如下:

```
SHOW PROCEDURE STATUS;
SHOW CREATE PROCEDURE up_display_all_student;
DROP PROCEDURE up_display_all_student;
```

在 Navicat 的新建查询窗格中输入上面的语句,然后选中一条语句来运行,在"结果"窗格中显示运行结果。如图 10-3 所示是运行 SHOW PROCEDURE STATUS 语句的结果。

10.1.4 BEGIN...END 语句块

在存储过程或存储函数中,为了完成某个功能,需要多条 MySQL 语句,这时就要用 BEGIN...END 复合语句来包含多个语句,形成语句块,典型的 BEGIN...END 语句块格式如下:

```
[label] BEGIN
    [statement1;]
    [statement2;]
    [...]
END [label];
```

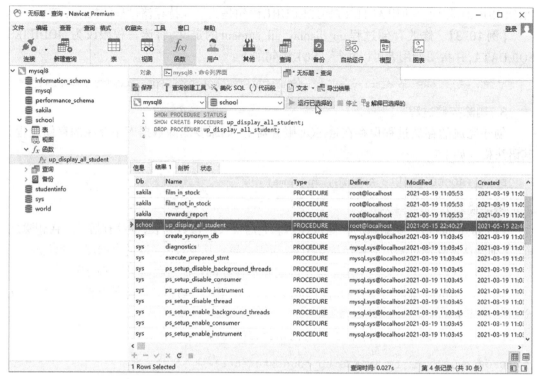

图10-3 运行 SHOW PROCEDURE STATUS 语句的结果

其中, statement 是语句,每个语句都必须用分号(;)结尾。开始标签名 label 与结束标签名 label 必须相同。一个 BEGIN...END 语句块中可以嵌套另外的 BEGIN...END 语句块。单独使用 BEGIN...END 语句块没有任何意义,只有将 BEGIN...END 语句块封装到存储过程、函数、触发器或事件等存储程序内部才有意义。

如果是在 MySQL 的客户端程序中输入 SQL 语句,通常用 DELIMITER 语句将语句结束符";"改为其他符号。在存储过程结束时,再将语句结束符改回默认的分号。

10.1.5 DELIMITER 语句

在创建存储过程时,如果是通过 MySQL 命令行客户端方式创建存储过程,则要使用 DELIMITER 语句。

在 MySQL 中,SQL 语句默认是以分号作为语句结束符。在 MySQL 客户机上输入 MySQL 命令或语句时,默认情况下 MySQL 客户机也是使用";"作为 MySQL 命令或语句的结束符。如果一行语句以分号结束,那么按 Enter 键后将会运行该语句。

但在创建存储过程时,存储过程体 BEGIN...END 语句块中通常包含多条 SQL 语句,这些 SQL 语句如果仍以分号作为语句结束符,那么当按 Enter 键执行完第一个分号语句后,就会认为程序结束,这显然无法满足要求。为解决这个问题,MySQL 提供了重置 MySQL 客户端的命令结束符语句 DELIMITER。DELIMITER 语句将 MySQL 语句的结束符临时修改为其他符号,从而可以完整地处理存储过程体中所有的 SQL 语句。

DELIMITER 语句的语法格式如下:

```
DELIMITER $$
```

其中,$$是用户定义的结束符,通常使用一些特殊的符号,如##、$$、!! 等。应该避免使用反斜杠"\"字符,因为它是转义字符。

【例10-6】 使用命令列界面,在数据库school中创建一个统计student表人数的过程。SQL代码如下:

```
CREATE PROCEDURE up_count_student()
BEGIN
    SELECT COUNT(*) AS 学生总数 FROM student;
    SELECT COUNT(*) AS 男生数 FROM student WHERE Sex='男';
    SELECT COUNT(*) AS 女生数 FROM student WHERE Sex='女';
END
```

但是在MySQL客户端的命令方式或者在Navicad命令列下,则要输入如下代码:

```
mysql> USE school;
Database changed

mysql> DELIMITER $$
mysql> CREATE PROCEDURE up_count_student()
    -> BEGIN
    ->     SELECT COUNT(*) AS 学生总数 FROM student;
    ->     SELECT COUNT(*) AS 男生数 FROM student WHERE Sex='男';
    ->     SELECT COUNT(*) AS 女生数 FROM student WHERE Sex='女';
    -> END $$
Query OK, 0 rows affected (0.01 sec)

mysql> DELIMITER ;
```

上面代码中,第一条DELIMITER语句将当前MySQL客户端的命令结束符设置为$$,第二条DELIMITER语句把MySQL客户端的命令结束符恢复原状,改回分号。

然后在MySQL客户端的命令方式或者在Navicad命令列下调用该过程,调用执行过程的SQL语句和运行结果如下:

CALL up_count_student( );

```
+----------+
| 学生总数 |
+----------+
|       15 |
+----------+
1 row in set (0.03 sec)

+--------+
| 男生数 |
+--------+
|      8 |
+--------+
1 row in set (0.05 sec)

+--------+
| 女生数 |
+--------+
|      7 |
+--------+
1 row in set (0.07 sec)

Query OK, 0 rows affected (0.00 sec)
```

在Navicat新建查询窗格中编辑SQL程序,不需要使用DELIMITER语句更改语句结束符,因为需要单击"运行"按钮来执行该编辑器中的SQL语句。

10.1.6 存储过程的各种参数应用

1. 不带参数的存储过程

1) 创建不带参数的存储过程

创建不带参数的存储过程的简化语法格式如下：

```
CREATE PROCEDURE sp_name()
[characteristic...]
routine_body;
```

对于不带参数的存储过程，可能需要从数据库中读取数据，所以特征值为READS SQL DATA；可以用COMMENT 'string'给存储过程添加说明。

2) 执行不带参数的存储过程

执行不带参数的存储过程的语法格式如下：

```
CALL sp_name();
```

【例10-7】 创建不带参数的存储过程up_score_avg，显示学号和每位学生的平均成绩。SQL语句如下：

```
CREATE PROCEDURE up_student_avg()
READS SQL DATA
COMMENT '显示学号和每位学生的平均成绩'
BEGIN
    SELECT studentNo,avg(Score) 平均分 FROM score
        GROUP BY StudentNo;
END;
```

调用执行过程up_student_avg的SQL语句如下：

```
CALL up_student_avg();
```

在Navicat的新建查询窗格中输入上面的SQL代码并运行，如图10-4所示。

图10-4 在Navicat的新建查询窗格中编辑和运行

3）创建存储过程的步骤

一般来说，创建存储过程可分为3个步骤，具体如下。

（1）实现存储过程的功能。创建存储过程前，先在查询编辑器中编写实现过程体中的主要功能代码。

例如，编写下面语句：

```
SELECT studentNo,avg(Score) 平均分 FROM score GROUP BY StudentNo;
```

（2）创建存储过程。如果上面的主要功能符合要求，则按照存储过程的语法格式定义存储过程。

例如，编写下面语句：

```
CREATE PROCEDURE up_student_avg()
READS SQL DATA
COMMENT '显示学号和每位学生的平均成绩'
BEGIN
    SELECT studentNo,avg(Score) 平均分 FROM score GROUP BY StudentNo;
END;
```

（3）执行存储过程，验证存储过程的正确性。

例如，编写下面语句：

```
CALL up_student_avg();
```

2. 带IN参数的存储过程

输入参数是指调用程序向存储过程传递的形参，这类参数在创建存储过程语句中定义为输入参数。创建带IN参数的存储过程的语法格式如下：

```
CREATE PROCEDURE sp_name(IN param_name1 type1[,IN param_name2 type2,...])
[characteristic...]
routine_body;
```

在调用存储过程时，实参要给出具体的值。执行带IN参数的存储过程的语法格式如下：

```
CALL sp_name(parameter1[,parameter2,...]);
```

parameter为执行该存储过程时传递给过程的实参，实参个数必须等于存储过程的形参个数。对于输入参数，parameter可以为常量、变量或表达式，传递给过程的是值（常量、变量或表达式的值）。

【例10-8】 创建带有输入参数的存储过程up_student_class，通过给定班级编号，查询出该班级的所有学生记录。SQL语句如下：

```
CREATE PROCEDURE up_student_class(IN Class_No CHAR(8))
BEGIN
    SELECT * FROM student WHERE ClassNo=Class_No;
END;
```

调用执行过程up_student_class的SQL语句如下：

```
CALL up_student_class('CI202203');
```

或

```
SET @ClassNo='CI202203';
CALL up_student_class(@ClassNo);
```

在Navicat的新建查询窗格中输入上面的SQL代码并运行。

3. 带OUT参数的存储过程

从存储过程中返回的一个或多个值,是通过在创建存储过程的语句中定义输出参数来实现的。创建带OUT参数的存储过程的语法格式如下:

```
CREATE PROCEDURE sp_name(IN param_name1 type1[,...],OUT param_name2
type2[,...])
[characteristic ...]
routine_body
```

为了接收存储过程的返回值,在调用存储过程的程序中,必须声明输出的传递参数变量@variable_name作为局部变量,用于存放返回参数的值。执行带OUT参数的存储过程的语法格式如下:

```
SET @variable_name=表达式;
CALL sp_name(parameter1[,...],@variable_name[,...]);
```

parameter为执行该存储过程时传递给过程的实参,实参个数必须等于存储过程的形参个数。@variable_name为接收存储过程输出的变量,不能是常量或表达式。

也可以不用SET语句提前定义@variable_name,因为在CALL语句的实参表中会自动定义@variable_name。

【例10-9】 创建带输入参数和输出参数的存储过程up_getname,给定学号,查询得到学生的姓名,并通过输出参数返回姓名。SQL语句如下:

```
CREATE PROCEDURE up_getname(IN Student_No CHAR(10),OUT name VARCHAR(20))
BEGIN
    SELECT StudentName INTO name FROM student WHERE StudentNo=Student_No;
END ;
```

调用存储过程up_getname前要首先定义一个用户变量@name,用CALL调用存储过程up_getname,结果放到@name中,最后输出@name的值。SQL语句如下:

```
SET @stno='2021330103';
SET @stname=NULL;
CALL up_getname(@stno,@stname);
```

显示用户对话局部变量@stno、@stname的SQL语句如下:

```
SELECT @stno,@stname;
```

在Navicat的新建查询窗格中输入上面的SQL代码并运行,如图10-5所示。

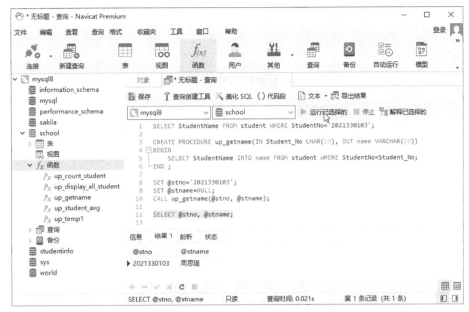

图10-5　创建带 IN 和 OUT 参数的过程

4. 带 INOUT 参数的存储过程

如果存储过程的参数既可以是输入参数,又可以是输出参数,则可以把该参数定义为输入/输出参数。创建带 INOUT 参数的存储过程的语法格式如下:

```
CREATE PROCEDURE sp_name (INOUT param_name type[,...])
[characteristic ...]
routine_body;
```

为了接收存储过程的返回值,在调用存储过程的程序中必须提前声明作为输入/输出的局部变量,用于保存参数的值。然后将这个变量当作输入/输出的传递参数。执行带 INOUT 参数的存储过程的语法格式如下:

```
SET @variable_name=表达式;
CALL sp_name(@variable_name[,...]);
```

对于 INOUT 参数,由于要接收返回值,只能是变量 @variable_name,不能是常量或表达式。

【例10-10】　创建带 INOUT 参数的存储过程 up_temp1。本例题有两个 IN 形参、1 个 INOUT 形参、1 个 OUT 形参,SQL 语句如下:

```
CREATE PROCEDURE up_temp1(IN a int,IN b int,INOUT c int,OUT d int)
BEGIN
    SET d=(a+b)*c;
    SET c=d/2;
END;
```

调用存储过程 up_temp1 前要先定义用户变量 @a、@b、@c、@d。用 CALL 调用存储过程 up_temp1,将结果放到 @c、@d 中,最后输出 @c、@d 的值。SQL 语句如下:

```
SET @a=2,@b=3,@c=10,@d=NULL;
CALL up_temp1(@a,@b,@c,@d);
SELECT @a,@b,@c,@d;
```

在Navicat的新建查询窗格中输入上面的SQL代码并运行,如图10-6所示。

图10-6　创建带INOUT参数的过程

10.2　存储函数

存储函数即用户自定义函数。存储函数与存储过程一样,都是由SQL语句和过程式语句组成的完成特定功能的代码,并且可以被应用程序和其他SQL语句调用。

10.2.1　创建存储函数

创建存储函数的语法格式如下:

```
CREATE FUNCTION sp_name([func_parameter1[,func_parameter2,...]])
RETURNS type
[characteristic...]
routine_body;
```

说明:sp_name是存储函数名;func_parameter是存储函数的形参列表;RETURNS type指定返回值的类型;characteristic指定存储函数的特性,该参数的取值与存储过程中的取值相同;routine_body称为函数体,是SQL代码的内容,可以用BECIN...END标志SQL代码的开始和结束。

func_paraneter可以由多个参数(形参)组成,其中每个参数由参数名和参数类型组成,其形式如下:

```
param_name type
```

其中,param_name是存储函数的参数名;type指定存储函数的参数类型,该类型可以是MySQL的任意数据类型。形参用于定义该函数接收的参数。函数的参数都是输入参数。

函数体中必须包含带返回值的RETURN语句。该返回值的数据类型由之前的RETURNS <数据类型>指定。

【例10-11】 创建函数fu_getStudentName(),给定学号,返回该学生的姓名。SQL语句如下:

```
CREATE FUNCTION fu_getStudentName(stuNo CHAR(10))
RETURNS VARCHAR(20)
DETERMINISTIC
BEGIN
    RETURN (SELECT StudentName FROM student WHERE StudentNo = stuNo);
END;
```

说明:DETERMINISTIC表示函数的返回值是确定的,完全由输入参数的值决定。每次执行存储过程时,相同的输入会得到相同的输出,不能省略(读者可以先删掉这个关键字,运行时看看会出现什么提示信息)。

在RETURN value子句中包含SELECT语句时,SELECT语句的返回结果只能是一行且只能有一列值,即一个数据项。

10.2.2 调用存储函数

创建存储函数后,可以像系统内部函数的使用方法一样,在表达式、SELECT语句中对其调用,其语法格式如下:

```
sp_name([func_parameter1[,func_parameter2,...]])
```

说明:sp_name是存储函数名;func_parameter是存储函数的实参列表,实参列表是创建函数时要求传入的各个形参的值。

【例10-12】 调用fu_getStudentName()函数以查询学号为2021730103的学生姓名。SQL语句如下:

```
SELECT fu_getStudentName('2021730103');
```

或者先把调用执行函数的值保存在变量中,然后使用SELECT语句显示该变量中的值。SQL语句如下:

```
SET @StuName='2021730103';
SELECT fu_getStudentName(@StuName);
```

在Navicat的新建查询窗格中输入上面的SQL代码并运行,如图10-7所示。

10.2.3 查看、修改与删除存储函数

1. 查看存储函数

查看数据库中的存储函数,语法格式如下:

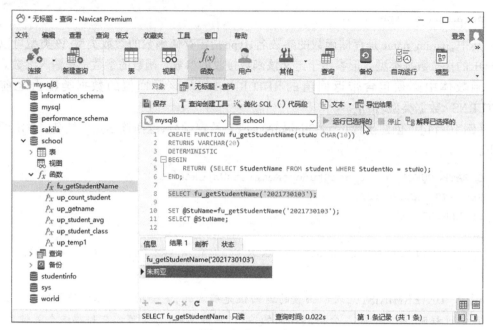

图10-7 调用函数

```
SHOW FUNCTION STATUS;
```

如果要查看数据库中指定的存储函数,语法格式如下:

```
SHOW CREATE FUNCTION sp_name;
```

其中,sp_name指定存储函数名。

在Navicat的导航窗格中展开操作数据库中的"函数",将显示用户创建的存储过程和存储函数,函数名前面的图标显示为fx。

2. 修改存储函数

如果需要修改存储函数,可以先删除存储函数,再重建存储函数;或者使用修改存储函数语句更改已存在的存储函数。修改存储函数的语法格式如下:

```
ALTER FUNCTION sp_name
[characteristic ...]
```

其中,sp_name表示存储函数的名称;characteristic指定存储函数的特性,与CREATE FUNCTION相同。使用ALTER FUNCTION语句是为了保持存储函数的权限。

【例10-13】 修改存储函数fu_getStudentName()的定义,将读/写权限改为MODIFIES SQL DATA,并指明调用者可以执行。SQL语句如下:

```
ALTER FUNCTION fu_getStudentName
MODIFIES SQL DATA
SQL SECURITY INVOKER;
```

3. 删除存储函数

存储过程保存在MySQL服务器上,删除存储函数与删除存储过程的方法基本相同。其语法格式如下：

```
DROP FUNCTION [IF EXISTS] sp_name;
```

语法说明如下。

（1）sp_name指定要删除的存储过程名。它后面没有参数列表，也没有括号。在删除之前，必须确认该存储过程没有任何依赖关系，否则会导致其他与之关联的存储过程无法运行。

（2）IF EXISTS这个关键字用于防止因删除不存在的存储过程而引发的错误。

在Navicat的导航窗格中，展开操作数据库中的"函数"，右击要删除的存储过程名，并从弹出的快捷菜单中选择"删除函数"命令。

【例10-14】 查看数据库school中的存储函数，查看fu_getStudentName()存储函数的具体信息，然后删除存储函数fu_getStudentName()。SQL语句如下：

```
SHOW FUNCTION STATUS;
SHOW CREATE FUNCTION fu_getStudentName;
DROP FUNCTION IF EXISTS fu_getStudentName;
```

10.3 过程体

在存储过程和函数过程体中可以使用各种SQL语句与过程式语句的组合，来封装数据库应用中复杂的业务逻辑和处理规则，以实现数据库应用的灵活编程。本节介绍用于构造过程体routine_body的常用语法元素，主要介绍过程式的语句。

10.3.1 变量

在存储过程或存储函数中定义的变量是局部变量，局部变量的作用范围是定义它的BEGIN...END块内。可以定义（声明）变量，给变量赋值和引用变量。

1. 局部变量的定义

局部变量必须先定义再使用。使用DECLARE语句定义（声明）局部变量，同时定义该变量的数据类型。定义局部变量的语法格式如下：

```
DECLARE var_name1[,var_name2,...] type [DEFAULT value];
```

语法说明如下。

（1）var_name指定局部变量名，一次可以定义多个变量，变量名之间用逗号分隔。

（2）type声明局部变量的数据类型。如果定义了多个变量，则为这些变量声明相同的数据类型。

（3）DEFALULT子句为局部变量指定一个默认值value。如果没有DEFAULT子句，则初始值为NULL。

局部变量的使用说明如下。

①局部变量只能在存储过程体的BEGIN...END语句块中定义。

② 局部变量必须在存储过程体的开头处定义。

③ 局部变量的作用范围仅限于定义它的BEGIN...END语句块内,其他语句块中的语句不可以使用它。

④ 局部变量不同于用户会话变量,两者的区别是:定义局部变量时,变量的前缀不使用@符号,并且只能在定义它的BEGIN...END语句块中使用;而定义用户会话变量时在其变量名前使用@符号,同时可以在整个会话中使用。

【例10-15】 在过程中定义局部变量。定义局部变量的语句要写在过程的BEGIN...END块内,SQL代码如下:

```
DROP PROCEDURE IF EXISTS up_temp2;
CREATE PROCEDURE up_temp2()
BEGIN
    DECLARE i INT;  #定义局部变量 i 为 INT 类型,该变量的值被初始化为 NULL
    DECLARE x ,y,z INT DEFAULT 0;  #定义局部变量 x、y、z 为 INT 类型,其值为 0
    DECLARE vStuNo CHAR(10);  #定义局部变量 vStuNo,该变量的值被初始化为 NULL
END;
```

在Navicat的新建查询窗格中输入上面的SQL代码并运行,如图10-8所示。

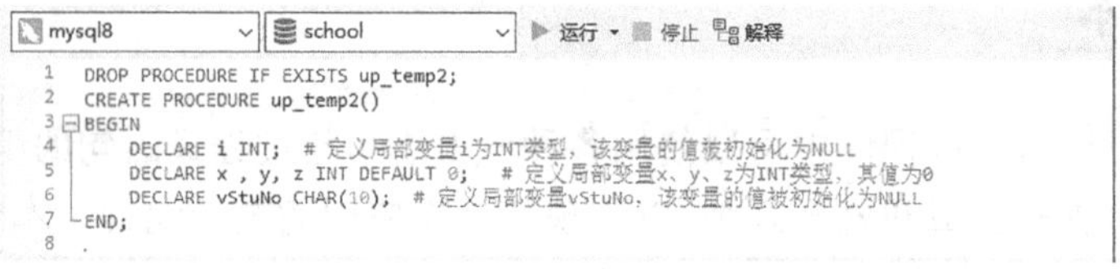

图10-8 在过程中定义局部变量

2. 局部变量的赋值

定义变量后,使用SET或SELECT语句把值赋值给变量,都可以给多个变量赋值。

(1) 使用SET语句为局部变量赋值,其语法格式如下:

```
SET var_name1=expr1 [,var_name2=expr2,...]
```

语法说明:var_name 为要赋值的变量名;expr 为赋值的表达式。可以同时为多个变量赋值,各个变量的赋值语句之间用逗号分隔。

【例10-16】 为上例定义的局部变量赋值。在存储过程中使用如下SQL语句:

```
SET z=(x+y)*2,vStuNo='2022110131';
```

(2) 使用SELECT…INTO语句把指定列的值依次赋给对应局部变量,其语法格式如下:

```
SEI.ECT col_name1 [,col_name2,...] INTO var_name1 [,var_name2,...]
    [FROM tb_name
    [WHERE condition]];
```

语法说明:col_name指定列名;var_narme指定要赋值的变量名;tb_name为搜索的表或视图的名;condition为查询条件。

说明:利用存储过程体中的SELECT...INTO语句将查询的结果赋给变量,但是查询的结果集只能为一行。这一行各列的值,要通过变量分别赋值。

【例 10-17】 在成绩表 score 中,查询指定学号和课程号的成绩。

```
DROP PROCEDURE IF EXISTS up_temp2;
CREATE PROCEDURE up_temp2()
BEGIN
    # DECLARE 语句必须在过程体开头处集中定义
    DECLARE vStuNo, vStudentNo CHAR(10);
    DECLARE vScore FLOAT;
    DECLARE vCouNo, vCourseNo CHAR(6);
    #为变量赋值
    SET vStuNo='2021330103', vCouNo='330101';    #输入参数最好通过传参实现
    #把查询得到的一行中列的值,分别赋给变量
    SELECT StudentNo,CourseNo,Score INTO vStudentNo,vCourseNo,vScore
        FROM score
        WHERE StudentNo=vStuNo AND CourseNo=vCouNo;    #按指定学号和课程号查询
    #显示变量的值
    SELECT vStudentNo,vCourseNo,vScore;
END;
CALL up_temp2();
```

在 Navicat 的新建查询窗格中输入上面的 SQL 代码并运行,显示如图 10-9 所示。

图 10-9 为局部变量赋值

本例题是为了说明利用 SELECT…INTO 语句查询的结果为变量赋值,其查询的结果只能是单行结果集。要获得该行各列的值(数据项),依次列出列名和变量名,如"SELECT StudentNo,CourseNo,Score INTO vStudentNo,VcourseNo,vScore…"。

3. 局部变量的应用场合

DECLARE 语句定义局部变量及对应的数据类型。局部变量必须定义在存储程序中

（函数、触发器、存储过程、事件），并且局部变量的作用范围仅局限于存储程序中，如果脱离存储程序，局部变量将没有意义。

10.3.2 流程控制语句

流程控制语句是指控制程序执行流程的语句，主要指条件分支语句、循环语句等。在存储过程和存储函数体中，使用流程控制语句控制程序的执行流程，这些流程控制语句放在BEGIN...END语句块中。

1. 条件控制语句

条件控制语句有两种：IF语句和CASE语句。

1）IF语句

IF语句根据条件表达式值的真或假，确定执行不同的语句块，其语法格式如下：

```
IF search_condition1 THEN
    statement_list1;
[ELSEIF search_condition2 THEN
    statement_list2;]
...
[ELSE
    statement_list3;]
END IF;
```

其中，search_condition是条件表达式；statement_list是语句块。

IF语句的执行流程为：如果search_condition1成立，则执行statement_list1中的代码；否则判断search_condition2是否成立。如果成立，则执行statement_list2中的代码，以此类推；如果都不成立，则执行ELSE子句中的statement_list3中的代码。

ELSEIF和ELSE子句都是可选的。在ELSEIF子句中，同一时刻只能有一个条件表达式成立，或者所有条件表达式都不成立，各个条件表达式之间是互为排斥的关系。

【例10-18】 创建函数fn_getmax，给定两个整数，输出较大的数。SQL语句代码如下：

```
DROP FUNCTION IF EXISTS fn_getmax;
CREATE FUNCTION fn_getmax(x INT, y INT)
RETURNS INT
DETERMINISTIC   # 本关键字不能省略
BEGIN
    DECLARE max INT;
    IF x>y THEN
        SET max=x;
    ELSE
        SET max=y;
    END IF;
    RETURN max;
END;
```

调用存储函数:

```
SELECT fn_getmax(2,3),fn_getmax(20,10),fn_getmax(30,30);
```

在Navicat的新建查询窗格中输入上面的SQL代码并运行,显示如图10-10所示。

图 10-10　fn_getmax 函数

用存储过程实现求给定的两个整数中的较大数的SQL的代码如下:

```
DROP PROCEDURE IF EXISTS up_getmax;
CREATE PROCEDURE up_getmax(IN x int,IN y int,OUT max int)
BEGIN
    SET max=(x+y);
    IF x>y THEN
        SET max=x;
    ELSE
        SET max=y;
    END IF;
END;
```

调用存储函数:

```
SET @a=20, @b=30, @c=NULL;
CALL up_getmax(@a,@b,@c);
SELECT @a, @b, @c;
```

【例10-19】　在数据库school中创建存储函数,要求该函数能根据给定的学号返回学生的性别,如果没有给定的学号,则返回"没有该学生"。

如下SQL语句即可实现这个存储函数:

```
DROP FUNCTION IF EXISTS fn_search;
CREATE FUNCTION fn_search(sno CHAR(10))
RETURNS CHAR(5)# 5是返回的最大字符数('没有该学生')
```

```
DETERMINISTIC
BEGIN
DECLARE vSex CHAR(1);
SELECT Sex INTO vSex FROM student WHERE studentNo=sno;
IF vSex IS NULL THEN   #如果在表中没有找到该学号,则返回NULL
    RETURN (SELECT '没有该学生');
ELSE IF vSex='女' THEN
        RETURN (SELECT '女');
    ELSE
        RETURN (SELECT '男');
    END IF;
END IF;
END;
```

说明: 在 RETURN value 语句中包含 SELECT 语句时, SELECT 语句的返回结果只能是一行且只能有一列值。

调用存储函数:

```
SET @no1='2021730104',@no2='2021730105',@no3='1234567890';
SELECT fn_search(@no1),fn_search(@no2),fn_search(@no3);
```

2) CASE 语句

CASE 语句用于比 IF 语句更复杂的条件判断。CASE 语句有两种语法格式。

(1) 简单 CASE 语句的语法格式如下:

```
CASE case_value
    WHEN when_value1 THEN statement_list1;
    [WHEN when_value2 THEN statement_list2;]
...
    [ELSE statement_list3;]
END [CASE];
```

其中, case_value 表示条件判断的表达式; when_value 表示条件表达式的取值; statement_list 表示不同条件的执行语句块。

说明: CASE 语句会从上到下依次检测 case_value 值与哪个值相等, 如果相等就返回对应的值, 不再继续向下比较; 如果不成立则继续比较。具体执行过程为: 先计算 CASE 后的 case_value 值, 然后将其值与 WHEN 后的表达式值 when_value 逐个匹配, 如果存在匹配, 则执行 THEN 后的 statement_list 语句块; 如果所有 WHEN 后的 when_value 值与 case_value 值均不匹配, 且存在 ELSE 分支, 则执行 ELSE 后的语句块; 如果所有 WHEN 后的 when_value 与 case_value 值均不匹配, 且无 ELSE 分支, 那么 CASE 语句不执行任何分支, 返回 NULL。

【例 10-20】 创建函数 fn_getgrade(), 输入分数成绩, 返回成绩的等级。

```
DROP FUNCTION IF EXISTS fn_get_grade;
CREATE FUNCTION fn_get_grade(score INT)
RETURNS CHAR(3)
```

```
NO SQL
BEGIN
DECLARE scoreGrade CHAR(3);
SET score=FLOOR(score/10);    # 把输入的成绩除以 10 后取整,以判断分数范围
CASE score
    WHEN 10 THEN SET scoreGrade = '优秀';
    WHEN 9 THEN SET scoreGrade = '优秀';
    WHEN 8 THEN SET scoreGrade = '良好';
    WHEN 7 THEN SET scoreGrade = '中等';
    WHEN 6 THEN SET scoreGrade = '及格';
    ELSE SET scoreGrade = '不及格';
END CASE;
RETURN scoreGrade;
END;
```

调用存储函数:

```
SELECT fn_get_grade(50),fn_get_grade(60),fn_get_grade(70),
fn_get_grade(80),fn_get_grade(90),fn_get_grade(100);
```

(2) 本CASE语句在MySQL中被称为CASE函数(虽然它不符合函数的形式)。可以在CASE中使用条件表达式,也可以在SELECT语句和过程中使用条件表达式,其语法格式如下:

```
CASE
    WHEN search_condition1 THEN statement_list1;
    [WHEN search_condition2 THEN statement_list2;]
    ...
    [ELSE statement_list3;]
END [CASE];
```

其中,关键字CASE后面没有指定参数,search_condition为条件表达式。

说明:CASE语句从上到下依次检测条件是否成立,如果成立就返回对应的值,不再继续向下比较;如果不成立则继续比较。具体执行过程为:按照指定顺序对每个WHEN后的条件表达式 search_condition 进行比较,如果比较结果为 True,则执行 THEN 后面的 statement_list语句块;如果所有WHEN后的条件表达式 search_condition 均为False,且存在ELSE,则执行ELSE后的语句块;如果所有WHEN后的条件表达式均为False,且不存在ELSE,则 CASE语句返回 NULL。

【例10-21】 查询成绩表score,输出学号、课程编号、成绩和成绩等级。SQL代码如下:

```
SELECT StudentNo AS 学号,CourseNo AS 课程号,
    CASE
        WHEN Score>=90 THEN '优秀'
        WHEN Score>=80 THEN '良好'
        WHEN Score>=70 THEN '中等'
        WHEN Score>=60 THEN '及格'
```

217

```
        ELSE '不及格'
END AS 成绩等级,Score AS 成绩
FROM score;
```

在Navicat的新建查询窗格中输入上面的SQL代码并运行,显示如图10-11所示。

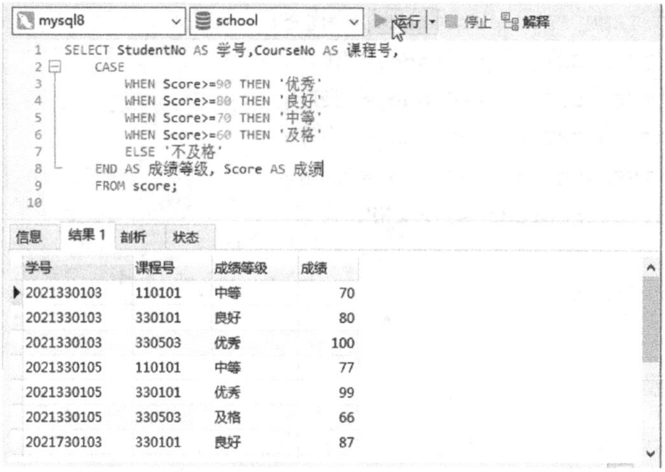

图10-11 成绩等级

2. 循环控制语句

MySQL提供了3种循环语句,分别是WHILE、REPEAT和LOOP语句。还提供了ITERATE和LEAVE语句,用于循环的内部控制。

1)WHILE语句

WHILE语句是条件控制的循环语句,当满足条件时,执行循环体内的语句。其语法格式如下:

```
[label:] WHILE search_condition DO
    statement_list;
END WHILE [label];
```

语法说明:WHILE语句首先判断条件search_condition是否为真,如果为真,则执行循环体中的语句statement_list;然后返回WHILE语句再次判断条件search_condition是否为真,如果仍然为真则继续循环,直至条件判断不为真时结束循环。

label是WHILE语句的标注,且必须使用相同的名字,并成对出现,而且都可以省略。

【例10-22】 创建函数fu_sum(),计算$1+2+3+\cdots+n$的和。

```
DROP FUNCTION IF EXISTS fn_sum;
CREATE FUNCTION fu_sum(n INT)
RETURNS INT
DETERMINISTIC
BEGIN
    DECLARE i,sum INT;
    SET i=1,sum=0;
```

```
WHILE i<=n DO
    SET sum=sum+i;
    SET i=i+1;
END WHILE;
RETURN sum;
END;
```

调用存储函数：

```
SELECT fu_sum(100);
```

2) REPEAT语句

REPEAT语句也是条件控制的循环语句，当满足特定条件时，则会终止循环，跳出循环体。其语法格式如下：

```
[label:] REPEAT
    statement_list;
    UNTIL search_condition
END REPEAT [label];
```

语法说明如下：REPEAT语句首先执行循环体中的语句statement_list，然后判断条件search_condition是否为真，如果为真则结束循环；否则继续循环。REPEAT也可以使用label标注，label必须使用相同的名字，并成对出现，而且都可以省略。

REPEAT语句和WHLE语句的区别在于：WHILE语句是先判断，条件为真时才执行语句；REPEAT语句是先执行语句，然后判断，如果为假则继续循环。

【例10-23】 重建计算1+2+…+100的函数fn_sum3，使用REPEAT语句实现。

```
CREATE FUNCTION fn_sum3(n INT)
RETURNS INT
DETERMINISTIC
BEGIN
    DECLARE i,sum INT;
    SET i=1,sum=0;
    REPEAT
        SET sum=sum+i;
        SET i=i+1;
        UNTIL i>n
    END REPEAT;
    RETURN sum;
END;
```

调用存储函数：

```
SELECT fn_sum3(100);
```

3) LOOP语句

LOOP语句可以使某些特定的语句重复执行，实现一个简单的循环结构。但是LOOP语

句本身没有终止循环的语句,必须配合LEAVE语句使用才更有意义,否则是一个死循环。其语法格式如下:

```
[label:] LOOP
    statement_list;
    [LEAVE label;]
END LOOP [label];
```

其中,statement_list指定需要重复执行的语句块。label是LOOP语句的标注,且必须使用相同的名字,并成对出现,而且都可以省略。

使用LOOP循环比使用WHILE、REPEAT循环复杂,所以尽量不用LOOP循环。

4) LEAVE语句

LEAVE语句可用于从循环体内跳出,即结束当前循环。LEAVE语句可以结束WHILE、REPEAT、LOOP语句的执行。其语法格式如下:

```
LEAVE label;
```

在循环体stlatement_list中的语句会一直重复执行,直至执行到LEAVE语句退出。这里的label是WHILE、REPEAT、LOOP语句中所标注的自定义名字,LEAVE跳到END WHILE、END REPEAT或END LOOP语句后,结束循环,执行其后的语句。

【例10-24】 改写函数fn_sum4( ),使用LOOP和LEAVE语句实现。

```
CREATE FUNCTION fn_sum4(n INT)
RETURNS INT
DETERMINISTIC
BEGIN
    DECLARE i, sum INT;
    SET i=1, sum=0;
    loop_label: LOOP
        SET sum=sum+i;
        SET i=i+1;
        IF i>n THEN
            LEAVE loop_label;   # 向后跳到循环结束的语句
        END IF;
    END LOOP loop_label;
    RETURN sum;
END;
```

调用存储函数:

```
SELECT fn_sum4(100);
```

当循环次数确定时,通常使用WHILE循环语句;当循环次数不确定时,通常使用REPEAT语句或者LOOP语句。

5) ITERATE语句

ITERATE语句可用于跳过本次循环中尚未执行的语句,即ITERATE语句后面的任何语句都不再执行,重新开始新一轮的循环。但它只能出现在循环语句的 LOOP、REPEAT 和 WHILE 子句中,用于退出当前循环,且重新开始一个循环。其语法格式如下:

```
ITERATE label;
```

这里的 label 同样是语句中的标注。ITERATE 语句向前跳到 LOOP、REPEAT 或 WHILE 语句,然后继续执行循环。

ITERATE 语句与 LEAVE 语句的区别在于:LEAVE 语句是结束整个循环,而 ITERATE 语句只是退出当前循环,然后返回循环开始的语句,继续执行循环。

【例 10-25】 创建函数 fn_sum5( ),计算 $1+2+3+\cdots+n$ 的和,但不包括同时能被 3 和 7 整除的数。使用 WHILE 和 ITERATE 语句实现。

```
CREATE FUNCTION fn_sum5(n INT)
RETURNS INT
DETERMINISTIC
BEGIN
    DECLARE i, sum INT;
    SET i=1, sum=0;
    loop_label: WHILE i<=n DO
        IF i%3=0 && i%7=0 THEN
            SET i=i+1;
            ITERATE loop_label;   # 向前跳到循环开始的语句 WHILE
        END IF;
        SET sum=sum+i;
        SET i=i+1;
    END WHILE loop_label;
    RETURN sum;
END;
```

调用存储函数:

```
SELECT fn_sum5(100);
```

10.3.3 异常处理

在高级编程语言中,为了提高程序的安全性,都提供了异常处理机制。MySQL 也提供了一种机制来提高安全性,就是通过定义条件和处理程序,主要用于执行在存储过程中遇到问题时的处理步骤。

1. 定义条件

特定条件需要特定处理,也就是事先定义程序执行过程中可能遇到的问题,并在处理程序中解决这些问题的办法。这样可以增强程序处理问题的能力,避免程序异常停止。使用 DECLARE 语句定义条件和处理程序,其语法格式如下:

```
DECLARE condition_name CONDITION FOR condition_value;
```

其中，condition_name 指定定义的条件名；condition_value 指定设置条件的类型，具体语法格式如下：

```
SQLSTATE [VALUE] sqlstate_value | mysql_error_code;
```

其中，sqlstate_value 和 mysql_error_code 都可以用于设置条件的错误。

【例10-26】 定义"error 1111(13d12)"这个错误，名称为 can_not_find。可以用两种不同的方法定义，代码如下。

方法一：使用 sqlstate_value。

```
DECLARE can_not_find CONDITION FOR sqlstate '13d12';
```

方法二：使用 mysql_error_code。

```
DECLARE can_not_find CONDITION FOR 1111;
```

2. 定义处理程序

使用 DECLARE 语句定义处理程序，其基本语法格式如下：

```
DECLARE handler_type HANDLER FOR condition_value sp_statement;
```

语法说明如下。

（1）handler_type 指定错误的处理方式，该参数有3个取值，分别如下：

```
CONTINUE | EXIT | UNDO
```

CONTINUE 表示遇到错误后不进行处理，继续向下执行；EXIT 表示遇到错误后马上退出；UNDO 表示遇到错误后撤回之前的操作，目前暂时不支持这种处理方式。

通常情况下，执行过程中遇到错误应该立刻停止执行下面的语句，并且撤回前面的操作。但是 MySQL 现在不支持 UNDO 操作。因此，遇到错误时最好执行 EXIT 操作。如果事先能够预测错误类型，并且进行相应的处理，那么可以执行 CONTINUE 操作。

（2）oondition_value 指定错误类型，该参数有6个取值，分别如下：

```
SQLSTATE [VALUE] sqlstate_value | condition_name | SQLWARNING | NOT FOUND |
    SQLEXCEPTION | mysql_error_code
```

sqlstate_value 和 mysql_error_code 与定义条件中的意思相同。

condition_name 是 DECLARE 定义的条件名称。SQLWAMING 表示所有以01开头的 sqlstate_value 值。NOT FOUND 表示所有以02开头的 sqlstate_value 值。SQLEXCEPTION 表示所有没有被 SQLWARNING 或 NOT FOUND 捕获的 sqlstate_value 值。

（3）sp_statement 表示一些存储过程或函数的执行语句。

3. 定义处理程序的几种方式

下面代码是定义处理程序的方法。

（1）方法一：捕获 sqlstate_value 值。

```
DECLARE CONTINUE HANDLER FOR SQLSTATE '42s02';
SET @info='can not find';
```

如果遇到 sqlstate_value 值为 42s02,则执行 CONTINUE 操作,并且输出 can not find。

(2)方法二:捕获 mysql_error_code 值。

```
DECLARE CONTINUE HANDLER FOR 1146 SET @info='can not find';
```

如果遇到 mysql_error_code 值为 1146,则执行 CONTINUE 操作,并且输出 can not fnd。

(3)方法三:先定义条件,然后调用条件。

```
DECLARE can_not_find CONDITION FOR 1146;
DECLARE CONTINUE HANDLER FOR can_not_find SET @info='can not find';
```

这里先定义 can_not. find 条件,当遇到 1146 错误时就执行 CONTINUE 操作。

10.3.4 游标的使用

在存储过程或自定义存储函数中,SELECT 语句的查询结果被称为结果集。该结果集可能为多行记录,这些数据无法直接被一行一行地处理,此时就需要使用游标。

1. 游标的概念

游标是一种能从多条记录的结果集中每次提取一条记录的机制。游标总是与一条 SELECT 查询语句相关联,存放 SELECT 语句的执行结果。游标由结果集(可以是零条、一条或多条记录)和结果集中指向特定记录的游标指针组成。可以用 SQL 语句逐一从游标中获取记录,并赋给变量,交由语言进一步处理,即游标就是按照指定要求提取出相应的记录集,然后逐条对记录处理。

游标使用户可逐行访问由 SELECT 返回的结果集,使用游标的一个主要原因就是把多个记录的集合转换成单个记录,然后逐行地访问这些记录,按照用户自己的意愿显示和处理这些记录。

游标的使用包括定义游标,打开游标,使用游标和关闭游标。需要注意的是:游标必须在定义变量和条件之后定义,并且在处理程序之前被定义。在定义游标后,应用程序就可以根据需要向后浏览其中的记录。

如果要使用游标,需要注意以下几点。

(1)游标只能用于存储过程或存储函数中,不能单独在查询操作中使用。

(2)在存储过程或存储函数中可以定义多个游标,但是在一个 BEGIN...END 语句块中,每一个游标的名字必须是唯一的。

(3)游标不是一条 SELECT 语句,是被 SELECT 语句检索出来的结果集。

可以把游标理解为一个指针,用来指示当前记录的位置。游标的特性为:只读,不能更新;向前,不滚动。

2. 定义游标

在使用游标之前,必须先定义(声明)它。定义游标时并没有检索数据,只是定义要使用的 SELECT 语句。其语法格式如下:

```
DECLARE cursor_name CURSOR FOR select_statement;
```

语法说明如下。

（1）cursor_name 指定要创建的游标的名称，其命名规则与表名相同。

（2）select_stalement 指定一条 SELECT 语句，其会返回一行或多行记录。注意：这里的 SELECT 语句不能有 INTO 子句。

一个定义游标的语句定义一个游标，也可以在存储过程中定义多个游标，但是一个块中的每一个游标必须有唯一的名字。

【例 10-27】 创建一个游标，从学生表中查询出学号、姓名和班级号列的记录。

游标的名称为 cur_student，定义该游标的 SQL 语句如下：

```
DECLARE cur_student CURSOR FOR SELECT StudentNo,StudentName,ClassNo
FROM student;
```

其中，游标指向的结果集对应的查询语句如下：

```
SELECT StudentNo,StudentName,ClassNo FROM student;
```

注意：游标只能在存储过程和存储函数中定义。

3. 打开游标

定义游标后，首先要打开游标。这个过程是将游标连接到由 SELECT 语句返回的结果集中。其语法格式如下：

```
OPEN cursor_name;
```

其中，cursor_name 指定要打开的游标。

在应用中，一个游标可以被多次打开，由于其他用户或应用程序可能随时更新了表，因此每次打开游标的结果集可能会不同。

4. 使用游标

游标打开后，使用 FETCH...INTO 语句从中读取数据。其语法格式如下：

```
FETCH cursor_name INTO var_ name1 [,var_name2,...];
```

语法说明如下。

（1）cursor_name 指定已打开的游标。

（2）var_name 指定存放数据的变量名，表示将游标中的 SELECT 语句查询出来的数据存入该变量中，变量必须在声明游标之前就定义好。

FETCH...INTO 语句与 SELECT...INTO 语句具有相同的意义，FETCH 获取游标当前指针指向的一行记录，并赋给指定的变量列表。变量列表的数目必须等于声明游标时 SELECT 子句中选择列的数目。

游标相当于一个指针，它指向当前的一行记录。要获得多行记录，使用循环语句去执行 FETCH，使指针指向下一行记录。

注意：游标是向前只读的，也就是说，只能顺序地从开始往后读取结果集，不能从后往前，也不能直接跳到中间的记录。

FETCH 是获取游标当前指向的数据行，并将指针指向下一行。当游标已经指向最后一行时，继续执行会造成游标溢出。游标溢出会引发预定义的 NOT FOUND 错误，所以使用下面代码指定当引发NOT FOUND错误时定义一个CONTINUE的事件,指定这个事件发生时修改done变量的值,即定义游标的异常处理,设置一个终止标记done。

```
DECLARE done BOOLEAN DEFAULT 0;  # 定义循环结束标志变量,写法1、2
    --DECLARE done INT DEFAULT FALSE;  # 定义循环结束标志变量,写法3
      DECLARE cur CURSOR FOR SELECT …;  # 定义游标
    --指定游标循环结束时的返回值
DECLARE CONTINUE HANDLER FOR NOT FOUND SET done=1;  # 写法1
    --DECLARE CONTINUE HANDLER FOR SQLSTATE '02000' SET done=1;  # 写法2
    --DECLARE CONTINUE HANDLER FOR NOT FOUND SET done = TRUE;  # 写法3
```

可以使用3种循环方式遍历游标的查询结果集。

第1种使用WHILE循环。

```
OPEN cur;
FETCH cur INTO ...;
WHILE(done ! = 1) DO  --WHILE (NOT done) DO
    --处理语句;
    FETCH cur INTO ...;
END WHILE;
CLOSE cur; --关闭游标
```

第2种使用REPEAT循环。

```
OPEN cur;
REPEAT
    FETCH cur INTO ...;
    IF done !=1 THEN  --IF (NOT done) THEN
        --处理语句;
    END IF;
UNTIL done END REPEAT;
CLOSE cur; --关闭游标
```

第3种使用LOOP循环。

```
OPEN cur;
read_loop: LOOP  # 开始循环游标里的数据
    FETCH cur INTO ...;  # 游标指针指向的一条数据
    # 判断游标的循环是否结束
    IF (done ! = 1) THEN  # 如果done的值是0(或true),就结束循环
        LEAVE read_loop;  # 跳出游标循环
    END IF;
    --处理语句;
END LOOP;  # 结束游标循环
CLOSE cur;  # 关闭游标
```

显然,采用第1、2种循环更简洁和容易理解。

5. 关闭游标

游标使用结束后,要及时关闭。其语法格式如下:

```
CLOSE cursor name;
```

其中,cursor name 表示游标的名称。

每个游标不再需要时都应该被关闭,关闭游标将会释放该游标所使用的全部资源。在一个游标被关闭后,如果没有重新被打开,则不能被使用。对于声明过的游标,则不需要再次声明,可直接使用OPEN语句打开。关闭游标后再打开游标会回到结果集第一条记录。另外,如果没有明确关闭游标,MySQL将会在到达END语句时自动关闭它。

【例10-28】 在数据库 school 中创建存储过程 up_cur_student,用游标获取 student 表中女生的学号、姓名和班级号。创建存储过程的SQL语句代码如下:

```
DROP PROCEDURE IF EXISTS up_cur_student;
CREATE PROCEDURE up_cur_student()
BEGIN
# 定义接收游标数据的变量
DECLARE vStudentNo CHAR(10);
DECLARE vStudentName VARCHAR(20);
DECLARE vClassNo CHAR(8);
DECLARE done BOOLEAN DEFAULT 0;    # 定义结束循环的标志变量
# 定义游标
DECLARE  cur  CURSOR  FOR  SELECT  StudentNo, StudentName, ClassNo  FROM
student WHERE Sex='女';
DECLARE CONTINUE HANDLER FOR NOT FOUND SET done=1;
# 指定游标循环结束时的返回值
OPEN cur;    # 打开游标
# 开始循环游标中的记录
REPEAT
    FETCH cur INTO vStudentNo,vStudentName,vClassNo;   #游标指针指向一条记录
    IF done ! = 1 THEN    # 判断游标的循环是否结束
        SELECT vStudentNo,vStudentName,vClassNo;
    END IF;
UNTIL done END REPEAT;
CLOSE cur;    # 关闭游标
END;
```

调用存储过程:

```
CALL up_cur_student();
```

在 Navicat 的新建查询窗格中输入上面的SQL代码并运行,显示如图10-12所示,在结果

窗格中分别显示获得的数据,可以分别单击选中结果选项卡查看查询结果集中的每一行。

图10-12　用游标获取记录中的数据

10.4　习题10

一、选择题

1. 创建存储过程的关键字是( )。

　　A. CREATE PROC　　　　　　　　B. CREATE DATABASE

　　C. CREATE FUNCTION　　　　　　D. CREATE PROCEDURE

2. 创建自定义函数使用( )。

　　A. CREATE FUNCTION　　　　　　B. CREATE TRIGGER

　　C. CREATE PROCEDURE　　　　　　D. CREATE VIEW

3. MySQL存储过程的流程控制中,IF必须与下面( )成对出现。

　　A. ELSE　　　　B. ITERATE　　　　C. LEAVE　　　　D. END IF

4. 下列控制流程中,MySQL存储过程不支持( )。

　　A. WHILE　　　　B. FOR　　　　C. LOOP　　　　D. REPEAT

5. 以下不能在MySQL中实现循环操作的语句是( )。

　　A. CASE　　　　B. LOOP　　　　C. REPEAT　　　　D. WHILE

6. 函数( )可以在字符串book中获取字母o第一次出现的位置。

　　A. INSERT( )　　　　　　　　　　B. FIND_IN_SET( )

　　C. INSTR( )　　　　　　　　　　D. SUBSTRING( )

7. 存储过程是在MySQL服务器中定义并( )的SQL语句集合。

　　A. 保存　　　　B. 执行　　　　C. 解释　　　　D. 编写

8. 下面有关存储过程的叙述错误的是(　　　)。

　　A. MySQL允许在存储过程创建时引用一个不存在的对象

　　B. 存储过程可以带多个输入参数,也可以带多个输出参数

　　C. 使用存储过程可以减少网络流量

　　D. 在一个存储过程中不可以调用其他存储过程

9. 下列(　　)语句用来定义游标。

　　A. CREATE　　　　　　　　　　B. DECLARE

　　C. DECLARE...CURSOR FOR...　　D. SHOW

二、练习题

1. 在studentInfo数据库中,创建存储过程,指定学号即可查询学生成绩。

2. 创建一个存储过程,给定表student中一个学生的姓名即可修改student表中该学生的电话号码。

3. 创建一个带有参数的存储过程,该存储过程根据输入的学号,在student表中计算此学生的年龄。

4. 创建自定义函数,给定学生姓名,返回该学生的学号。

5. 创建自定义函数,给定男或女,返回给定性别的人数。

第11章 触发器和事件

本章主要讲述触发器的概念和创建触发器,触发器 NEW 和 OLD,查看、删除触发器,触发器的使用、事件的概念,以及创建、修改和删除事件。

11.1 触发器

触发器(trigger)是定义在数据表上的由事件驱动的特殊过程,在满足定义条件时触发,并执行触发器中定义的语句集合。

对表定义触发器后,当对该表执行INSERT、UPDATE 或 DELETE语句时,该表中相应的触发器就会自动执行。具体而言,触发器就是响应 INSERT、UPDATE 和 DELETE语句而自动执行的 MySQL语句(或位于BEGIN 和 END语句之间的一组 MySQL语句)。

触发器的执行不是由程序调用,也不是手工启动,而是通过事件触发被执行的,即当有操作影响触发器所保护的数据时,触发器就会自动执行。

触发器是针对每一行记录的操作,因此增、删、改非常频繁的表尽量少用或不用触发器,原因是它非常消耗资源,执行效率很低。

11.1.1 创建触发器

触发器是与表有关的数据库对象,当表上出现特定事件时,将激活该对象。创建触发器的语法格式如下:

```
CREATE TRIGGER trigger_name {BEFORE | AFTER} {INSERT | UPDATE | DELETE}
    ON table_name FOR EACH ROW
    [trigger_order]
    trigger_body;
```

语法说明如下。

(1) trigger_name:触发器的名称,触发器在当前数据库中必须具有唯一的名称。如果要在某个特定数据库中创建触发器,名称前面应该加上数据库的名称。

(2) BEFORE | AFTER:触发器被触发的时机,可以是BEFORE或AFTER,指定触发器是在激活它的语句之前或者之后触发。如果希望验证新数据是否满足使用的限制,则使用BEFORE选项;如果希望在激活触发器的语句执行之后进行一些改变,通常使用AFTER

选项。

（3）INSERT | UPDATE | DELETE：触发器触发的事件，指定激活触发器的语句种类，可以是下述值之一。

① INSERT 型触发器：插入某一行时激活触发器，可以通过 INSERT、LOAD DATA、RE-PLACE 语句触发。

② UPDATE 型触发器：更改表中某一行时激活触发器，可以通过 UPDATE 语句触发。

③ DELETE 型触发器：从表中删除某一行时激活触发器，可以通过 DELETE、REPLACE 语句触发。

（4）table_name：与触发器相关联的表名，必须引用永久表，不能将触发器与 temporary 临时表或视图关联起来。

（5）FOR EACH ROW：指定对于受触发事件影响的每一行都要激活触发器的动作。例如，使用一条 INSERT 语句向一个表中插入多行数据时，触发器会对每一行记录的插入都触发一次，执行相应的触发器动作。

（6）trigger_order：是 MySQL 5.7 后增加的功能，用于定义多个触发器，使用 FOLLOWS（尾随）或 PRECEDES（在…之先）来选择触发器执行的先后顺序。

（7）trigger_body：触发器的过程体，是当激活触发器时执行的语句。如果要执行多个语句，则使用 BEGIN...END 语句结构，能够定义执行多条语句的触发器。在 BEGIN...END 块中，能使用存储过程中允许的其他语法，如条件和循环等。但是，触发器过程体中不能返回任何结果给客户端，即不允许使用 SELECT 等语句显示数据。

注意： 同一张表、同一触发事件、同一触发时机只能创建一个触发器。例如，对于一张表，不能同时有两个 BEFORE UPDATE 触发器，但可以有一个 BEFORE UPDATE 触发器和一个 BEFORE INSERT 触发器，或一个 BEFORE UPDATE 触发器和一个 AFTER UPDATE 触发器。一个触发器不能与多个事件或多个表关联。例如，需要对 INSERT 和 UPDATE 操作执行触发，则应该定义两个触发器。

1. 创建只有一条执行语句的触发器

其语法格式简化如下：

```
CREATE TRIGGER 触发器名 BEFORE|AFTER 触发事件
    ON 表名 FOR EACH ROW
    执行语句;
```

【例 11-1】 创建名为 tr_time 的触发器，当在 student 表中插入记录时，就自动往 time_log 表中插入当前时间和新插入 student 表中的学号。

（1）先准备表 time。在 Navicat 的新建查询中输入如下 SQL 语句并运行：

```
CREATE TABLE time_log(exec_time DATETIME,StudentNo CHAR(10));
```

（2）创建触发器。在 Navicat 的新建查询中输入如下 SQL 语句并运行：

```
CREATE TRIGGER tr_time AFTER INSERT
    ON student FOR EACH ROW
    INSERT INTO time_log(exec_time,StudentNo)VALUES(NOW(),NEW.studentNo);
```

（3）验证触发器。向表student中插入一行记录。在Navicat的新建查询中输入如下SQL语句并运行。

```
INSERT INTO student(StudentNo,StudentName,Sex,Birthday,Native,Nation,ClassNo)
    VALUES('2022110139','王越','女','2001-10-17','福建','汉族','PH202201');
```

（4）测试触发器。在Navicat的新建查询中输入如下SQL语句并运行。

SELECT * FROM time_log；

再向student中插入一行记录，在Navicat的新建查询中输入如下SQL语句并运行。

```
INSERT INTO student(StudentNo,StudentName,Sex,Birthday,Native,Nation,ClassNo)
    VALUES('2022110150','郑文','男','2001-03-20','湖南','汉族','PH202201');
```

在Navicat的新建查询中输入如下SQL语句并运行。

```
SELECT * FROM time_log;
```

可以看到，每次插入记录时都会触发INSERT INTO time_log...语句。在Navicat中的运行结果如图11-1所示。

图11-1 创建触发器

2. 创建有多个执行语句的触发器

其语法格式如下：

```
CREATE TRIGGER 触发器名 BEFORE|AFTER 触发事件
    ON 表名 FOR EACH ROW
    BEGIN
```

执行语句列表；

    END；

【例11-2】 在数据库school的student表上创建触发器tr_student_insert，当向student表中插入记录时，检查性别是否为"男"或"女"，如果不是，则设置为"男"。

（1）创建触发器。在Navicat的新建查询窗格中输入创建触发器的SQL语句并运行：

```
CREATE TRIGGER tr_student_insert BEFORE INSERT
    ON student
    FOR EACH ROW
    BEGIN
        IF NEW.Sex ! = '男' && NEW.Sex ! = '女' THEN
            SET NEW.Sex = '男';
        END IF;
    END;
```

（2）测试触发器。向student表中插入一行记录。在Navicat的新建查询窗格中输入如下SQL语句并运行。

```
INSERT INTO student(StudentNo,StudentName,Sex,Birthday,Native,Nation,ClassNo)
    VALUES('2022110141','丁丽','F','2001-07-30','河南','回族','PH202201');
```

查询触发器的运行结果。在Navicat的新建查询窗格中输入如下SQL语句并运行：

```
SELECT * FROM student WHERE StudentNo='2022110141';
```

在Navicat中的运行结果如图11-2所示。在向学生表student中插入学生记录时，触发器tr_student_insert被触发，由于性别为F，不是"男"或"女"，则把性别设置为"男"后再插入学生表student中。

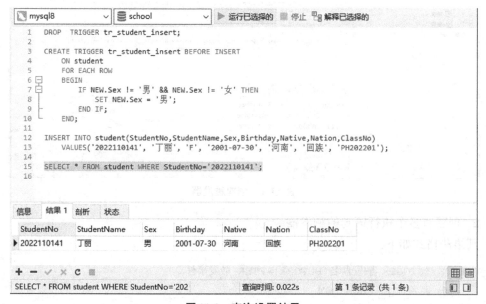

图11-2　查询设置结果

11.1.2 触发器NEW和OLD

触发器无任何输入/输出参数,使用OLD和NEW关键字(OLD和NEW不区分大小写)表示触发器所在的表中,触发了哪一行记录,用来引用受触发器影响的行。NEW表示新插入记录的虚拟表,OLD表示原来记录的虚拟表。

(1)当使用INSERT语句时,插入的那一条记录相对于插入记录后的表来说就是NEW。也就是说,在INSERT型触发器中,NEW用来表示将要(BEFORE)或已经(AFTER)插入的新记录。

(2)当使用DELETE语句时,删除的那一条记录相对于删除记录后的表来说就是OLD。也就是说,在DELETE型触发器中,OLD用来表示将要或已经被删除的原记录。

(3)当使用UPDATE语句时,修改前的那一条记录相对于修改记录后的表来说就是OLD;修改后的那一条记录相对于修改记录前的表来说就是NEW。也就是说,在UPDATE型触发器中,OLD用来表示将要或已经被修改的原记录,NEW用来表示将要或已经修改过的新记录。

另外,在触发器BEFORE中可以对NEW赋值和取值;而在AFTER中只能对NEW取值,不能赋值。

访问触发器NEW和OLD虚拟表的语法格式如下:

```
NEW.column_name
OLD.column name
```

columnName为相应数据表中的某一列名。

另外,OLD是只读的,而NEW则可以在触发器中使用SET赋值,这样不会再次触发触发器,造成循环调用。

1. INSERT触发器

INSERT触发器可在INSERT语句执行之前或之后执行。

【例11-3】 在数据库school的student表上创建触发器tr_student_insert1,用于在每次向表student中插入一行记录时,将用户对话变量str的值设置为新插入学生的学号。

(1)首先创建触发器。在Navicat的新建查询窗格中输入如下SQL语句并运行:

```
CREATE TRIGGER tr_student_insert1 AFTER INSERT
    ON student FOR EACH ROW SET @str= NEW.studentNo;
```

(2)向表student中插入一行记录。在Navicat的新建查询窗格中输入如下SQL语句并运行:

```
INSERT INTO student(StudentNo,StudentName,Sex,Birthday,Native,Nation,ClassNo)
    VALUES('2022110140','赵芳','女','2001-04-26','山东','汉族','PH202201');
```

(3)测试触发器。在Navicat的新建查询窗格中输入如下SQL语句并运行:

```
SELECT @str;
```

在Navicat中的运行结果如图11-3所示。

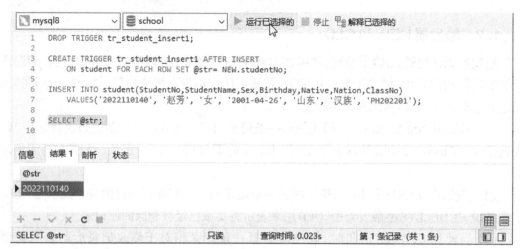

图11-3 获得学号

2. DELETE触发器

DELETE触发器可在DELETE语句执行之前或之后执行。

【例11-4】 在数据库school的student表上，创建一个由DELETE触发的前触发器tr_student_delete_score。在学生表student中删除一行记录之前，先在成绩表score中删除该学生的成绩记录。同时，在student表中创建一个由DELETE触发的后触发器tr_student_delete，每次删除学生记录时，都把被删除记录的学号列StudentNo的值赋给用户变量@old_stuNo,@count记录删除记录的个数。

（1）创建触发器。在Navicat的新建查询窗格中输入创建触发器的SQL语句并运行。

```
DROP TRIGGER IF EXISTS tr_student_delete_score;
# 先在成绩表 score 中删除该学生的成绩记录
CREATE TRIGGER tr_student_delete_score BEFORE DELETE
ON student FOR EACH ROW
BEGIN
    DELETE FROM score
        WHERE StudentNo=(SELECT StudentNo FROM student WHERE StudentNo=OLD.
StudentNo);
END;
DROP TRIGGER IF EXISTS tr_student_delete;
# 删除学生记录,并记录被删除学生的学号和个数
SET @old_StuNo=NULL,@StuNo=NULL,@count=0;
CREATE TRIGGER tr_student_delete AFTER DELETE
ON student FOR EACH ROW
BEGIN
  SET @old_StuNo=CONCAT_WS(',',@old_StuNo,OLD.StudentNo); # 拼接字符串函数
  SET @count =@count+1;
END;
```

（2）测试触发器。删除student表中的一行记录。

例如,要删除学号为2021730103的学生,删除前先查该学生的记录,SQL代码如下:

```
SELECT * FROM student WHERE StudentNo='2021730103';
SELECT * FROM score WHERE StudentNo='2021730103';
```

执行删除语句,SQL语句如下:

```
DELETE FROM student WHERE StudentNo='2021730103';
SELECT @old_StuNo,@count;
```

再删除学号2021730103的学生,SQL语句如下:

```
DELETE FROM student WHERE StudentNo='2021730103';
SELECT @old_StuNo,@count;
```

如图11-4所示,从触发器运行结果看到,在删除学生表student中某一学生记录时,触发器tr_student_delete_score被触发。首先在成绩表score中删除该学生的成绩记录,然后在学生表student中删除该学生的记录;同时记录被删除学生的学号和个数。

图11-4 DELETE触发器

3. UPDATE触发器

UPDATE触发器在UPDATE语句执行之前或之后执行。

【例11-5】 在数据库 school 的 score 表上创建一个由 UPDATE 触发的前触发器 tr_score_cheek,当修改成绩时,检查其是否位于0～100内,如果分数大于100,则为100;如果分数小于0,则为0。

(1)创建触发器。因为要在修改成绩之前对其进行检查。所以必须是BEFORE触发器。SQL语句如下：

```
CREATE TRIGGER tr_cheek_score BEFORE UPDATE
    ON score FOR EACH ROW
BEGIN
    IF NEW.Score < 0 THEN
        SET NEW.Score = 0;
    ELSEIF NEW.Score > 100 THEN
        SET NEW.Score = 100;
    END IF;
END;
```

（2）测试触发器。先查看待修改的成绩记录，然后修改指定学号的成绩，再查看修改后的记录。SQL代码如下：

```
SELECT * FROM score WHERE StudentNo='2022110102';  # 查询修改前的记录
UPDATE score SET Score= 120 WHERE StudentNo='2022110102';
SELECT * FROM score WHERE StudentNo='2022110102';  # 查询修改后的记录
```

修改成绩前、后的记录如图11-5所示。

图11-5 修改成绩前、后的记录

【例11-6】 在score表上创建一个由UPDATE触发的后触发器tr_update_score,当在成绩表score中修改了某一学生的某一课程的成绩后,则把修改时间、学号、课程编号、修改前成绩、修改后成绩保存到表trigger_score_log中。

(1)先定义表trigger_score_log。SQL语句如下:

```
CREATE TABLE trigger_student_log(
    exec_time DATETIME,
    StudentNo CHAR(10),
    CourseNo CHAR(6),
    OldScore FLOAT,
    NewScore FLOAT
);
```

(2)创建触发器。因为是在修改成绩后添加该记录,所以须是AFTER触发器。SQL语句如下:

```
CREATE TRIGGER tr_update_score AFTER UPDATE
"ON score FOR EACH ROW
BEGIN
    INSERT INTO trigger_score_log (exec_time, StudentNo, CourseNo, OldScore,
NewScore)
    VALUES (NOW(),NEW.StudentNo,NEW.CourseNo,OLD.Score,NEW.Score);
END;
```

(3)测试触发器。修改指定学号和课程号的成绩,然后查看修改后的记录。SQL代码如下:

```
UPDATE score SET Score= 99 WHERE StudentNo='2022110102' AND CourseNo=
'110101';
SELECT * FROM trigger_score_log;
```

查询表trigger_score_log中的记录,如图11-6所示。在修改成绩表score中某一学生的某一课程成绩时,触发器tr_update_score被触发,通过OLD. Score获取修改前的课程成绩,通过NEW. Score获取修改后的课程成绩。

图11-6 添加的备份记录

11.1.3　查看触发器

触发器创建以后,可以查看触发器的状态和定义等信息。

1. 使用 SHOW TRIGGERS 语句查看触发器信息

查看数据库中已有触发器的状态、语法等信息,其语法格式如下:

```
SHOW TRIGGERS [{FROM | IN} db_name];
```

但是不能查看指定的触发器信息。

2. 在 triggers 表中查看触发器详细信息

在 MySQL 中,所有触发器的定义都保存在 information_schema 数据库下的 triggers 表中。在 triggers 表中可以查看数据库中所有触发器的详细信息。查询语句如下:

```
SELECT * FROM information_schema.triggers
    [WHERE TRIGGER_NAME='trigger_name'];
```

【例 11-7】　使用 SELECT 语句查询 triggers 表中的信息。

```
SELECT * FROM information_schema.triggers
    WHERE TRIGGER_NAME='tr_student_insert';
```

11.1.4　删除触发器

如果要更新或覆盖触发器,只能先删除触发器,然后重新创建。与其他数据库对象一样,同样可以使用 DROP 语句将触发器从数据库中删除,其语法格式如下:

```
DROP TRIGGER [IF EXISTS] [schema_name. ]trigger_name;
```

语法说明如下。

(1) IF EXISTS:可选项,用于避免在没有触发器的情况下删除触发器。

(2) schema_name. :可选项,指定触发器所在数据库的名称。如果没有指定,则为当前默认数据库。

(3) trigger_name:要删除的触发器名称。

另外,DROP TRIGGER 语句需要 SUPER 权限。

注意: 在删除一个表的同时也会自动删除该表上的触发器。

【例 11-8】　删除数据库 school 中的触发器 tr_insert_student。

```
DROP TRIGGER IF EXISTS school.tr_insert_student;
```

11.1.5　触发器的使用

在 MySQL 中,触发器执行的顺序为 BEFORE 触发器、表操作(INSERT、UPDATE、DELETE)和 AFTER 触发器。

在触发器的执行过程中,MySQL 会按照下面的方式处理错误。

（1）如果BEFORE触发程序失败，则MySOL将不执行相应行上的操作。

（2）仅当BEFORE触发程序和行操作均已被成功执行，MySQL才会执行AFTER触发程序（如果有）。

（3）如果在BEFORE或AFTER触发程序的执行过程中出现错误，将导致调用触发程序的整个语句的失败。

【例11-9】 创建回收站触发器，当删除员工表employee中的记录时，把删除的记录保存到回收站表trash中。

（1）准备相应的表。创建员工表并添加记录，创建回收站表。

创建员工表，SQL语句如下：

```
CREATE TABLE employee (
    id BIGINT(20) NOT NULL AUTO_INCREMENT,
    name VARCHAR(20) DEFAULT NULL,
    age INT(11) DEFAULT NULL,
    PRIMARY KEY (id)
)ENGINE=InnoDB DEFAULT CHARSET=utf8;
```

向员工表中添加记录，SQL语句如下：

```
INSERT INTO employee (name,age) VALUES ('张三',19),('李四',18),('王五',20),('赵六',
21),('陈七',19),('钱八',20);
```

创建回收站表，SQL语句如下：

```
CREATE TABLE trash(
    id BIGINT(20) NOT NULL AUTO_INCREMENT,
    data VARCHAR(255) DEFAULT NULL,
    PRIMARY KEY (id)
)ENGINE=InnoDB DEFAULT CHARSET=utf8;
```

（2）创建触发器。创建删除后（AFTER DELETE）把员工表中被删除的记录添加到回收站表中，SQL语句如下：

```
--DROP TRIGGER IF EXISTS trigger_del_employee;
CREATE TRIGGER trigger_del_employee AFTER DELETE
    ON employee FOR EACH ROW
    INSERT INTO trash (data) VALUES(CONCAT('employee 删除:',OLD.id,'|',OLD.name,
'|',OLD.age));
```

注意：上面代码中的OLD指的是当前要删除的表，OLD. age指要删除表中的某一行数据的age列的值。

（3）测试触发器。现在删除employee表中的一条记录：

```
DELETE FROM employee WHERE id = 3;
```

查看employee表中id为3的记录已经被删除，SQL语句如下（图11-7）：

```
SELECT * FROM employee;
```

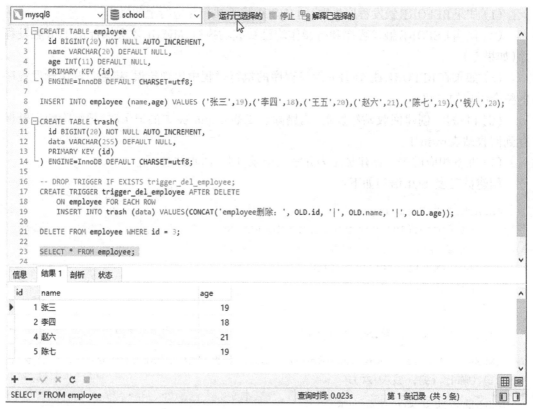

图11-7 employee表中记录

查看回收站表trash中的记录,被删除的数据已经保存到回收站表中,SQL语句如下(图11-8):

```
SELECT * FROM trash;
```

图11-8 trash表中记录

11.2 事件

事件(event)在指定的时刻执行某些特定的任务,这些特定任务通常是一些确定的SQL语句。事件可以用作定时执行某些特定任务(如备份记录、汇总等)。事件可以精确到每秒执行一个任务,对于一些对数据实时性要求比较高的应用(如股票、交通路况等)来说非常适合。

事件和触发器相似,都是在某些事情发生时启动,因此事件也可称为临时触发器(temporal triger)。其中,事件是基于特定时间周期触发来执行某些任务,而触发器是基于某个表所产生的增、删、改操作事件触发的,它们的区别也在于此。

11.2.1 创建事件

事件通过CREATE EVEAT语句创建,其语法格式如下:

```
CREATE EVENT [IF NOT EXISTS] event_name
    ON SCHEDULE schedule
    [{ENABLE | DISABLE | DISABLE ON SLAVE}]
    [ON COMPLETION [NOT] PRESERVE]
    [COMMENT 'comment']
    DO event_body;
```

其中,schedule的语法格式如下:

```
AT timestamp [+ INTERVAL interval]...
| EVERY interval
[STARTS timestamp [+ INTERVAL interval]...]
[ENDS timestamp [+ INTERVAL interval]...]
```

interval的语法格式如下:

```
quantity {YEAR | QUARTER | MONTH | DAY | HOUR | MINUTE |WEEK | SECOND |
YEAR_MONTH | DAY_HOUR | DAY_MINUTE | DAY_SECOND | HOUR_MINUTE |
HOUR_SECOND | MINUTE_SECOND}
```

主要语法说明如下。

(1) event_name:指定事件名,事件名的最大长度为64字节。event_name必须是当前数据库中唯一的,同一个数据库不能有重复的事件名。

(2) IF NOT EXISTS:使用本关键字子句时,只有在event_name不存在时才创建,否则忽略。建议不要使用这个参数,以保证事件新建或重新创建成功。

(3) ON SCHEDULE schedule:指定事件何时发生或者每隔多久发生一次,分别对应下面两种子句。

① AT子句:指定事件在某个时刻发生,用来设置单次的事件。其中,timestamp表示一个具体的时间点,后面可以加上一个时间间隔,表示在这个时间间隔后事件发生;interval表示这个时间间隔,由一个数值和单位构成;quantity是间隔时间的数值。

② EVERY子句:表示事件在指定时间区间内每间隔多长时间发生一次,用来设置重复的事件。其中,"STARTS 时间戳"子句指定开始时刻,"ENDS 时间戳"子句指定结束时刻。

在上面两种指定事件的方式中,时间戳可以是任意的TIMESTAMP和DATETIME数据类型,时间戳需要大于当前时间。

在重复的计划任务中,时间(单位)的数值可以是任意非空(not null)的整数形式,时间单位是关键词YEAR、MOMTH、DAY、HOUR、MINUTE或者SECOND。不建议使用不标准的时间单位,如QUARTER、WEEK、YEAR_MONTH、DAY_HOUR、DAY_MINUTE、DAY_SECOND、HOUR_MINUTE、HOUR_SECOND、MINUTE_SECOND。

(4) ENABLE | DISABLE | DISABLE ON SLAVE:可选项,用于设定事件的一种状态。其中,ENABLE设置执行这个事件;DISABLE设置不执行这个事件,即只保存这个事件的定义,但是不会触发这个事件;关键字DISABLE ON SLAVE表示事件在从机中是关闭的。如果不指定这三个选项中的任何一个,则在一个事件创建之后,它立即变为活动的,即事件总是自动执行。

(5) ON COMPLETION [NOT] PRESERVE:表示"当这个事件不会再发生的时候",即当单次计划任务执行完毕后或当重复性的计划任务执行到了ENDS阶段。而PRESERVE的作用是使事件在执行完毕后不会被DROP掉,建议使用该参数,以便于查看事件的具体信息。

(6) COMMENT 'comment':注释文字,它存储在information_schema表的COMMENT列,最大长度为64字节。建议使用注释以表达更全面的信息。

(7) DO event_body:DO子句中的event_body部分指定事件启动时要求执行的SQL语句或存储过程。这里的SQL语句可以是复合语句,如果包含多条语句,可以使用BEGIN...END复合结构。event_body中不能用SELECT语句输出。

另外,一个事件最后一次被调用后,将被自动删除。

1. 创建某个时刻发生的事件

【例11-10】 在数据库school中创建一个立即启动的事件,事件执行插入记录操作。

(1)先创建表t_time,SQL代码如下:

```
CREATE TABLE t_time
(
    Id INT PRIMARY KEY AUTO_INCREMENT,
    CurrentTime DATETIME,
    Name CHAR(10)
);
```

(2)创建事件。在Navicat的新建查询中输入创建事件的SQL语句并运行。

```
CREATE EVENT ev_student1
    ON schedule AT NOW()
    DO
        INSERT INTO t_time(CurrentTime,Name) VALUES(NOW(),'AAA');
```

(3)测试事件。在Navicat的新建查询中输入下面的SQL语句并运行。

SELECT * FROM t_time;

显示如图11-9所示,1条记录已经插入表中。由于ev_student1事件只执行一次,执行一次后将被自动删除。

图11-9　事件立即执行

2. 创建在指定区间周期性发生的事件

【例11-11】　在数据库school中创建一个每10秒向表t_time中插入一条记录的事件,该事件开始于30秒后,并且在指定日期(如2023-05-31)结束。

(1)创建事件。在Navicat的新建查询窗格中输入下面的SQL语句并运行。

```
CREATE EVENT ev_student2
    ON SCHEDULE
    EVERY 10 SECOND
    STARTS CURDATE()+ INTERVAL 30 SECOND
    ENDS '2023-05-31'
    DO
    BEGIN
        IF CURDATE()< '2023-05-31' THEN
            INSERT INTO t_time(CurrentTime,Name) VALUES(NOW(),'BBB');
        END IF;
END;
```

(2)测试事件。在Navicat的新建查询中输入下面的SQL语句,并每10秒左右运行一次。

```
SELECT * FROM t_time;
```

显示如图11-10所示,多条记录已经插入表中。

3. 在事件中调用存储过程或存储函数

【例11-12】　存储过程及事件触发实例。例题中有两个表,一个是表t_org,利用event,每隔2分钟插入3个随机整数;另一个是表t_tempsums,利用event调用存储过程,每隔4分钟,将表t_org的数据按列求和,将统计数据插入表中,实现步骤如下。

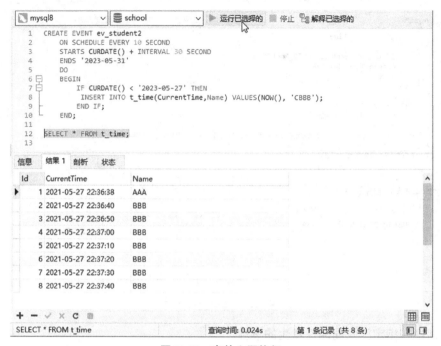

图11-10 事件立即执行

(1) 创建表 t_num,t_sum,SQL语句如下:

```
CREATE TABLE t_num(
    id INT NOT NULL AUTO_INCREMENT,
    CurrentTime DATETIME NOT NULL,
    num1 INT,
    num2 INT,
    PRIMARY KEY(id)
);
CREATE TABLE t_sum(
    id INT NOT NULL AUTO_INCREMENT,
    CurrentTime DATETIME NOT NULL,
    sums1 INT,
    sums2 INT,
    primary key(id)
);
```

(2) 创建操作表 t_num 的事件 ev_t_num_insert,SQL语句如下:

```
DROP EVENT IF EXISTS ev_t_num_insert;
CREATE EVENT ev_t_num_insert
ON SCHEDULE
EVERY 10 SECOND
STARTS NOW()
ENDS NOW()+INTERVAL 1 HOUR
```

```
DO
BEGIN
    INSERT INTO t_num(CurrentTime,num1,num2) VALUES(NOW(),ROUND(RAND()*10),
ROUND(RAND()*10));
END;
SELECT * FROM t_num;
```

（3）创建操作表t_sum的存储过程up_t_sum，SQL语句如下：

```
CREATE PROCEDURE up_t_sum()
BEGIN
# 声明变量
DECLARE num1sum INT DEFAULT 0;
DECLARE num2sum INT DEFAULT 0;
DECLARE sum1 INT DEFAULT 0;
DECLARE sum2 INT DEFAULT 0;
DECLARE flag INT DEFAULT 0;
DECLARE cur1 CURSOR FOR SELECT num1,num2 FROM t_num;  # 声明游标
# 声明游标的异常处理,设置一个终止标记flag
DECLARE CONTINUE HANDLER FOR SQLSTATE '02000' SET flag=1;
OPEN cur1;  # 打开游标
FETCH cur1 INTO num1sum,num2sum;  # 读取一行记录到变量
WHILE (flag ! = 1)DO
    SET sum1=sum1+num1sum;
    SET sum2=sum2+num2sum;
    FETCH cur1 INTO num1sum,num2sum;
END WHILE;
INSERT INTO t_sum(CurrentTime,sums1,sums2) VALUES(NOW(),sum1,sum2);
CLOSE cur1;  # 关闭游标
END;
```

（4）创建运行存储过程up_t_sum的事件ev_t_sum_sum，SQL语句如下：

```
DROP EVENT ev_t_sum_sum;
CREATE EVENT ev_t_sum_sum
ON SCHEDULE
EVERY 1 MINUTE
STARTS NOW()
ENDS NOW()+INTERVAL 1 HOUR
DO
BEGIN
    CALL up_t_sum();  # 在事件中调用过程
END;
SELECT * FROM t_sum;
```

11.2.2　修改事件

事件被创建之后,使用 ALTER EVENT 语句修改其定义和相关属性,其语法格式如下:

```
ALTER EVENT event_name
    [ON SCHEDULE schedule]
    [RENAME TO new_event_name]
    [{ENABLE | DISABLE | DISABLE ON SLAVE}]
    [DO event_body];
```

ALTER EVENT 语句与 CREATE EVENT 语句使用的语法相似,这里不再重复解释其语法。可以使用一条 ALTER EVENT 语句让一个事件关闭或再次让其活动。需要注意的是:一个事件最后一次被调用后,它是无法被修改的,因为此时它已不存在了。

【例 11-13】　临时关闭 ev_student2 事件。SQL 语句如下:

```
ALTER EVENT ev_student2 DISABLE;
```

执行下面的查询语句,看到不再执行插入记录,表示该事件不再执行。

```
SELECT * FROM t_time;
```

【例 11-14】　开启临时关闭的事件 ev_student2。SQL 语句如下:

```
ALTER EVENT ev_student2 ENABLE;
```

然后执行查询语句,看到又开始插入记录了,表示该事件被开启。

```
SELECT * FROM t_time;
```

【例 11-15】　将事件 ev_student2 的名字修改为事件 ev_student。SQL 语句如下:

```
ALTER EVENT ev_student2 RENAME TO ev_student;
```

改名不会影响该事件的运行。

11.2.3　删除事件

使用 DROP EVENT 语句删除已创建的事件,其语法格式如下:

```
DROP EVENT [IF EXISTS] event_ name;
```

【例 11-16】　删除名为 ev_student 的事件。其 SQL 语句如下:

```
DROP EVENT IF EXISTS ev_student;
```

11.3　练习 11

一、选择题

1. 下列选项中,触发器不能触发的事件是(　　　)。

　　A. INSERT　　　　B. UPDATE　　　　C. DELETE　　　　D. SELECT

2. MySQL所支持的触发器不包括(　　　)。

    A. INSERT触发器　　　　　　　　　B. DELETE 触发器

    C. CHECK触发器　　　　　　　　　D. UPDATE 触发器

3. 下列说法中错误的是(　　　)。

    A. 常用触发器有INSERT、UPDATE、DELETE 三种

    B. 对于同一张数据表,可以同时有两个BEFORE UPDATE触发器

    C. NEW临时表在INSERT触发器中用来访问被插入的行

    D. OLD临时表中的值只读,不能被更新

4. 关于CREATE TRIGGER作用描述正确的是(　　　)。

    A. 创建触发器　　B. 查看触发器　　　C. 应用触发器　　　　D. 删除触发器

5. 删除触发器的语句是(　　　)。

    A. CREATE TRICGER 触发器名称;　　　B. DROP DATABASE 触发器名称;

    C. DROP TRICGERS 触发器名称;　　　D. SHOW TRIGGERS 触发器名称;

二、练习题

1. 在学生信息数据库 studentInfo 的表 SelectCourse 中创建触发器 trigger_delete,用于当每次删除表 SelectCourse 中的一行记录时,将用户变量 str 的值设置为"成绩记录已删除!"。

2. 在表 SelectCoursescore 中创建触发器 trigger_inser,用于当每次向表 SelectCourse 中插入一行记录时,将用户变量 str 的值设置为"新成绩记录已经添加!"。

3. 在表 SelectCoursescore 中创建一个触发器 trigger_update,用于当每次更新该表中 Score 列的值时,将用户变量 str 的值设置为"成绩记录已经更新!"。

4. 删除数据库 studentInfo 中的触发器 trigger_insert。

第12章 事务和锁

本章主要讲述事务的概念、事务的处理,以及锁与并发控制。

12.1 事务

事务处理在数据库开发过程中有着非常重要的作用,它可以保证在同一个事务中的操作具有同步性。

12.1.1 事务的概念

1. 事务的基本概念

事务是指数据库中的一个单独单元操作序列,它由一条或多条SQL语句组成,这些SQL语句不可分割且相互依赖,而且单元作为一个整体是不可分割的。只有当单元中的所有SQL语句都被成功执行后,整个单元的操作才会被更新到数据库;如果单元中有其中一条语句执行失败,则整个单元的操作都将被撤销(回滚),所有被影响的数据将返回事务开始前的状态。因此,只有事务中的所有语句都成功地执行,才能说这个事务被成功地执行。也就是说,事务的执行要么成功,要么就返回事务开始前的状态,这就保证了同一事务操作的同步性和数据的完整性。在银行交易、股票交易、网上购物等应用中,都是以事务为基本的构成来实现的。

事务通常包含一系列更新操作(UPDATE、INSERT和DELETE等操作语句),这些更新操作是一个不可分割的逻辑工作单元。如果事务被成功地执行,那么该事务中所有的更新操作都会被成功地执行,并将执行结果提交到数据库文件中,成为数据库永久的组成部分。如果事务中某个更新操作执行失败,那么事务中的所有更新操作均被撤销,所有受影响的数据将返回事务开始前的状态。简言之,事务中的更新操作要么都执行,要么都不执行,这个特征叫事务的原子性。事务是构成多用户使用数据库的基础。

在MySQL中,InnoDB和BDB存储引擎支持事务,而MyISAM和MEMORY存储引擎不支持事务,本章使用InnoDB存储引擎创建表。

2. 事务的ACID特性

每个事务必须满足ACID特性,即原子性(A)、一致性(C)、隔离性(I)和持久性(D)。

(1) 原子性(atomicity)。原子性是指一个事务必须被视为一个不可分割的最小工作单元,只有事务中所有的数据库操作都执行成功,才算整个事务执行成功。事务中如果有任何一个SQL语句执行失败,已经执行成功的SQL语句也必须撤销,数据库的状态退回执行事务前的状态。现实世界的应用程序(如金融系统)执行数据输入或更新,必须保证不出现数据丢失或错误的情况,以保证数据安全性。

(2)一致性(consistcncy)。一致性是指在事务处理时,无论执行成功还是中途失败,都要保证数据库系统处于一致的状态,保证数据库系统不会返回一个未处理的事务中。mysql中的一致性主要由日志机制实现,通过日志记录数据库的所有变化,为事务恢复提供了跟踪记录。

(3)隔离性(isolation)。隔离性是指当一个事务在执行时,不会受到其他事务的影响。保证了未完成事务的所有操作与数据库系统的隔离,直到事务完成为止,才能看到事务的执行结果。

(4)持久性(durability)。持久性是指事务一旦提交,其对数据库的修改就是永久性的。MySQL通过保存记录事务过程中系统变化的二进制事务日志文件来实现持久性。

12.1.2　事务处理

事务是由用户输入的一组SQL语句构成的,它以修改成持久的状态或者回滚到原来状态而终结。

1. 准备事务

1)查看系统变量@@autocommit的值

MySQL默认自动提交事务,即当一个会话开始时,系统变量@@autocommit值为ON,即自动提交功能是打开的。使用SHOW VARIABLES语句查看系统变量@@autocommit的值,具体如下:

```
SHOW VARIABLES LIKE 'autocommit';
```

在Navicat的命令列界面或者MySQL客户端程序中运行上面的语句,显示结果如下:

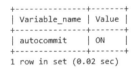

```
+---------------+-------+
| Variable_name | Value |
+---------------+-------+
| autocommit    | ON    |
+---------------+-------+
1 row in set (0.02 sec)
```

当@@autocommit值为ON时,每执行一条SQL语句后,该语句对数据库的修改就立即被提交成为持久性修改,保存到磁盘上,一个事务也就结束了。

【例12-1】　在数据库school中新建一个账户表account,表的定义包括账户编号id(INT,主键)、账户名name(VARCHAR(20))和账户余额money(DECIMAL(10,2))。

(1)定义account表的SQL语句如下:

```
USE school;
CREATE TABLE account(
    id INT PRIMARY KEY,
    name VARCHAR(20),
```

```
    money DECIMAL(10,2)
);
```

在Navicat的命令列界面(数据库school的命令列界面)或者MySQL客户端程序中,输入SQL语句。

```
mysq1>USE school;
Database changed
mysq1>CREATE TABLE account(
    id INT PRIMARY KEY,
    name VARCHAR(20),
    money DECIMAL(10,2)
);
Query OK,0 rows affected (0.60 sec)
```

(2)创建account表后,向该表添加3条账户记录,SQL语句如下:

```
mysq1>INSERT INTO account (id,name,money) VALUES (101,'A',1000),(102,
'B',1000),(103,'C',1000);
Query OK,3 rows affected (0.00 sec)
Records: 3 Duplicates:0 Warnings: 0
```

(3)查看account表中的记录,SQL语句如下:

```
SELECT * FROM account;

+-----+------+---------+
| id  | name | money   |
+-----+------+---------+
| 101 | A    | 1000.00 |
| 102 | B    | 1000.00 |
| 103 | C    | 1000.00 |
+-----+------+---------+
3 rows in set (0.03 sec)
```

2) 关闭自动提交

由于默认事务自动提交是开启的状态,如果需要进行事务操作,必须关闭自动提交。在SET语句中,0代表OFF;1代表ON。关闭自动提交事务的语句如下:

```
SET @@autocommit=0;
SHOW VARIABLES LIKE 'autocommit';

+---------------+-------+
| Variable_name | Value |
+---------------+-------+
| autocommit    | OFF   |
+---------------+-------+
1 row in set (0.02 sec)
```

执行此语句后,必须明确地指示每个事务何时开始、何时结束,事务中的SQL语句对数据库所做的修改才能成为持久化修改。

2. 开始事务

如果要将一组SQL语句作为一个事务,则需要先显式地开启一个事务。开启一个事务的语法格式如下:

```
START TRANSACTION;
```

执行开启事务语句后,每一条SQL语句不再自动提交。

【例12-2】 通过事务,把账户A的100元转给账户B,模拟自动回滚。

(1)先关闭自动提交,SQL语句如下:

```
SET @@autocommit=0;
```

(2)开启事务,SQL语句如下:

```
START TRANSACTION;
```

(3)将账户A减少100元,SQL语句如下:

```
UPDATE account SET money=money-100 WHERE name='A';
```

(4)将账户B增加100元,SQL语句如下:

```
UPDATE account SET money=money+100 WHERE name='B';
```

(5)查看转账后的表记录,SQL语句如下:

```
SELECT * FROM account;

+-----+------+---------+
| id  | name | money   |
+-----+------+---------+
| 101 | A    | 900.00  |
| 102 | B    | 1100.00 |
| 103 | C    | 1000.00 |
+-----+------+---------+
3 rows in set (0.02 sec)
```

从查询结果看到,实现了账户A向账户B转账100元。

(6)为了查看没有提交事务的结果,直接关闭Navicat窗口或者MySQL客户端程序窗口。

(7)重新打开Navicat窗口(数据库school的命令列界面)或者MySQL客户端程序窗口,查询account表的记录,SQL语句如下:

```
SELECT * FROM account;

+-----+------+---------+
| id  | name | money   |
+-----+------+---------+
| 101 | A    | 1000.00 |
| 102 | B    | 1000.00 |
| 103 | C    | 1000.00 |
+-----+------+---------+
3 rows in set (0.02 sec)
```

从查看记录的结果看到,账户A和账户B的数据都恢复到了执行UPDATE前的状态。这是因为没有提交事务而自动回滚造成的。

3. 提交(结束)事务

开启事务后,只有执行手动提交或结束事务语句后,从事务开始以来所执行的所有数据修改才会具有持久性,这也标志一个事务的结束,其语法格式如下:

```
COMMIT;
```

注意:MySQL使用的是平面事务模型,因此不允许事务的嵌套。在第一个事务里使用START TRANSACTION命令后,当第二个事务开始时,则自动提交第一个事务。同样,下面这些MySQL语句运行时都会隐式地执行一个COMMIT命令:DROP DATABASE=1,DROP TABLE=1,CREATE INDEX=1,DROP INDEX=1,ALTER TABLE=1,RENAME TABLE=1,LOCK TABLES=1,UNLOCK TABLES=1,SET AUTOCOMMIT=1。

【例12-3】 通过事务把账户A的100元转给账户B,完成提交事务。

在Navicat窗口或者MySQL客户端程序窗口中,执行例12-2的第2步到第5步的SQL语句,然后提交事务语句:

```
mysq1>COMMIT;
Query OK,0 rows affected (0.02 sec)
SELECT * FROM account;

+-----+------+---------+
| id  | name | money   |
+-----+------+---------+
| 101 | A    | 900.00  |
| 102 | B    | 1100.00 |
| 103 | C    | 1000.00 |
+-----+------+---------+
3 rows in set (0.03 sec)
```

至此,通过事务实现了转账。

4. 撤销(回滚)事务

在操作一个事务时,对于没有提交的事务,除可以自动撤销外,也可以手动撤销或回滚事务所做的修改,并结束当前这个事务。撤销事务的语法格式如下:

```
ROLLBACK;
```

【例12-4】 通过事务,把账户C的300元转给账户B。

(1)开启事务,SQL语句如下:

```
SET @@autocommit=0;
START TRANSACTION;
```

(2)将账户C减少300元,SQL语句如下:

```
UPDATE account SET money=money-300 WHERE name='C';
```

(3)将账户B增加300元,SQL语句如下:

```
UPDATE account SET money=money+300 WHERE name='B';
```

（4）查看转账后的表记录，SQL语句如下：

```
SELECT * FROM account;
```

```
+-----+------+---------+
| id  | name | money   |
+-----+------+---------+
| 101 | A    | 900.00  |
| 102 | B    | 1400.00 |
| 103 | C    | 700.00  |
+-----+------+---------+
3 rows in set (0.03 sec)
```

从查询结果看到，账户C减少了300元，账户B增加了300元，转账操作完成。但是，此时没有提交事务。

（5）回滚事务。SQL语句如下：

```
mysql>ROLLBACK;
Query OK,0 rows affected (0.00 sec)
```

显示回滚事务成功。

（6）查看表中的记录，SQL语句如下：

```
SELECT * FROM account;
```

```
+-----+------+---------+
| id  | name | money   |
+-----+------+---------+
| 101 | A    | 900.00  |
| 102 | B    | 1100.00 |
| 103 | C    | 1000.00 |
+-----+------+---------+
3 rows in set (0.03 sec)
```

从查询结果看到，账户B和账户C的金额回到了转账前的状态，因为回滚了事务。

5. 事务保存点

在回滚事务时，事务内所有的操作都将撤销。如果希望只撤销一部分，可以用事务保存点来实现。

1）设置事务保存点

使用SAVEPOINT语句设置一个事务保存点，其语法格式如下：

```
SAVEPOINT identifier;
```

其中，identifier为事务保存点的名称。一个事务可以创建多个事务保存点，在提交事务后，事务保存点就会被删除。另外，在回滚到某个事务保存点后，在该事务保存点之后创建过的事务保存点也会自动被删除。

2）回滚到一个事务保存点

如果设置事务保存点后，当前事务对数据进行了更改，则可以回滚到指定的事务保存点，其语法格式如下：

```
ROLLBACK TO SAVEPOINT identifier;
```

当事务回滚到某个事务保存点后,在该事务保存点之后设置的事务保存点将被删除。

3)删除已命名的事务保存点

如果不再需要一个事务保存点,可以从当前事务的一组事务保存点中删除指定的事务保存点,语法格式如下:

```
RELEASE SAVEPOINT identifier;
```

【例12-5】 事务保存点示例。

(1)查看account表中的记录,SQL语句如下:

```
SELECT * FROM account;
```

```
+-----+------+---------+
| id  | name | money   |
+-----+------+---------+
| 101 | A    | 900.00  |
| 102 | B    | 1100.00 |
| 103 | C    | 1000.00 |
+-----+------+---------+
3 rows in set (0.04 sec)
```

(2)开启事务,SQL语句如下:

```
START TRANSACTION;
```

(3)将账户B减少500元,SQL语句如下:

```
UPDATE account SET money=money-500 WHERE name='B';
```

(4)创建保存点s1,SQL语句如下:

```
SAVEPOINT s1;
```

(5)账户B再减少100元,SQL语句如下:

```
UPDATE account SET money=money-100 WHERE name='B';
```

(6)将事务回滚到保存点s1,然后查询表记录,SQL语句如下:

```
ROLLBACK TO SAVEPOINT s1;
SELECT * FROM account;
```

```
+-----+------+---------+
| id  | name | money   |
+-----+------+---------+
| 101 | A    | 900.00  |
| 102 | B    | 600.00  |
| 103 | C    | 1000.00 |
+-----+------+---------+
3 rows in set (0.02 sec)
```

账户B的金额只减少了500元,说明当前恢复到了保存点s1时的数据状态。

(7)再次回滚,然后查询表记录,SQL语句如下:

```
ROLLBACK;
SELECT * FROM account;
```

```
+-----+------+---------+
| id  | name | money   |
+-----+------+---------+
| 101 | A    | 900.00  |
| 102 | B    | 1100.00 |
| 103 | C    | 1000.00 |
+-----+------+---------+
3 rows in set (0.03 sec)
```

上述显示金额与事务开始时相同,说明事务回滚成功。

(8)最后提交事务:

```
COMMIT;
```

6. 事务应用实例

【例12-6】 在银行转账业务中,从汇款账户中减去指定金额,并将该金额添加到收款账户中。

(1)创建存储过程up_banktransfer,将outflow账户的moneys金额转账到inflow账户中,从而完成银行转账业务。当事务中的UPDATE语句出现错误时则回滚;如果执行成功则提交事务。存储过程中的输出参数state为状态值,当事务成功执行时,state值为1,否则state值为0。在Navicat的新建查询窗格中输入如下MySQL代码。

```
DROP PROCEDURE IF EXISTS up_banktransfer;
CREATE PROCEDURE up_banktransfer(in outflow VARCHAR(20),in inflow
VARCHAR(20),in moneys FLOAT,out state int)
MODIFIES SQL DATA
BEGIN
DECLARE money_value FLOAT;  # 转出账户的余额
SELECT money INTO money_value FROM account WHERE name=outflow;
# 得到转出账户的余额
IF money_value-moneys>=0 THEN
# 如果转出账户的余额减去转出金额后仍然大于或等于 0
    BEGIN  # 执行转出事务
    SET state=1;
    START TRANSACTION;
    UPDATE account SET money=money-moneys WHERE name=outflow;
    UPDATE account SET money=money+moneys WHERE name=inflow;
    COMMIT;
    END;
ELSE
    BEGIN  # 转出账户的余额不够,不执行转账事务
    SET state=0;
    END;
END IF;
END;
```

上面转账业务中的两条UPDATE语句是一个整体,如果其中任何一条UPDATE语句执

行失败,则两条UPDATE语句都应该被撤销,从而保证转账前后的总金额不变。使用事务机制和错误处理机制来完成银行的转账业务,从而保证数据的一致性。

（2）账户C向账户A转账1 000元,设置存储过程参数并调用存储过程,在Navicat的新建查询窗格中输入如下SQL语句:

```
SELECT * FROM account;
```

```
SET @outflow='C';
SET @inflow='A';
SET @moneys=1000;
SET @state=NULL;
CALL up_banktransfer(@outflow,@inflow,@moneys,@state);
SELECT @state;
```

上面过程执行后,输出参数state值,查看account表的记录,SQL语句如下:

```
SELECT * FROM account;
```

（3）账户C向账户B转账500元,设置存储过程参数并调用存储过程,SQL语句如下:

```
SET @outflow='C';
SET @inflow='B';
SET @moneys=500;
SET @state=NULL;
CALL up_banktransfer(@outflow,@inflow,@moneys,@state);
SELECT @state;
```

上面过程执行后,输出参数state值,查看account表的记录,SQL语句如下:

```
SELECT * FROM account;
```

由于账户 C 当前余额不足 500, 所以不执行转账, 将输出参数 state 设置为 0。

12.2 锁与并发控制

并发即指在同一时刻, 多个操作并行执行。MySQL 对并发的处理主要应用了两种机制, 分别为"锁"和"多版本并发控制"。

当有多个查询在同一时刻修改数据时, 就会引发并发控制的问题, 这个问题的解决方法就是并发控制。在 MySQL 中是利用锁机制来实现并发控制的。

12.2.1 锁

1. 锁的种类

锁是一种用来防止多个客户端同时访问数据而产生问题的机制。处理并发的读或写时, 主要通过读锁和写锁实现并发控制。

读锁也叫共享锁, 因为多个用户在同一时刻可以同时读取一个资源, 而互不干扰, 不会破坏数据, 所以读锁是共享的, 多个读请求可以同时共享一把锁来读取数据, 而不会造成阻塞。

写锁也叫排他锁, 写锁会阻塞其他的写锁和读锁, 这样就能确保在任何时刻只有一个用户写入。当某个用户在修改某一部分数据时, 会通过锁定以防止其他用户读取同一数据。写锁会排斥其他所有获取锁的请求, 一直阻塞到完成写入并释放锁。

读写锁可以做到读读并行, 但是无法做到写读、写写并行。

2. 锁的粒度

在给定的资源上, 锁定的数据量越少, 则系统的并发程度越高。每种 MySQL 存储引擎都可以实现自己的锁策略和锁粒度, 所谓锁策略就是在锁的开销和数据安全性之间的平衡策略。将锁粒度控制在某个级别, 可以为某些特定场景提供更好的性能, 但是也会失去对其他场景的支持。

在锁粒度方面, MySQL 提供表级锁和行级锁。MySQL 不同的存储引擎支持不同的锁粒度。锁粒度越小, 越有利于对数据库操作的并发执行。但是管理锁消耗的资源也会更多。

MyISAM 和 MEMORY 存储引擎采用的是表级锁;InnoDB存储引擎既支持行级锁,也支持表级锁,但在默认情况下采用行级锁。

1) 表级锁

表级锁会锁定整张表,这样维护锁的开销最小,但是会降低表的读写效率。如果一个用户通过表级锁来实现对表的写操作(插入、删除、更新),那么先需要获得该表的写锁,那么在这种情况下,其他用户对该表的读写都会被阻塞。一般情况下,ALTER TABLE之类的语句才会使用表级锁。没有写锁时其他用户才能获得读锁,读锁之间不会进行阻塞。其特点是:开销小,加锁快;不会出现死锁;锁定力度大,发生锁冲突的概率最高,并发度最低。

2) 行级锁

在锁定过程中行级锁比表级锁提供了更精细的控制。在这种情况下,只有线程使用的行是被锁定的。表中的其他行对于其他线程都是可用的。在多用户的环境中,行级锁降低了线程间的冲突,可以使多个用户同时从一个相同表读数据甚至写数据。其特点是:开销大,加锁慢;会出现死锁;锁定力度最小,发生锁冲突的概率最低,并发度最高。

【例 12-7】 InnoDB行级锁操作演示示例:在不同的客户端分别向账户B存款。打开两个MySQL客户端程序(客户端A和客户端B),模拟两个事务的操作,如表12-1所示。

在MySQL客户端程序A窗口和程序B窗口中的操作如图12-1和图12-2所示。

表 12-1　InnoDB行级锁操作演示

A 事 务	B 事 务
mysql> USE school; mysql> SELECT * FROM account; mysql> SET @@autocommit=0; mysql> START TRANSACTION; mysql> UPDATE account SET money=1000 WHERE name='B'; Query OK,1 row affected (0.00 sec) Rows matched: 1 Changed: 1 Warnings: 0 mysql> COMMIT; mysql> UPDATE account SET money=1500 WHERE name='B'; ERROR 1205 (HY000): Lock wait timeout exceeded; try restarting transaction mysql> SELECT * FROM account;	mysql> USE school; mysql> SELECT * FROM account; mysql> SET @@autocommit=0; mysql> START TRANSACTION; mysql> UPDATE account SET money=2000 WHERE name='B'; ERROR 1205 (HY000): Lock wait timeout exceeded; try restarting transaction mysql> UPDATE account SET money=2000 WHERE name='B'; Query OK,1 row affected (0.00 sec) Rows matched: 1 Changed: 1 Warnings: 0 mysql> SELECT * FROM account; mysql> COMMIT;

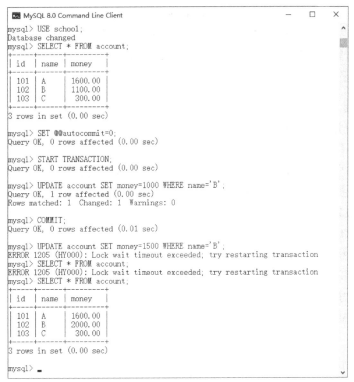

图12-1　客户端程序 A 窗口

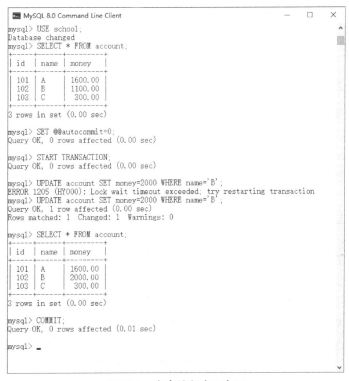

图12-2　客户端程序 B 窗口

当在客户端A中的事务更新一条记录时，如果没有提交事务，则在客户端B中的另外一个事务中更新同一条记录时，当前正在更新的记录需要等待其他事务把锁释放。当超过事务等待锁允许的最大时间时，则出现"ERROR 1205(HY000)"的错误提示，表示当前事务执行失败，自动执行回滚操作。

3. 事务与锁

在MySQL中并不只是用锁来维护并发控制，也可以将事务看作并发中的一部分——事务包含了一组操作，事务和事务之间可以并行执行。事务和事务之间的并发也和普通的并发操作一样会共享相同的资源，这样并发执行的事务之间就会相互影响。根据事务之间影响程度的不同，提出了事务的隔离级别这个概念，分别是 READ UNCOMMITTED、READ COMMITTED、REPEATABLE READ、SERIALIZABLE。

READ UNCOMMITTED是一个事务对共享数据的修改马上能被另一个事务感知到，也就是没有对修改操作做任何特殊处理。

SERIALIZABLE是通过加锁的方式强制事务串行执行，这样可以避免幻读。但这种方式会带来大量锁争用问题。

READ COMMITTED和REPEATABLE READ是基于MVCC的方式实现的。

4. 死锁

死锁指两个以上的事务在同一资源上相互占用，并且请求锁定对方占用的资源导致的恶性循环现象。死锁可能会因为数据的冲突而产生，也会由存储引擎的实现方式导致。

为了解决这类问题，数据库系统实现了各种死锁检测和死锁超时机制。例如，InnoDB存储引擎能够检测到死锁的循环依赖，并且返回一个错误。InnoDB使用了较为简单的算法处理死锁：将持有最少行级写锁的事务回滚。

12.2.2　多版本并发控制

MySQL对于事务之间并发控制的实现并不是简单地使用行级锁。MySQL在读操作时并不加锁，只有在写操作时才会对修改的资源加锁。

MVCC(multiversion concurrency control，多版本并发控制)在MySQL的大多数事务引擎(如InnoDB)中，都不只是简单地实现了行级锁，否则会出现这样的情况：在数据A被某个用户更新期间(获取行级写锁)，其他用户读取该条数据(获取读锁)都会被阻塞。但现实情况显然不是这样，这是因为MySQL的存储引擎基于提升并发性能的考虑，通过MVCC做到了读写分离，从而实现不加锁读取数据，进而做到了读写并行。

MVCC保存了数据资源在不同时间点上的多个快照。根据事务开始的时间不同，每个事务看到的数据快照版本是不一样的。

以InnoDB存储引擎的MVCC实现为例，其实现过程如下。

InnoDB的MVCC，是通过在每行记录后面保存两个隐藏的列来实现的。这两个列，一个保存了行的创建时间，另一个保存了行的过期时间。当然它们存储的并不是实际的时间值，而是系统版本号。每开启一个新的事务，系统版本号都会自动递增；事务开始时刻的系统版本号会作为事务的版本号，用来和查询到的每行记录的版本号进行比较。在REPEATABLE READ隔离级别下，MVCC的具体操作如下。

INSERT:存储引擎为新插入的每一行保存当前的系统版本号,作为这一行的开始版本号。

UPDATE:存储引擎会新插入一行记录,当前的系统版本号就是新记录行的开始版本号。同时会将原来行的过期版本号设为当前的系统版本号。

DELETE:存储引擎将删除的记录行的过期版本号设置为当前的系统版本号。

SELECT:当读取记录时,存储引擎会选取满足下面两个条件的行作为读取结果。

(1)读取记录行的开始版本号必须早于当前事务的版本号。也就是说,在当前事务开始之前,这条记录已经存在。在事务开始之后才插入的行,事务不会看到。

(2)读取记录行的过期版本号必须晚于当前事务的版本号。也就是说,当前事务开始的时候,这条记录还没有过期。在事务开始之前就已经过期的数据行,该事务也不会被看到。

通过上面的描述可以看到,在存储引擎中,同一时刻存储了一个数据行的多个版本。每个事务会根据自己的版本号和每个数据行的开始及过期版本号选择读取合适的数据行。

MVCC 只在 READ COMMITTED 和 REPEATABLE READ 这两个级别下工作。

12.3 习题12

一、选择题

1. 事务的( )特性要求事务必须被视为一个不可分割的最小工作单元。

   A. 原子性　　　　B. 一致性　　　　C. 隔离性　　　　D. 持久性

2. 事务是数据库进行的基本工作单位。如果一个事务执行成功,则全部更新被提交;如果一个事务执行失败,则已做过的更新被恢复原状,好像整个事务从未有过这些更新。这样保持了数据库处于( )状态。

   A. 安全性　　　B. 一致性　　　　C. 完整性　　　　D. 可靠性

3. 如果不对并发操作加以控制,可能会带来数据的( )问题。

   A. 不安全　　　B. 死锁　　　　　C. 死机　　　　　D. 不一致

4. 事务中能实现回滚的语句是( )。

   A. TRANSACTION　　　　　　　B. COMMIT

   C. ROLLBACK　　　　　　　　　D. SAVEPOINT

5. MySQL的事务不具有的特征是( )。

   A. 原子性　　　B. 隔离性　　　　C. 一致性　　　　D. 共享性

6. MySQL默认隔离级别为( )。

   A. READ UNCOMMITTED　　　　B. READ COMMITTED

   C. REPEATABLE READ　　　　　D. SERIALIZABLE

7. 一个事务读取了另外一个事务未提交的数据,称为( )。

   A. 幻读　　　　B. 脏读　　　　　C. 不可重复读　　D. 可串行化

二、练习题

1. 在学生信息数据库 studentInfo 中,创建存储过程 up_score,实现在 SelectCourse 表上执行 update 语句的事务,并执行存储过程。

2. 定义一个事务,向班级表 class 中添加一条记录,并设置事务保存点。然后删除该记录,并回滚到事务保存点,提交事务。

第13章　用户和权限管理

本章主要讲述 MySQL 的用户和权限管理,包括权限表、用户管理、账户权限管理。

13.1　MySQL 的权限表

数据库的权限管理是指为了保证数据库的安全性,数据库管理员需要为每个用户赋予不同的权限,以满足不同用户的需求。例如,只允许某用户执行 SELECT 操作,那么就不能执行 INSERT、UPDATE、DELETE 等操作;只允许某用户从一台特定的计算机上连接 MySQL 服务器,那么就不能从这台计算机以外的计算机上连接 MySQL。

MySQL 服务器通过权限控制用户对数据库的访问,在安装 MySQL 时,会安装多个系统数据库,MySQL 权限表存储在名为 mysql 的数据库中。用户登录以后,MySQL 会根据这些权限表的内容为每个用户赋予相应的权限。这些权限表中最重要的是 user 表,MySQL 用户的信息都存储在 user 表中。权限表中常用到的表有 user、db、tables_priv、colurmns_priv 和 procs_priv。

13.1.1　user 表

user 表是 MySQL 中最重要的一个权限表,存储连接到 MySQL 服务器的账户信息。user 表存储连接服务器的用户和密码,并且存储它们有哪种全局(超级用户)权限。在 user 表中启用的任何权限均是全局权限,并适用于所有数据库。MySQL 8.0 的 user 表有 51 个列,这些字段共分为 4 类,分别是用户列、权限列、安全列和资源控制列。用得比较多的是用户列和权限列,其中权限又分为普通权限和管理权限:普通权限主要用于对数据库的操作;而管理权限主要是对数据库进行管理的操作。

使用 DESE 语句查看表的基本结构。

【例 13-1】　查看 user 表结构,使用下面 SQL 语句:

```
USE mysql;
DESC user;
```

在 Navicat 的命令列界面中的执行结果如图 13-1 所示。

从结果中可以看到用户的常见权限列定义。其他权限表也可以采用同样的方式来查看。

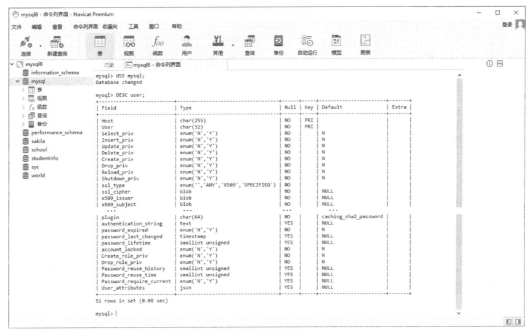

图13-1　查看user表结构

1. 用户列

user表中的host和user列都属于用户列。

【**例13-2**】　查询user表的用户列,即查看MySQL有哪些用户。SQL代码和运行结果如下:

```
SELECT Host,User FROM user;
```

```
+-----------+------------------+
| Host      | User             |
+-----------+------------------+
| localhost | mysql.infoschema |
| localhost | mysql.session    |
| localhost | mysql.sys        |
| localhost | root             |
+-----------+------------------+
4 rows in set (0.04 sec)
```

从运行结果看到,user列的值为root的用户有1个,Host列下的主机名都是localhost。当添加、删除或修改用户信息时,其实就是对user进行操作。

2. 权限列

user表中包含几十个与权限有关且以piv结尾的列,这些权限列决定了用户的权限,这些权限不仅包括基本权限、修改和添加权限等,还包含关闭服务器权限、超级权限和加载权限等。不同用户所拥有的权限可能会有所不同。这些列的值只有Y或N,表示有权限和无权限。默认是N,如图13-1所示,可以使用grant语句为用户赋予一些权限。

【**例13-3**】　查看localhost主机下用户的SELECT、INSERT、UPDATE权限。SQL代码和运行结果如下:

```
SELECT select_priv,insert_priv,update_priv,create_priv,User,Host
FROM user WHERE Host='localhost';
```

```
+-------------+-------------+-------------+-------------+-------------------+-----------+
| select_priv | insert_priv | update_priv | create_priv | User              | Host      |
+-------------+-------------+-------------+-------------+-------------------+-----------+
| Y           | N           | N           | N           | mysql.infoschema  | localhost |
| N           | N           | N           | N           | mysql.session     | localhost |
| N           | N           | N           | N           | mysql.sys         | localhost |
| Y           | Y           | Y           | Y           | root              | localhost |
+-------------+-------------+-------------+-------------+-------------------+-----------+
4 rows in set (0.07 sec)
```

其中,root用户所有权限都是Y,表示root是超级用户。

3. 安全列

安全列只有5列,其中两个是与ssl相关的,用于加密;两个是与x509标准相关的,用于标识用户;plugin列标识用于验证用户身份的插件,如果该列为空,服务器使用内建授权验证机制验证用户身份。

13.1.2　db表

db表中存储了用户对某个数据库的操作权限,决定用户能从哪个主机存取哪个数据库。这个权限表不受grant和revoke语句的影响。db表的列大致分为两类,分别是用户列和权限列。

1. 用户列

db表的用户列有3个:host、db和user。这3个列分别表示主机名、数据库名和用户名。

2. 权限列

db表有create_routine_priv和alter_routine_priv这两个列,分别表示用户是否有创建和修改存储过程的权限。

13.1.3　tables_priv表

tables_priv表对单个表设置权限,指定表级权限,这里指定的权限适用于一个表的所有列。用户可以用desc语句查看表结构。tables_priv表有8个列,分别是host、db、user、table_name、grantor、timestamp、table_priv和column_priv。各个列说明如下。

（1）host、db、user和table_name 4个列分别表示主机名、数据库名、用户名和表名。

（2）grantor列表示修改该记录的用户。

（3）timestamp列表示修改该记录的时间。

（4）table_priv列表示对表进行操作的权限,这些权限包括SELECT、INSERT、UPDATE、DELETE、CREATE、DROP、GRANT、REFERENCES、INDEX和ALTER。

（5）column_priv列表示对表中的列进行操作的权限,这些权限包括SELECT、INSERT、UPDATE和REFERENCES。

13.1.4　columns_priv表

columns_priv表对表中的某一列设置权限,这些权限包括Select、Insert、Update和Referenees。该表包含7个列,分别是host、db、user、table_name、column_name、timestamp和column_priv。其中,column_name指定对哪些数据列具有操作权限。

MySQL中权限的分配是按照user表、db表、tables_priv表和columns_priv表的顺序。在数据库系统中,先判断user表中的值是否为Y,如果user表中的值是Y,就不需要检查后面的表了;如果user表中的值为N,则依次检查db表、tables_priv表和columns_priv表。

13.1.5　procs_priv表

proces_priy表对存储过程和存储函数设置权限,procs_priv表包含8个字段:host、db、user、routine_name、routine_type、grantor、proc_priv和timestamp。各个字段的作用说明如下。

（1）host、db和user列分别表示主机名、数据库名和用户名。

（2）routine_name列表示存储过程或存储函数的名称。

（3）routine_type列表示存储过程或存储函数的类型。该字段有两个值,分别是funcion和procedure。function表示是一个存储函数。procedure表示是一个存储过程。

（4）grantor列存储插入或修改该记录的用户。

（5）proc_priv列表示拥有的权限,包括execute、alter routine、grant3种。

（6）timestamp列存储记录更新的时间。

提示:在执行数据库操作时,需要使用root账户,登录MySQL,对整个MySQL服务器完全控制。

13.2　用户管理

用户管理包括创建用户,删除用户,密码管理,权限管理等内容。MySQL用户账户和信息存储在mysql数据库中,该数据库中的user表中包含了所有用户账户,在该表的user列存储用户的登录名。

MySQL中的用户分为root用户和普通用户,这两种用户的类型不同,权限是不一样的。root用户是超级管理员,拥有所有的权限,包括创建用户,删除用户,修改普通用户的密码等。而普通用户只拥有创建该用户时被赋予的权限。

13.2.1　使用SQL语句管理用户账户

对于新安装的MySQL数据库管理系统,只有一个名为root的用户。这个用户是在安装MySQL服务器后,由系统创建的,并且被赋予了操作和管理MySQL的所有权限。因此,root用户有对整个MySQL服务器具有完全控制进行权限。

在对MySQL的日常管理和实际操作中,为了避免恶意用户冒名使用root账户操控数据库,通常需要创建一系列具备适当权限的账户,而尽可能地不用或少用root账户登录系统,以此来确保数据的安全访问。一般来说,在日常的MySQL操作中,不应该使用root账户登录MySQL服务器和使用root操作。因此日常对MySQL管理时需要对用户账户进行管理。

1. 使用CREATE USER语句创建新用户账户
使用CREATE USER语句创建新用户账户,其语法格式如下:

```
CREATE USER user_name1 [IDENTIFIED BY 'password']
    [,user_name2 [IDENTIFIED BY 'password'] [,...]];
```

语法说明如下。

（1）要使用CREATE USER语句，必须拥有MySQL数据库的INSERT权限或全局CRE-ATE USER权限。作为练习，一般用root用户登录，用root用户创建新用户。

（2）user_name：指定用户账户，其格式为'username'@'hostname'，username是连接MySQL服务器使用的用户名；hostname是连接MySQL的客户机名或地址，可以是IP地址，也可以是客户机名，如果是本机，则使用localhost。如果只给出账户中的用户名，而没指定主机名，则主机名默认为"％"，表示一组主机。如果两个用户具有相同的用户名和不同的主机名，会将它们视为不同的用户，并允许为这两个用户分配不同的权限集合。

（3）IDENTIFIED BY：指定用户账户对应的密码（口令），如果该用户账户无密码，则可省略此子句，可以不使用密码登录MySQL，然而从安全的角度而言，不推荐这种做法。

（4）password：用户指定密码字符串。密码是以单引号括起来的字符串（最多255个字符），密码区分大小写，应该由ASCII字符组成；不能以空格、单引号或双引号开头，不能以空格结尾，不能含有分号。

（5）使用CREATE USER语句创建一个用户账户后，会在系统mysql数据库的user表中添加一条新记录。如果创建的账户已经存在，则语句执行时会出现错误。

（6）新创建的用户拥有的权限很少，可以登录到MySQL，只允许进行不需要权限的操作，如使用SHOW语句查询所有存储引擎和字符集的列表等，不能使用USE语句来让其他用户已经创建的任何数据库成为当前数据库，因此无法访问相关数据库的表。

【例13-4】 创建两个新用户，Jack的密码为654321，Lily的密码为abc123。SQL代码和运行结果如下：

```
CREATE USER 'Jack'@'localhost' IDENTIFIED BY '654321',
  'Lily'@'localhost' IDENTIFIED BY 'abc123';
```

在Navicat的新建查询窗格中的运行结果如图13-2所示。

图13-2 创建两个新用户

用户账户创建成功后,退出客户机,使用新用户登录MySQL客户端程序。在命令提示符窗口输入:mysql-uJack-p654321。显示如图13-3所示。

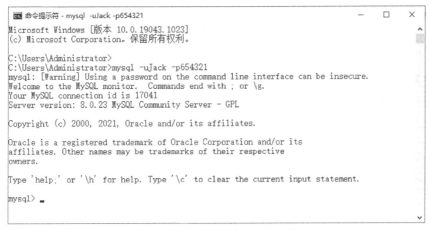

图13-3 在命令提示符窗口用新用户登录

2. 使用SELECT查看用户

使用SELECT查看用户的语法格式如下:

```
SELECT * FROM mysql.user
    WHERE user = 'user_name' AND host = 'host_name';
```

其中,"*"代表MySQL数据库中user表的所有列,也可以指定特定的列。常用的列名有host、user、password、select_priv、insert_priv、update_priv、delete_priv、create_priv、drop_priv、grant_priv、references_priv、index_priv等。

WHERE后面紧跟的是查询条件,WHERE语句可有可无,视情况而定,这里列举的条件是host和user两列。

【例13-5】 查看本地主机上的所有用户名。SQL代码和运行结果如下:

```
SELECT host,user FROM mysql.user;
```

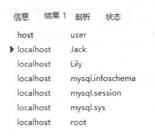

3. 使用RENAME USER修改用户账户

使用RENAME USER语句修改一个或多个已经存在的MySQL用户账户,其语法格式如下:

```
RENAME USER old_user TO new_user [,old_user TO new_user,...]
```

语法说明如下。

(1) old_user:已有用户账户,用户账户的格式为"'用户名'@'主机名'"。

（2）new_user：新的用户账户。

（3）要使用RENAME USER语句，必须拥有UPDATE权限或全局CREATE USER权限。

（4）如果旧账户不存在或者新账户已存在，则语句执行会出现错误。

【例13-6】 将本地用户Lily的名字修改成Anna。代码如下：

```
RENAME USER 'Lily'@'localhost' TO 'Anna'@'localhost';
```

4. 使用ALTER USER语句修改用户密码

ALTER USER语句的语法格式如下：

```
ALTER USER user_name [IDENTIFIED BY 'password'];
```

使用ALTER USER语句修改用户时，必须拥有ALTER USER权限。

【例13-7】 把Jack用户的密码更改为12345678。

在命令提示符窗口以root用户登录，输入：

```
mysql-uroot-p123456
```

连接到MySQL服务器，在MySQL命令行客户端中输入如下SQL语句：

```
ALTER USER 'Jack'@'localhost' IDENTIFIED BY '12345678';
```

运行结果如图13-4所示。

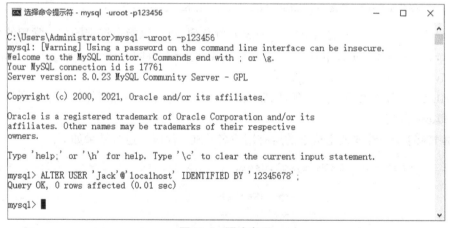

图13-4 更改密码

5. 使用DROP USER语句删除普通用户

使用DROP USER语句删除普通用户的语法格式如下：

```
DROP USER user_name1[,user_name2...];
```

其中，user_name是需要删除的用户，由用户名和主机组成。DROP USER语句可以同时删除多个用户，各个用户之间用逗号隔开，必须有DROP USER权限。

【例13-8】 删除名为Anna的用户，其host值为localhost。SQL代码如下：

```
DROP USER Anna@localhost;
```

13.2.2 使用Navicat管理用户账户

1. 使用Navicat创建用户

【例13-9】 使用Navicat创建用户Linda。

（1）以root用户登录后，在Navicat窗口左侧的导航窗格中，双击连接名连接到MySQL。

（2）在工具栏上单击"用户"，再单击"新建用户"，如图13-5所示。

图13-5 新建用户

（3）显示创建用户的窗格，在"用户名"后的文本框中输入Linda，在"主机"后输入 localhost，"插件"选项有 caching_sha2_password（默认值）、mysql_native_password 和 sha256_password。"密码过期策略"选项如下。

DEFAULT：将密码过期时间长度设置为数据库的默认值。在5.7.11版本之前，默认值为360天。从5.7.11版本开始，默认值为0天，这能有效地禁用自动密码过期。

IMMEDIATE：使用户密码过期，从而强制用户更新它。

INTERVAL：指定当前密码过期的天数。

NEVER：允许当前密码无限期保持有效状态。对脚本和其他自动化过程很有用。

设置相关属性如图13-6所示，单击"保存"按钮，完成新用户的创建。

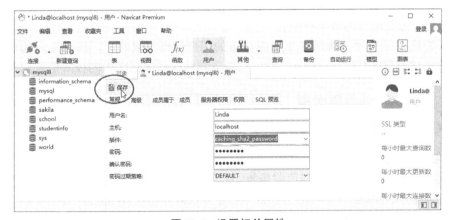

图13-6 设置相关属性

（4）最后关闭新建用户选项卡。新用户创建好以后，可以新建一个连接，通过"新建连接"对话框中的"测试连接"按钮，测试该新用户是否连接成功。

2. 使用Navicat修改用户

【例13-10】 使用Navicat修改用户Linda。

（1）以root用户登录后，在Navicat窗口中单击"用户"按钮，右击用户列表中的Linda@localhost，从弹出的快捷菜单中选择"编辑用户"命令（或者单击工具栏上的"编辑用户"按钮），如图13-7所示。

图13-7　对象选项卡

（2）打开修改用户的选项卡，可以修改所有选项。修改完成后，单击"保存"按钮。

3. 删除用户

【例13-11】 使用Navicat删除用户Linda。

（1）以root用户登录后，在Navicat窗口中单击"用户"按钮，右击用户列表中的Linda@localhost，从弹出的快捷菜单中选择"删除用户"命令（或者单击工具栏上的"删除用户"按钮）。

（2）在弹出的"确认删除"对话框中，单击"删除"按钮即可完成对当前用户的删除。

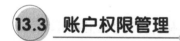13.3　账户权限管理

新创建的用户账户没有访问权限，只能登录MySQL服务器，不能执行任何数据库操作。需要为该用户分配适当的访问权限。

权限管理主要是对登录到MySQL服务器的用户进行权限验证。所有用户的权限都存储在MySQL的权限表中。在MySQL启动时，服务器将这些数据库中的权限信息读入内存。

13.3.1　MySQL的权限级别

MySQL提供了多个层次的权限类型，可授予用户不同的权限。

1. 全局权限级别

全局权限级别用于管理数据库服务器，这些权限是全局的，作用于整个MySQL服务器中的所有数据库，不单独针对特定的数据库。这些权限存储在mysql.user表中。

使用GRANT ALL ON *.*和REVOKE ALL ON *.*授予和撤销全局权限。

2. 数据库权限级别

数据库权限级别作用于某个指定数据库或者所有数据库及其内的所有对象。这些权限

存储在mysgl.db表中。

使用GRANT ALL ON db_name. *和REVOKE ALL ON db_name. *授予和撤销数据库权限。

其中,db_name表示被授权的数据库。

3. 表权限级别

表权限级别适用于一个给定表、视图、索引中的所有列,这些权限存储在mysgl.tables_priv表中。

使用GRANT ALL ON db_name. table_name和REVOKE ALL ON db_name. table_name授予和撤销表权限。

其中,db_name. table_name表示被授权的db_name数据库中的table_name表。

4. 列权限级别

列权限级别适用于一个给定表中的单一列,这些权限存储在mysql. columns_piv表中。当使用REVOKE时,必须指定该用户与被授权列相同的列。

采用SELECT (col1,col2...)、INSERT (col1,col2...)和UPDATE (col1,col2...)的格式。

5. 子程序权限级别

子程序权限级别即存储过程和存储函数权限级别。 CREATE ROUTINE、ALTERROUTINE、EXECUTE和GRANT等权限适用于已存储的子程序。这些权限可以被授予为全局权限和数据库权限。而且,除了CREATE ROUTINE外,这些权限可以被授予为子程序权限,并存储在mysql. procs_priv表中。

13.3.2 权限类型

MySQL服务器中有很多种类的权限,这些权限都存储在mysql数据库下的权限表中。常用MySQL的权限类型如表13-1所示。

表13-1 常用MySQL的权限类型

权 限 名	权限级别	权 限 说 明
ALL / ALL PRIVILEGES	所有权限	创建全局或者数据库级别的所有权限
CREATE、DROP	数据库、表或索引	创建数据库、表或索引权限,删除数据库或表权限
ALTER	表	更改表,如添加字段、索引,修改字段等
DELETE、INSERT、SELECT、UPDATE	表	删除、插入、查询表,更新表数据权限
CREATE VIEW、SHOW VIEW	视图	创建视图,查看视图权限
TRIGGER	触发器	触发器权限
EVENT	事件	事件权限
CREATE ROUTINE、ALTER ROUTINE、EXECUTE	存储过程	创建、修改、执行存储过程或存储函数权限
CREATE USER	服务器管理	创建用户权限

13.3.3 授予用户权限

授权就是为某个用户授予权限。针对不同用户对数据库的实际操作要求,分别授予用户对特定表的特定列、特定表、数据库的特定权限。使用GRANT语句为用户授予权限,只有拥有GRANT权限的用户才可以执行GRANT语句。GRANT语句的语法格式如下:

```
GRANT priv_type[(column_list)] [,priv_type[(column_list)]]...
    ON [object_type] priv_level
    TO user_name [,user_name]...
    [WITH GRANT OPTION];
```

语法说明如下。

(1) priv_type:指定权限名。如果是多个权限,用逗号隔开;如果是全部权限,使用ALL或ALL PRIVILEGES。

(2) column_list:指定权限要授予该表中哪些具体的列。如果有多个列,用逗号隔开,如果省略则作用于该表的所有列。

(3) ON子句:指定权限授予的对象object_type和级别priv_level,如可在ON关键字后面给出要授予权限的数据库名或表名等。

(4) object_type:指定权限授予的对象类型,包括表、函数和存储过程。object_type的格式如下:

```
TABLE | FUNCTION | PROCEDURE
```

(5) priv_level:指定权限的级别。priv_level的格式如下:

```
* | *.* | db_name.* | db_name.table_name | table_name | db_name.routine_name
```

在GRANT语句中用于指定权限级别的值有如下几类格式。

*:表示当前数据库中的所有表。

.:表示所有数据库中的所有表。

db_name.*:表示某个数据库中的所有表,db_name指定数据库名。

db.name.table_name:表示某个数据库中的某个表或视图,db_name指定数据库名,table_name指定表名或视图名。

table_name:表示某个表或视图,table_name指定表名或视图名。

db_name.routine_name:表示某个数据库中的某个存储过程或函数,routine_name指定存储过程名或函数名。

priv_level可以授予的权限有以下几组。

① 列权限:与表中的一个具体列相关,如使用UPDATE语句更新student表中Student-Name列的值的权限。

② 表权限:与一个具体表中的所有数据相关,如使用SELECT语句查询student表的所有记录的权限。

③ 数据库权限:与一个具体的数据库中的所有表相关,如在已有的数据库school中创建新表的权限。

④ 用户权限：与所有的数据库相关，如可以删除已有的数据库或者创建一个新的数据库的权限。

（6）TO 子句：指定被授予权限的用户 user_name，其格式为'username'@'hostname'。

（7）WITH GRANT OPTION：被授权的用户可以将这些权限赋予别的用户，为可选项。

1. 用 GRANT 语句给用户授权

GRANT 语句要求至少提供要授予的权限、被授予访问权限的数据库或表、用户名。

如果是在 MySQL 的命令行客户端下，则使用拥有 GRANT 权限的用户登录，这里用 root 登录 MySQL 服务器；如果使用 Navicat，则在导航窗格中双击连接名，启动连接。

【例 13-12】 授予系统中已存在用户 Jack 在数据库 school 中执行所有数据库操作的权限。以 root 用户登录到 MySQL 客户程序或 Navicat。SQL 语句如下：

```
GRANT All ON school.* TO 'Jack'@'localhost';
```

ALL 或 ALL PRIVILEGES 表示所有权限。在 Nacicat 中执行的结果如图 13-8 所示。

图 13-8　授予用户权限

【例 13-13】 创建两个新用户 Linda 和 Merry，并设置登录口令；授予在数据库 school 中的 student 表上拥有 SELECT 和 DELETE 的权限。以 root 用户登录到 MySQL 客户程序或 Navicat。SQL 代码如下：

```
CREATE USER 'Linda'@'localhost' IDENTIFIED BY '123',
    'Merry'@'localhost' IDENTIFIED BY '456';
GRANT SELECT,DELETE ON school.student TO 'Linda'@'localhost','Merry'@'
localhost';
```

成功执行后，可分别使用 Linda 和 Merry 的账户登录 MySQL 服务器，验证这两个用户是否具有了对 student 表执行 SELECT 和 DELETE 操作的权限。

【例 13-14】 授予用户 Merry 在数据库 school 的 class 表上拥有对列 Grade 和列 ClassNum 的 SELECT、UPDATE 权限。以 root 用户登录 MySQL 客户程序或 Navicat。SQL 代码如下：

```
GRANT SELECT,UPDATE(Grade,ClassNum) ON school.class TO 'Merry'@ 'localhost';
```

这条权限授予语句成功执行后，用 Merry 的账户登录 MySQL 服务器，就可以使用 SELECT 和 UPDATE 语句来查看和修改 class 表中列 Grade 和列 ClassNum 的记录项，而且仅能执行这项操作。如果执行其他的数据库操作,则会出现错误。

2. 权限的转移

将WITH子句指定为WTTH GRANT OPTION,则表示TO子句中指定的所有用户都具有把自己所拥有的权限授予其他用户的权利,而无论那些用户是否拥有该权限。

【例13-15】 授予当前系统中的Jack用户在数据库school的student表上拥有SELECT、UPDATE和DELTET的权限,并允许将自身的这个权限授予其他用户(Linda)。

(1)首先,在命令提示符窗口使用root账户登录MySQL服务器。连接到MySQL服务器后,在MySQL的命令行客户端输入如下SQL语句(图13-9):

```
mysql-uroot-p123456
GRANT SELECT,UPDATE,DELETE ON school.student TO 'Jack'@'localhost'
    WITH GRANT OPTION;
```

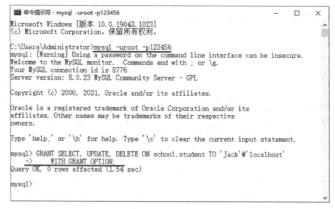

图13-9 设置权限

(2)再打开一个命令提示符窗口,以Jack账户登录MySQL服务器,Jack将自身的权限授予Linda用户。SQL语句如下(图13-10):

```
mysql-uJack-p12345678
GRANT SELECT,UPDATE,DELETE ON school.student TO 'Linda'@'localhost';
```

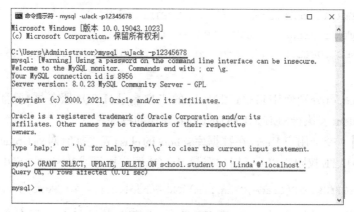

图13-10 权限转移

（3）然后打开一个命令提示符窗口，以 Linda 账户登录 MySQL 服务器，执行被授权的 SQL 语句（图 13-11）：

```
mysql-uLinda-p123
USE school;
SELECT * FROM student;
```

当执行没有权限的操作时，将出现错误提示。执行查询 class 表的操作（图 13-11）：

```
SELECT * FORM class;
```

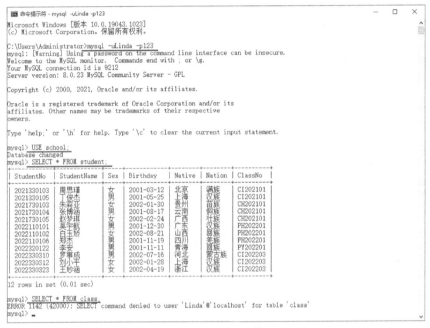

图 13-11　验证权限转移

13.3.4　查看权限

使用 SHOW GRANTS 查看指定用户账户的权限信息，基本语法格式如下：

```
SHOW GRANTS FOR 'username'@'hostname';
```

【例 13-16】　查看 Linda 用户的权限信息。SQL 语句和运行结果如下：

```
SHOW GRANTS FOR Linda@localhost;
```

```
+----------------------------------------------------------------------+
| Grants for Linda@localhost                                           |
+----------------------------------------------------------------------+
| GRANT USAGE ON *.* TO `Linda`@`localhost`                            |
| GRANT SELECT, UPDATE, DELETE ON `school`.`student` TO `Linda`@`localhost` |
+----------------------------------------------------------------------+
2 rows in set (0.02 sec)
```

13.3.5　权限的撤销

撤销一个用户的权限也称收回权限，就是取消已经赋予用户的某些权限。撤销权限后，该用户账户的记录将从 db、host、tables_priv 和 columns_priv 表中删除，但是该用户账户仍然存在，记录仍然保存在 user 表中。使用 REVOKE 语句撤销权限，其语法格式有两种：一种是收回用户指定的权限,另一种是收回用户的所有权限。要使用REVOKE语句,必须拥有数据库的全局CREATE或UPDATE权限。

1. 撤销指定权限

撤销用户指定权限的基本语法格式如下:

```
GRANT priv_type[(column_list)] [,priv_type[(column_list)]]...
    ON [object_type] priv_level
    FROM user_name [,user_name]...
```

其中,user_name是被撤销权限的用户,其格式为'username'@'hostname'。其他语法说明与授予用户权限相同。

【例13-17】 撤销Linda用户对数据库school中student表的UPDATE、DELETE权限。以root用户登录MySQL客户程序或Navicat。SQL代码和运行结果如下:

```
REVOKE UPDATE,DELETE ON school.student FROM Linda@localhost;
SHOW GRANTS FOR Linda@localhost;

+--------------------------------------------------------+
| Grants for Linda@localhost                             |
+--------------------------------------------------------+
| GRANT USAGE ON *.* TO `Linda`@`localhost`              |
| GRANT SELECT ON `school`.`student` TO `Linda`@`localhost` |
+--------------------------------------------------------+
2 rows in set (0.02 sec)
```

查看Lina撤销后的权限,只剩下SELECT权限了。

2. 收回所有权限

收回用户所有权限的基本语法如下:

```
REVOKE ALL PRIVILEGES,GRANT OPTION
FROM 'username'@'hostname'[,'username'@'hostname']...;
```

【例13-18】 撤销Linda用户的所有权限,包括GRANT权限。以root用户登录MySQL客户程序或Navicat。SQL语句和运行结果如下:

```
REVOKE ALL PRIVILEGES,GRANT OPTION FROM Linda@localhost;

+------------------------------------------+
| Grants for Linda@localhost               |
+------------------------------------------+
| GRANT USAGE ON *.* TO `Linda`@`localhost` |
+------------------------------------------+
1 row in set (0.02 sec)
```

查看Lina撤销后的权限,已经没有任何权限了。

13.4 习题13

一、选择题

1. 下列选项中,( )是MySQL默认提供的用户。

    A. admin   B. test   C. root   D. user

2. MySQL的权限信息存储在数据库( )中。

    A. mysql   B. test

    C. performance_schema   D. information_schema

3. 新建用户的信息保存在( )表中。

    A. tables_priv   B. user   C. columns_priv   D. db

4. 下列命令中,( )命令用于撤销MySQL用户对象权限。

    A. REVOKE   B. GRANT   C. DENY   D. CREATE

5. 给用户名是Jerry的用户分配对数据库student中的class表的查询和插入数据权限的语句是( )。

    A. GRANT SELECT,INSERT ON student. class FOR 'Jerry'@'localhost';

    B. GRANT SELECT,INSERT ON student. class TO 'Jerry'@'localhost';

    C. GRANT 'Jerry'@'localhost' TO SELECT,INSERT FOR student. class;

    D. GRANT 'Jerry'@'localhost' TO student. class ON SELECT,INSERT;

6. 在DROP USER语句的使用中,如果没有明确指定账户的主机名,则该账户的主机名默认为( )。

    A. %   B. localhost   C. root   D. super

7. 把对Student表和Course表的全部操作权授予用户User1和User2的语句是( )。

    A. GRANT ALL ON Student,Course TO User1,User2;

    B. GRANT Student,Course ON A TO User1,User2;

    C. GRANT ALL TO Student,Course ON User1,User2;

    D. GRANT ALL TO User1,User2 ON Student,Course;

8. 如果想收回系统中已存在用户Jack在表Course上的SELECT权限,以下正确的SQL语句是( )。

    A. REVOKE SELECT ON Course FROM Jack@localhost;

    B. REVOKE SELECT ON Jack FROM Course;

    C. REVOKE Jack ON SELECT FROM Course;

    D. REVOKE Jack@locallost ON SELECT FROM Course;

二、练习题

1. 在studentInfo数据库中,使用GRANT语句创建一个新用户user11,密码为123abc。该用户对当前数据库中的所有表有查询、插入权限,并被授予GRANT权限。

2. 利用GRANT语句将student表的DELETE权限授予用户user11。

3. 收回user11用户对student表的DELETE权限。

4. 使用REVOKE语句收回用户user11的所有权限,包括GRANT权限。

第14章 备份和恢复

本章主要讲述备份和还原数据库以及导出和导入表记录。数据库的备份和还原是本章的重点内容。

14.1 备份和还原数据库

数据库管理员(DBA)是从事管理和维护数据库管理系统(DBMS)人员的统称,属于运维工程师的一个分支。DBA主要做两件事:一是保证公司的数据不丢失、不损坏;二是提高DBMS的性能。数据库备份是DBA最常用的操作。系统意外崩溃或者硬件的损坏都可能导致数据库的丢失,因此MySQL管理员应该定期对数据库进行备份,使在意外情况发生时,尽可能减少损失。数据库还原是指在数据库遭到破坏或因需求改变时,使用备份恢复数据,把数据库尽量还原到改变以前的状态。

14.1.1 使用Navicat对话方式备份和还原数据库

以备份和还原学生管理数据库school为例,介绍使用Navicat的操作步骤。

1. 备份数据库

【例14-1】 以备份数据库school为例,介绍具体的操作步骤。

(1)在Navicat窗口左侧的导航窗格中展开连接,双击要备份的数据库school,选择"备份"→"新建备份"命令,或者单击工具栏上的"新建备份",如图14-1所示。

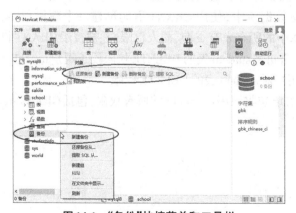

图14-1 "备份"快捷菜单和工具栏

（2）显示"新建备份"对话框,如图14-2所示,单击选中"对象选择"选项卡。

图14-2　"新建备份"对话框的"常规"选项卡

（3）显示"对象选择"选项卡,可以选择该数据库中的表、视图、函数、事件等对象,系统默认选中运行期间的全部表、视图、函数和事件,如图14-3所示。

图14-3　"新建备份"选项卡的全部选中

如果要备份部分表、视图等对象,则先取消选中"运行期间的全部表",然后展开对应对象的"自定义",单击选中要备份的对象,如图14-4所示。

（4）单击"备份"按钮,对该数据库开始备份,显示备份过程,备份成功后显示"信息日志"选项卡,如图14-5所示。

图14-4 "新建备份"选项卡的自定义

图14-5 "信息日志"选项卡

（5）单击"关闭"按钮，返回 Navicat 窗口的备份对象窗格，备份对象窗格中显示备份列表，如图 14-6 所示。

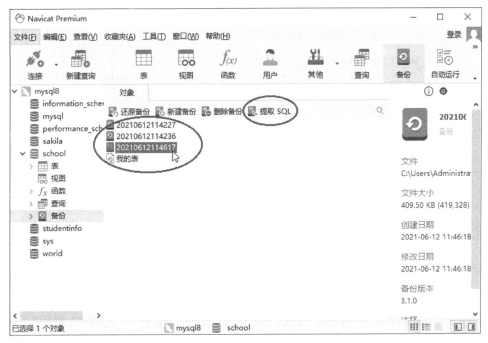

图14-6　备份对象窗格

（6）可以把所有备份的内容导出为一个脚本文件，以后使用这个脚本文件还原数据库。在备份列表中单击选中以上新建的备份名，单击工具栏上的"提取 SQL"按钮，如图 14-6 所示。

（7）显示"提取 SQL"对话框的"常规"选项卡，单击"提取"按钮，如图 14-7 所示。

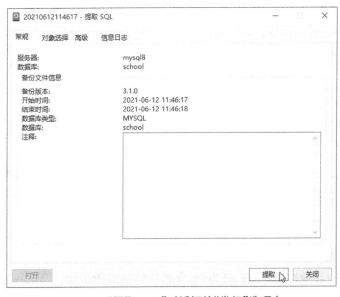

图14-7　"提取 SQL"对话框的"常规"选项卡

（8）显示"另存为"对话框，可以选择保存位置和更改文件名，最后单击"保存"按钮，如图14-8所示。

图14-8 "另存为"对话框

（9）显示提取过程，最后显示"提取SQL"对话框的"信息日志"选项卡，单击"关闭"按钮，如图14-9所示，至此完成备份。

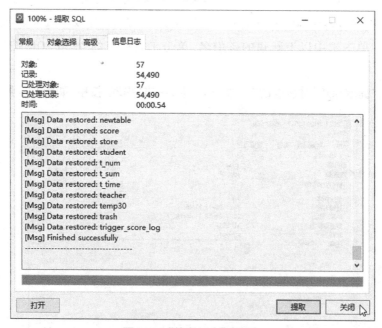

图14-9 "信息日志"选项卡

2. 还原数据库

【例14-2】 以还原数据库school为例，介绍具体的操作步骤。

（1）模拟发生故障，删除数据库school中的bank表。

（2）选中以上新建的备份，单击工具栏上的"还原备份"，如图14-10所示。

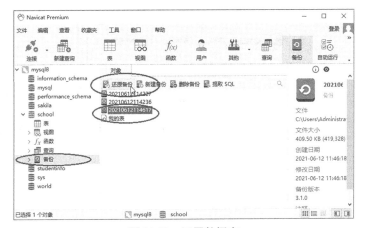

图 14-10   还原数据库

（3）单击选中"还原备份"对话框的"常规"选项卡，如图14-11所示，单击选中"对象选择"选项卡。

图 14-11   "还原备份"对话框的"常规"选项卡

（4）显示"还原备份"对话框的"对象选择"选项卡，展开"表"，单击"取消全选"按钮，然后单击选中bank，单击"还原"按钮，如图14-12所示。

图 14-12   "对象选择"选项卡

（5）显示警告对话框，单击"确定"按钮，如图14-13所示。

图14-13 警告对话框

（6）显示还原过程，还原成功后显示"信息日志"选项卡，如图14-14所示，单击"关闭"按钮。

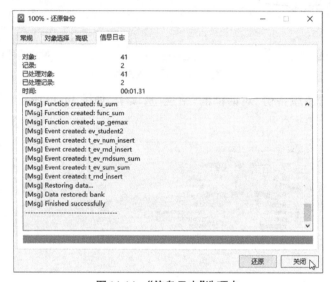

图14-14 "信息日志"选项卡

（7）在数据库school中查看被恢复的表及表中记录。

注意：如果在该连接中已经删除了该数据库，如删掉了school，则必须先在连接中创建该数据库，然后才能在该数据库中还原对象。

14.1.2 使用mysqldump、mysql命令备份和还原数据库

mysqldump命令是MySQL提供的客户端实用程序，保存在MySQL安装文件夹下的bin子文件夹中。mysqldump命令可以将数据库中的对象备份成一个脚本文件，使用mysql命令还原备份的对象。

1. 使用mysqldump命令备份一个数据库

使用mysqldump命令可以备份一个数据库或者数据库中的某几张表。其语法格式如下：

```
mysqldump [ -h [hostname] ] -u username -p [password] db [ table1
table2 ...] > backup.sql
```

语法说明如下。

（1）backup.sql指定备份产生的脚本文件，指定一个包含完整路径的文件名，这个脚本

文件中包含表的结构和表中的记录。

（2）db指定数据库,table1、table2等指定表,如果没有指定表,则表示备份整个数据库。

（3）备份产生的脚本文件中不包含创建数据库的语句。

（4）使用myaqldump命令备份数据时,需要使用一个用户账户连接到MySQL服务器。其中,–h选项后是主机名,如果是本地服务器则可以省略;–u选项后是用户名;–p选项后是用户密码,–p与密码之间不能有空格,如果省略密码则在运行时回答。

【例14-3】 使用mysqldump命令备份数据库school。备份执行数据库的命令如下：

```
mysqldump-u root-p school > d:/school.sql
```

在"命令提示符"窗口中输入上面备份数据库的命令,如图14-15所示。

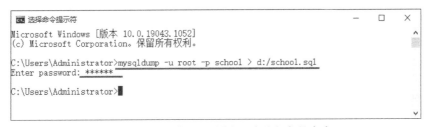

图14-15 在"命令提示符"窗口中执行备份命令1

也可以用下面的命令：

```
mysqldump-hlocalhost-uroot-p123456 school > d:/school.sql
```

成功运行上面命令后,系统提示"mysqldump:［Warning］Using a password on the command line interface can be insecure."（在命令行界面上使用密码可能是不安全的）,MySQL建议不要把密码写在mysqldump命令中,而应该在运行命令时再输入密码。

说明：备份之前,要保证指定的数据库存在。命令成功运行后,在指定文件夹中创建了指定的脚本文件。

2. 使用mysqldump命令备份多个数据库

使用mysqldump命令可以备份一个或多个数据库及其表的结构,备份产生的脚本文件中包含创建数据库的语句。语法格式如下：

```
mysqldump-u usermame-p-databases db1 ［db2...］ > backup.sql
```

说明：需要加上"--databases"选项,后面跟一个或多个数据库的名称。

【例14-4】 使用mysqldump命令备份数据库school。备份指定数据库的命令如下：

```
mysqldump-u root-p --databases school > d:/school2.sql
```

在"命令提示符"窗口中输入上面备份数据库的命令,如图14-16所示。

图14-16 在"命令提示符"窗口中税收输入备份命令2

3. 使用mysqldump命令备份所有数据库

使用mysgldump命令备份所有数据库的语法格式如下：

```
mysgldump-u username-p --all-databases > backup.sql
```

说明：加上"--all-databases"选项就可以备份所有数据库，备份产生的脚本文件中包含了创建数据库的语句。

【例14-5】 使用mysqldump命令备份所有数据库。

```
mysqldump-u root-p --all-databases > d:/all_mysql.sql
```

4. 使用mysgl命令还原数据库

使用mysql命令可以把备份的脚本文件中全部的SQL语句还原到MySQL中，其语法格式如下：

```
mysgl-u username-p [db] < backup.sql
```

语法说明如下。

（1）backup. sql指定还原的脚本文件，是包含完整路径的文件名。

（2）db指定还原的数据库。如果在脚本中包含创建数据库的语句，则可以省略；否则需要指定一个已存在的数据库作为还原的数据库。

【例14-6】 用school. sql脚本文件还原数据库。还原数据库的命令如下：

```
mysql-u root-p school < d:/school.sql
```

执行上面的命令前，先在Navicat中删掉数据库school。

在"命令提示符"窗口中输入上面还原数据库的命令，如图14-17所示，出现"ERROR 1049（42000）：Unknown database 'school'"错误提示。

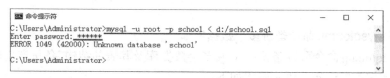

图14-17 还原数据库失败

说明：由于在school. sql脚本文件中不包含创建数据库的语句，所以在还原命令中需要指定一个已存在的数据库名，即在执行该命令之前，需要创建一个空的数据库school。

在Navicat中创建school数据库后，再次在"命令提示符"窗口中执行上面的还原数据库命令，回答口令后还原成功，如图14-18所示。

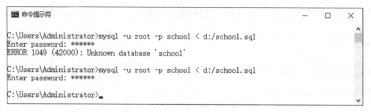

图14-18 还原数据库成功

【例14-7】 用school2.sql脚本文件还原数据库。还原数据命令如下：

```
mysql-u root-p < d:/school2.sql
```

先在Navicat中删掉数据库school。在"命令提示符"窗口中输入上面还原数据库的命令，如图14-19所示，输入口令后，开始还原数据库。

图14-19　还原数据库

说明：由于在school2.sql脚本文件中已包含创建数据库的语句，因此需要在还原执行命令前创建数据库，不需要在命令中执行数据库。

14.1.3　通过复制数据库目录备份和还原数据库

可以把MySQL中的数据库文件夹直接复制到其他位置来备份数据库。这种方法最简单，速度也最快。使用这种方法时最好先将MySQL服务器停止，这样可以保证在复制期间数据库中的数据不会发生变化；如果在复制数据库的过程中有数据写入，就会造成数据不一致。

需要还原时，也要先停止MySQL服务器，再复制到MySQL原来的数据库文件夹中。

这种方法虽然简单快速，但不是最好的备份方法。因为实际情况可能不允许停止MySQL服务器。

1. 备份数据文件

首先要确定data文件夹在哪里，查看MySQL数据保存的路径时使用下面语句：

```
SHOW GLOBAL VARIABLES LIKE "%datadir%";

+---------------+---------------------------------------+
| Variable_name | Value                                 |
+---------------+---------------------------------------+
| datadir       | C:\ProgramData\MySQL\MySQL Server 8.0\Data\ |
+---------------+---------------------------------------+
1 row in set, 1 warning (0.01 sec)
```

从运行结果看到，MySQL的数据默认保存在C:\ProgramData\MySQL\MySQL Server 8.0\data中（注意：ProgramData文件夹是隐藏的，需要先显示出来）。在该文件夹中，数据库名就是文件夹名，如图14-20所示。

对于InnoDB表，直接复制数据库名的文件夹是无法使用的，会提示table doesn't exists，在复制时，应将data文件夹下的ibdata1文件一并复制过去。

2. 恢复数据文件

停止MySQL服务，将备份的文件复制到原来的data目录中（路径和上面一样，在ProgramData文件夹中）。

复制好后，启动MySQL服务，用数据库连接工具连接数据库即可看到导入的数据库。

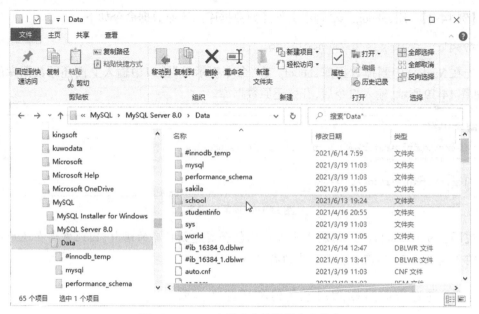

图14-20　data文件夹中的数据库文件夹

14.2　导出、导入表记录

MySQL数据库中的表记录可以导出为文本文件、XML文件或者HTML文件,相应的文件也可以导入MySQL数据库中。这种方法有一点不足,就是只能导出或导入记录,而不包括表的结构。如果表的结构文件损坏,则必须先创建原来表的结构。

14.2.1　使用SELECT...INTO OUTFILE导出文本文件

将表中的记录导出为一个文本文件,其语法格式如下:

```
SELECT {* | 列名表 FROM 表名 [WHERE 查询条件]
    INTO OUTFILE 文本文件名 [option];
```

说明: 该语句分为前后两部分,前一部分是一个普通的SELECT语句,通过这个SELECT语句查询需要的记录;后一部分是导出记录的要求。

(1)"文本文件名"参数指定将查询记录导出到哪个文件,该文本文件被创建到服务器主机上,因此必须拥有文件写入权限后,才能使用此语法。同时,该文本文件不能是一个已经存在的文件。

(2)列名表是包括一个或多个列名,之间用逗号隔开的列表。

(3)option参数有以下常用的选项。

FIELDS TERMINATED BY '字符串':设置作为列分隔符的字符串,可以为单个或多个字符,默认值是"\t"。

FIELDS ENCLOSED BY '字符':设置括住列值的符号,只能为单个字符,默认不使用任何符号。

FIELDS OPTIONALLY ENCLOSED BY '字符':设置括住CHAR、VARCHAR和TEXT等字

符型列值的符号,默认不使用任何符号。

FIELDS ESCAPED BY '字符':设置转义字符,只能为单个字符,默认值为"\"。

LINES STARTING BY '字符串':设置每行开头的字符,可以为单个或多个字符,默认无任何字符。

LINES TERMINATED BY '字符串':设置每行结束的字符,可以为单个或多个字符,默认值为"\n"。

SEIECT...INTO OUTFHIE语句可以把一个表转储到服务器上。如果想要在服务器主机之外的客户主机上创建导出文件,则不能使用本语句。

【例14-8】 使用SELECT...INTO OUTFILE语句导出数据库school中学生表student的女生记录。其中,列值之间用","分隔,字符型数据用双引号括起来,每条记录以">"开头。SQL语句如下:

```
SELECT StudentNo,StudentName,Sex,Birthday,ClassNo FROM school.student
    WHERE Sex = '女' ORDER BY StudentNo
    INTO OUTFILE 'D:/MySQL_log/student2.txt'
    CHARACTER SET utf8mb4
    FIELDS TERMINATED BY ',' OPTIONALLY ENCLOSED BY '"'  # ' ' '单引号括括1个双引号
    LINES STARTING BY '>' TERMINATED BY '\r\n';
```

在Navicat的新建查询窗格中的运行结果如图14-21所示,出现1290错误。

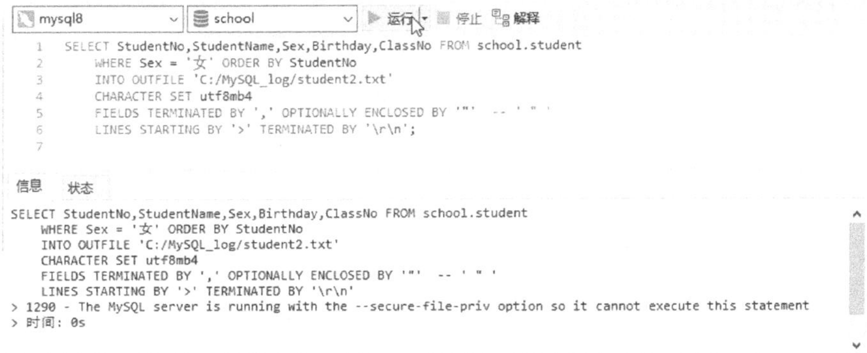

图14-21 执行语句失败

该错误的原因是MySQL不具备向D:/MySQL_log文件夹中保存文件的权限,MySQL向本地保存数据由secure-file-priv参数控制,查询该参数的信息时使用下面语句:

```
SHOW VARIABLES LIKE '%secure%';
```

运行结果如图14-22所示。

信息	结果 1	剖析	状态

Variable_name	Value
▶ require_secure_transport	OFF
secure_file_priv	C:\ProgramData\MySQL\MySQL Server 8.0\Uploads\

图14-22 显示secure-file-priv参数值

如果使用记事本编辑,则在Windows的"开始"菜单中右击"记事本",从快捷菜单中选择"以管理员身份运行"命令,打开"记事本",打开C:\ProgramData\MySQL\MySQL Server 8.0文件夹中的my.ini文件,查找到secure-file-priv,并注释掉该参数,该参数在[mysqld]组下。在注释掉该参数的命令下面添加如下语句:

```
secure-file-priv = "D:/MySQL_log"
```

显示如图14-23所示。

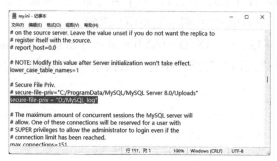

图14-23 my.ini文件中的secure-file-priv

添加完成后保存,并重启MySQL服务器。这样MySQL就拥有了向D:/MySQL_log文件夹中存放文件的权限,但仅限于该文件夹。

重新运行"SHOW VARIABLES LIKE '%secure%';"语句,可以看到文件夹已经改为设置后的文件夹,如图14-24所示。

图14-24 显示secure-file-priv参数值

重新运行例中的SQL语句,运行结果如图14-25所示。

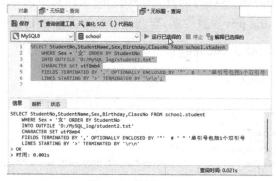

图14-25 执行语句成功

说明：TERMINATED BY '\r\n'使每条记录占一行，而Windows操作系统下的\r\n是回车和换行。

成功执行命令以后，生成的student2.txt文本文件保存在C:/MySQL_log文件夹中。在记事本中打开该文件，显示该文件的内容如图14-26所示。

图14-26　使用记事本打开student2.txt文本文件

14.2.2　使用LOAD DATA INFILE导入文本文件

将文本文件中的记录导入MySQL数据库中，其语法格式如下：

```
LOAD DATA [LOCAL] INFILE 文本文件名 INTO TABLE 表名 [option];
```

语法说明如下。

（1）LOCAL关键字指定从客户机读文件，如果没有LOCAL关键字，则文件必须位于服务器。

（2）option参数的常用选项与SELECT...INTO OUTFILE语句相同。另外，IGNORE n LINES表示忽略文件中的前n行记录。

【例14-9】　在数据库school中创建一张新表tempStudent，使用LOAD DATA INFILE语句将student2.txt中的记录导入tempStudent表中。

（1）在Navicat的新建查询窗格中首先创建tempStudent表，表的结构要与待恢复的student2.txt记录的结构相同。SQL语句如下：

```
CREATE TABLE school.tempstudent(
    StudentNo CHAR(10) PRIMARY KEY,
    StudentName VARCHAR(20) NOT NULL,
    Sex CHAR(2) NOT NULL,
    Birthday DATE NULL DEFAULT NULL,
    ClassNo CHAR(8) NULL DEFAULT NULL
)ENGINE=InnoDB CHARACTER SET= utf8mb4;
```

（2）从student2.txt文本文件恢复记录，SQL语句如下：

```
LOAD DATA INFILE 'D:/MySQL_log/student2.txt'
    INTO TABLE school.tempStudent
    CHARACTER SET utf8mb4
    FIELDS TERMINATED BY ',' OPTIONALLY
    ENCLOSED BY '"' # '"'单引号包括1个双引号
    LINES STARTING BY '>' TERMINATED BY '\r\n';
```

（3）语句成功运行后，查询tempStudent表中的数据，SQL语句如下，查询结果如图14-27所示。

```
SELECT * FROM school.tempStudent;
```

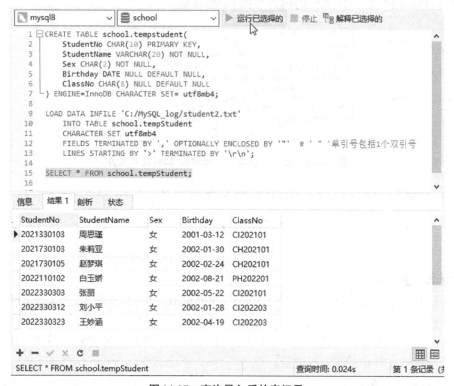

图14-27　查询导入后的表记录

14.3　习题14

一、选择题

1. 按备份时服务器是否在线划分，不包括（　　）。

  A. 热备份　　　　B. 完全备份　　　　　C. 冷备份　　　　　　D. 温备份

2. 增量备份是指（　　）。

  A. 备份整个数据库

  B. 备份自上一次完全备份或最近一次增量备份以来变化了的数据

  C. 备份自上一次完全备份以来变化了的数据

  D. 上面说的都不对

3. 热备份是指（　　）。

  A. 当数据库备份时，数据库的读/写操作均不受影响

  B. 当数据库备份时，数据库的读操作可以执行，但是不能执行写操作

  C. 当数据库备份时，数据库不能进行读/写操作，即数据库要下线

  D. 上面说的都不对

4. 软硬件故障常造成数据库中的数据破坏,数据库恢复就是(　　　)。

　　A. 重新安装数据库管理系统和应用程序

　　B. 重新安装应用程序,并将数据库做镜像

　　C. 重新安装数据库管理系统,并将数据库做镜像

　　D. 在尽可能短的时间内,把数据库恢复到故障发生前的状态

5. MySQL中,备份数据库的命令是(　　　)。

　　A. mysqldump　　　B. MySQL　　　　　　C. backup　　　　　　D. copy

6. MySQL中,还原数据库的命令是(　　　)。

　　A. mysqldump　　　B. mysql　　　　　　C. backup　　　　　　D. return

二、练习题

1. 使用mysqldump命令备份数据库studentInfo中的所有表。

2. 使用source命令将备份文件恢复到数据库studentInfo中。

3. 使用mysqldump命令备份数据库studentInfo中的Department表。

4. 删除Department表中的记录,用source命令恢复。

5. 将studentInfo数据库中的Department表中的记录导出到文本文件department.txt中。

6. 用备份好的department.txt文件恢复Department表记录。为避免主键冲突,要用RE-PLACEINTO TABLE通过直接替换数据来恢复数据。

第15章 日志文件管理

本章主要讲述 MySQL 日志文件管理,包括错误日志、二进制日志、通用查询日志和慢查询日志。

 ## 15.1 MySQL 日志文件简介

1. 日志的特点

MySQL 日志记录 MySQL 数据库的运行情况、用户操作和错误信息等。例如,当一个用户登录到 MySQL 服务器时,日志文件中就会记录该用户的登录时间和执行的操作等。或当 MySQL 服务器在某个时间出现异常时,异常信息也会被记录到日志文件中。日志文件可以为 MySQL 管理和优化提供必要的信息。

如果 MySQL 数据库系统意外停止服务,可以通过错误日志查看出现错误的原因。并且可以通过二进制日志文件来查看用户执行了哪些操作,对数据库文件做了哪些修改等,然后根据二进制日志文件的记录来修复数据库。

2. 日志文件分类

MySQL 日志可以分为4种,分别是错误日志(error log)、二进制日志(binary log)、通用查询日志(common_query log)和慢查询日志(slow-query log)。

除二进制日志外,其他日志都是文本文件。默认情况下启动错误日志和二进制日志的功能,其他两类日志都需要数据库管理员设置。日志文件通常存储在 MySQL 数据库的数据文件夹下。

 ## 15.2 错误日志

错误日志记录 MySQL 数据库系统的诊断和出错信息。错误日志文件包含当 MySQL 服务启动和停止时,以及服务器运行过程中发生任何严重错误时的相关信息。MySQL 会将启动和停止数据库信息以及一些错误信息记录到错误日志文件中。

15.2.1 设置错误日志

在 MySQL 数据库中,错误日志功能默认是开启的。而且,错误日志无法被禁止。对于安装版的 MySQL，默认情况下，错误日志存储在 MySQL 数据库的数据文件夹下（C:\ProgramData\MySQL\MySQL Server 8.0\Data）。错误日志文件名默认为 hostname.err。其中，hostname 表示 MySQL 服务器的主机名。错误日志的存储位置可以通过 log-error 选项设置。将 log-error 选项加入 my.ini 文件的[mysqld]组中。对于安装版的 MySQL，my.ini 文件默认保存在 C:\ProgramData\MySQL\MySQL Server 8.0 文件夹下，形式如下：

```
[mysqld]
log-error =[path/[filename]]
```

语法说明如下。

（1）path 为日志文件所在的路径。

（2）filename 为日志文件名，修改配置项后，需要重启 MySQL 服务才能生效。

以管理员身份运行记事本，打开 my.ini 文件，查找到 log-error，显示如图 15-1 所示。

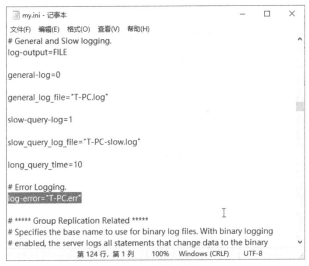

图 15-1　my.ini 文件中的 log-error

MySQL 默认使用 Windows 的设备名称作为错误日志的主文件名，如图 15-1 中的"T-PC.err"，可以更改为其他名称。设置完成后保存，并重启 MySQL 服务器。

15.2.2　查看错误日志

错误日志中记录着开启和关闭 MySQL 服务的时间，以及服务运行过程中出现哪些异常等信息。如果 MySQL 服务出现故障，可以到错误日志中查找原因。

1. 查看错误日志的存储路径和文件名

通过 SHOW VARIABLES 语句查看错误日志的存储路径和文件名，在 MySQL 命令行客户端程序中输入下面的 SQL 语句：

```
SHOW VARIABLES LIKE 'log_error';

+---------------+------------+
| Variable_name | Value      |
+---------------+------------+
| log_error     | .\T-PC.err |
+---------------+------------+
1 row in set (0.02 sec)
```

看到错误日志文件是T-PC.err,位于MySQL默认的数据目录下。

2. 查看错误日志的内容

错误日志是以文本文件的形式存储的,可以直接使用普通文本工具查看。Windows操作系统可以使用文本文件查看或编辑工具查看。

【例15-1】 使用记事本查看MySQL错误日志。

使用"文件资源管理器"浏览到C:\ProgramData\MySQL\MySQL Server 8.0\Data文件夹,找到错误日志文件(如T-PC.err),双击用记事本打开,其中记载了一些错误。错误日志文件的内容如图15-2所示。

图15-2 错误日志文件的内容

15.2.3 删除错误日志

数据库管理员可以删除很长时间之前的错误日志,使用mysqladmin命令开启新的错误日志。在"命令提示符"窗口中输入命令mysqladmin,其语法格式如下:

```
mysqladmin-u root-p flush-logs
```

执行该命令后,显示输入密码。数据库系统会自动创建一个新的错误日志。旧的错误日志仍然保留着,只是已经重命名为filename.err-old。

MySQL服务器发生异常时,管理员可以在错误日志中找到发生异常的时间、原因,然后根据这些信息解决异常。

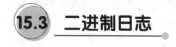 二进制日志

二进制日志主要记录数据库的变化情况。通过二进制日志可以查询MySQL数据库中的改变,还可以根据二进制日志中的记录修复数据库。

二进制日志以一种有效的格式,包含所有更新了的数据或者已经潜在更新了的数据的语句。语句以事件的形式保存,描述数据的更改。使用二进制日志的主要目的是最大可能地恢复数据,因为二进制日志包含备份后的所有更新。二进制日志包含关于每个更新数据库语句的执行时间信息。它不包含没有修改任何数据的语句。如果要记录所有语句,需要使用通用查询日志。

15.3.1　启用二进制日志

默认情况下,二进制日志功能是开启的。使用SHOW VARIABLES语句查看二进制日志的开启状态,其语句如下:

```
SHOW VARIABLES LIKE 'log_bin';
+---------------+-------+
| Variable_name | Value |
+---------------+-------+
| log_bin       | ON    |
+---------------+-------+
1 row in set, 1 warning (0.02 sec)
```

如果log_bin选项的值为ON,则进制日志已经开启;如果该选项为OFF,则进制日志没有开启。

15.3.2　列出二进制日志文件

使用二进制格式可以存储更多的信息,并且可以使写入二进制日志的效率更高。但是,不能直接打开并查看二进制日志。

1. 查看日志文件保存的位置

对于安装版 MySQL,日志文件默认保存在数据文件夹下(C:\ProgramData2\MySQL\MySQL Server 8.0\Data)。使用下面语句查看日志文件的位置:

```
SHOW VARIABLES LIKE 'datadir';
+---------------+-------------------------------------------+
| Variable_name | Value                                     |
+---------------+-------------------------------------------+
| datadir       | C:\ProgramData\MySQL\MySQL Server 8.0\Data\ |
+---------------+-------------------------------------------+
1 row in set, 1 warning (0.00 sec)
```

2. 查看日志设置

使用SHOW VARIABLES语句查看日志设置,其语句如下:

```
SHOW VARIABLES LIKE 'log_%';
+----------------------------------------+---------------------------------------------------------+
| Variable_name                          | Value                                                   |
+----------------------------------------+---------------------------------------------------------+
| log_bin                                | ON                                                      |
| log_bin_basename                       | C:\ProgramData\MySQL\MySQL Server 8.0\Data\T-PC-bin      |
| log_bin_index                          | C:\ProgramData\MySQL\MySQL Server 8.0\Data\T-PC-bin.index |
| log_bin_trust_function_creators        | OFF                                                     |
| log_bin_use_v1_row_events              | OFF                                                     |
| log_error                              | .\T-PC.err                                              |
| log_error_services                     | log_filter_internal; log_sink_internal                  |
| log_error_suppression_list             |                                                         |
| log_error_verbosity                    | 2                                                       |
| log_output                             | FILE                                                    |
| log_queries_not_using_indexes          | OFF                                                     |
| log_raw                                | OFF                                                     |
| log_slave_updates                      | ON                                                      |
| log_slow_admin_statements              | OFF                                                     |
| log_slow_extra                         | OFF                                                     |
| log_slow_slave_statements              | OFF                                                     |
| log_statements_unsafe_for_binlog       | ON                                                      |
| log_throttle_queries_not_using_indexes | 0                                                       |
| log_timestamps                         | UTC                                                     |
+----------------------------------------+---------------------------------------------------------+
19 rows in set, 1 warning (0.01 sec)
```

由运行结果看到,log_bin的值为ON,表明二进制日志已经启动。

3. 列出所有二进制日志文件

查看当前二进制日志文件的个数及其文件名,使用下面的语句:

```
SHOW {BINARY | MASTER} LOGS;
```

```
mysql> SHOW BINARY LOGS;
+-----------------+-----------+-----------+
| Log_name        | File_size | Encrypted |
+-----------------+-----------+-----------+
| T-PC-bin.000001 |     45972 | No        |
| T-PC-bin.000002 |     55480 | No        |
| T-PC-bin.000003 |       932 | No        |
| T-PC-bin.000004 |       179 | No        |
| T-PC-bin.000005 |       156 | No        |
| T-PC-bin.000006 |       156 | No        |
| T-PC-bin.000007 |      4675 | No        |
+-----------------+-----------+-----------+
7 rows in set (0.01 sec)
```

说明: 二进制日志默认保存在数据文件夹下,二进制日志的文件名以filename. number的形式表示,number表示000001、000002等。每次重启MySQL服务器,都会生成一个新的二进制日志文件,这些日志文件的number会不断递增。除了生成上述文件外,还会生成一个名为filename. index的文件,该文件中存储所有二进制日志文件的清单。filename中的"-bin"前面的名称默认为机器名,如T-PC。对于解压缩版的MySQL,二进制日志的文件名默认为binlog. number。

4. 生成新的二进制日志文件

如果要生成一个新的二进制日志文件,在MySQL命令行客户端程序中执行下面语句:

```
FLUSH LOGS;
```

执行上面语句后,使用下面语句可以看到创建了一个新的二进制日志文件。

```
SHOW BINARY LOGS;
```

5. 查看当前正在写入的二进制日志文件

使用下面语句查看当前正在写入MySQL中的二进制日志文件。

```
SHOW MASTER STATUS;
```

15.3.3　查看或导出二进制日志文件中的内容

使用mysqlbinlog命令查看二进制日志文件中的内容,也可以导出为外部文件。其语法格式如下:

```
mysqlbinlog [option] filename.number [ > outerFilename | >> outerFilename]
```

语法说明如下。

(1)文件名中包含路径,如果路径或文件名中包含空格,则要用引号括起来。

(2)option参数的选择项如下。

省略:查看或导出二进制日志中的所有内容。

--start-position=n1 --stop-position=n2:查看或导出二进制日志中指定位置间隔

的内容,其范围是[n1,n2]。

　　--start-datetime="dt1" --stop-datetime="dt2":查看或导出二进制日志中指定时间间隔的内容,其范围为[dt1,dt2]。

（3）>符号表示导入文件中,替换文件中的内容;>>符号表示追加到文件中。

【例15-2】　使用mysqlbinlog命令,查看数据文件夹下的二进制日志文件T-PC-bin. 000001。

```
mysqlbinlog "C:\ProgramData\MySQL\MySQL Server 8.0\Data\T-PC-bin. 000001"
```

在"命令提示符"窗口中输入上面的命令,运行结果如图15-3所示。

图15-3　查看二进制日志文件的内容

　　说明:图15-3中的#at 4、#at 125等是位置点,在恢复数据库时用于指定恢复到哪个位置。

通过以上方式查看二进制日志不是很方便,可以通过把它导出为一个外部文件来查看。

【例15-3】　使用mysqlbinlog命令,把二进制日志文件T-PC-bin. 000001导出为一个位于同一文件夹下的文本文件backup-bin001. txt。导出命令如下:

```
mysqlbinlog "C:\ProgramData\MySQL\MySQL Server 8.0\Data\T-PC-bin. 000001" >
"D:\backup-bin001.txt"
```

在"命令提示符"窗口中上面的命令,如图15-4所示。

图15-4　执行导出命令

　　说明:执行成功以后,在D:\文件夹中可以查看到生成的文件backup-bin001. txt。可以使用文本编辑程序打开来查看。

15.3.4　删除二进制日志文件

　　二进制日志文件记录大量的信息,如果长时间不删除,将会占用大量的磁盘空间。因此,需要适当地删除二进制日志文件。例如,在备份MySQL数据库之后,可以删除备份之前的二进制日志文件,删除二进制日志的方法有:根据编号删除二进制日志文件,根据创建时间删除二进制日志文件和删除所有二进制日志文件。

1. 根据编号删除二进制日志文件

删除指定二进制日志文件中指定编号之前的日志文件,其语法格式如下:

```
PURGE {BINARY | MASTER} LOGS TO 'filename.number';
```

说明:filename. number指定文件名,执行该语句将删除比此文件名编号小的所有二进制日志文件,不包括指定编号的文件。

【例15-4】 删除T-PC-bin. 000005之前的二进制日志文件。

分析:在演示删除语句前,为了能有多个二进制日志文件,可以多次执行"FLUSH LOGS;"语句,或者多次重新启动MySQL服务。

(1)查看删除二进制文件前的文件列表。

```
SHOW BINARY LOGS;
```

```
+------------------+-----------+-----------+
| Log_name         | File_size | Encrypted |
+------------------+-----------+-----------+
| T-PC-bin.000001  |     45972 | No        |
| T-PC-bin.000002  |     55480 | No        |
| T-PC-bin.000003  |       932 | No        |
| T-PC-bin.000004  |       179 | No        |
| T-PC-bin.000005  |       156 | No        |
| T-PC-bin.000006  |       156 | No        |
| T-PC-bin.000007  |      4675 | No        |
+------------------+-----------+-----------+
7 rows in set (0.01 sec)
```

(2)删除指定编号前的二进制文件。

```
PURGE MASTER LOGS TO 'T-PC-bin. 000005';
```

(3)查看删除指定二进制文件后的文件列表。

```
SHOW BINARY LOGS;
```

```
+------------------+-----------+-----------+
| Log_name         | File_size | Encrypted |
+------------------+-----------+-----------+
| T-PC-bin.000005  |       156 | No        |
| T-PC-bin.000006  |       156 | No        |
| T-PC-bin.000007  |      4675 | No        |
+------------------+-----------+-----------+
3 rows in set (0.01 sec)
```

从文件列表看到,指定文件已经被删除了。

2. 根据创建时间删除二进制日志文件

删除指定时间之前创建的二进制日志文件,其语法格式如下:

```
PURGE {BINARY | MASTER} LOGS BEFORE 'yyyy-mm-dd hh:MM:ss';
```

【例15-5】 删除2022年6月13日12:43之前创建的二进制日志文件。

```
PURGE MASTER LOGS BEFORE '2022-6-13 12:43:00';
```

上面语句执行之后,该日期时间之前创建的二进制日志文件都将被删除,但该日期时刻的日志会被保留。请读者根据自己计算机中创建日志的时间修改时间参数。

3. 删除所有二进制日志文件

删除所有二进制日志文件使用的语句如下:

```
RESET MASTER;
```

说明: 在 MySQL 命令行客户端中输入上面的语句。执行删除所有二进制日志语句后,所有二进制日志文件会被删除,MySQL 将重新创建新的二进制日志文件,新二进制日志文件从 000001 开始编号。

15.3.5 用二进制日志文件恢复数据库

二进制日志文件记录了数据库中数据的改变,如 INSERT、UPDATE、DELETE、CREATE 等语句都会记录到二进制日志文件中。如果数据库遭到损坏,首先应该使用最近的备份文件还原数据库。但是,在最近的备份以后,数据库还可能进行了一些更新,这时候就可以使用二进制日志文件还原。

当数据库出现错误时,能够利用日志文件最大可能地恢复数据库。基于日志文件的恢复分为 3 种:完全恢复、基于时间点恢复和基于位置恢复。

1. 完全恢复

由于数据库出现故障,数据无法访问,需要还原数据,可以使用 mysql 命令恢复数据库,命令格式如下:

```
mysql-u username-p < filename.number;
```

【例 15-6】 从 T-PC-bin. 000003 完全恢复数据库。

```
mysql-uroot-p<"C:\ProgramData\MySQL\MySQLServer 5.6\data\T-PC-bin. 000003"
```

2. 基于时间点恢复

利用二进制日志文件还原数据库使用 mysqlbinlog 命令,其命令格式如下:

```
mysqlbinlog [option] filename.number | mysql-u username-p[password]
```

语法说明如下。

(1) option 是可选参数选项。

省略:按照二进制日志文件中的所有内容还原数据库。

--start-datetime="dt1"—stop-datetime="dt2":按照二进制日志文件中指定的开始时间点和结束时间点恢复数据库,其范围为[dt1,dt2)。

--start-position=n1—stop-position=n2:按照二进制日志文件中指定的开始位置和结束位置恢复数据库。

(2) filename. number 表示使用的二进制日志文件编号,并且要指定所在的路径。如果需要按照多个二进制日志文件进行还原,则必须先按照编号小的日志进行还原。

【例 15-7】 假如在 2021-6-17 15:31 时误删了一个表,这时使用完全恢复是不行的,因为日志里还存在误操作的SQL语句;如果要恢复到误操作前的状态,需要先跳过误操作语句,再恢复后面操作的语句。

（1）先使用mysglbinlog命令恢复到误操作时间点之前。

```
mysqlbinlog--stop-datetime="2021-06-17 15:30:59" "C:\ProgramData\MySQL\
MySQLServer 8.0\data\T-PC-bin. 000003" | mysql-uroot-p
```

（2）然后跳过误操作的时间点,继续执行后面的二进制日志。

```
mysglbinlog--start-datetime="2021-06-17 15:32:00" "C:\ProgramData\MySQL\
MySQLServer 0.0\data\T-PC-bin. 000003" | mysql-uroot-p
```

其中,--stop-datetime="2021-06-17 15:30:59"和—start-datetime="2021-06-17 15:32:00"是两个关键的时间点。

3. 基于位置恢复

基于时间点恢复可能出现一个非常严重的问题,就是在这个时间点中可能存在正确操作,那么正确操作也被跳过去了。所以就要使用更为精确的恢复方式,即基于位置恢复。

【例15-8】 利用二进制日志文件还原数据。

（1）模拟数据环境及误操作。为了更好地查看日志文件内容,先执行"FLUSH LOGS;"语句产生新的日志文件。

```
FLUSH LOGS;
SHOW BINARY LOGS;
```

（2）准备数据。创建一个数据库temp_test,SQL语句如下:

```
CREATE DATABASE temp_test;
```

在temp_test数据库中创建test表,并且向表中插入3条记录,最后执行误操作,即执行DELETE语句删除test表中的所有记录。SQL语句如下:

```
USE temp_test;
CREATE TABLE test(id INT);
INSERT INTO test VALUES(1),(2),(3);
DELETE FROM test;
```

（3）查看二进制日志文件。在"命令提示符"窗口中使用mysqlbinlog命令查看日志文件的内容。如果文件内容太多,可以将日志文件导出为文本文件。命令如下:

```
mysqlbinlog "C:\ProgramData\MySQL\MySQL Server 8.0\data\T-PC-bin.
000003"> d:/mybinlog.txt
```

在文本文件中找到误操作的记录位置,如图15-5所示。注意:开始位置要在CREATE TABLE语句之后,误操作只是删除记录,并没有删除表。如果从一开始就进行恢复操作,那么会重复创建表,导致恢复失败。结束位置要在误操作DELETE语句之前。

图15-5　在日志文件生成的文本文件中查看误操作的记录位置

（4）基于位置恢复数据。根据分析日志文件找到误操作前后的位置，使用mysglbinlog命令基于位置恢复数据。

```
mysqlbinlog --start - position=715 --stop - position=1065 "C: \ProgramData\
MySQL \MySQL Server 8.0\data\T-PC-bin. 000003" | mysql -uroot -p
```

在"命令提示符"窗口中执行上面的命令，首先显示警告提示，其次输入登录密码，如图15-6所示。

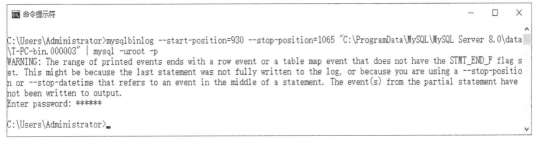

图15-6　执行恢复命令

（5）最后查看test表的记录，验证恢复成功。

15.3.6　暂时停止二进制日志功能

MySQL中提供了暂时停止二进制日志功能的语句。如果不希望执行的某些SQL语句记录在二进制日志中，那么需要在执行这些SQL语句之前暂停二进制日志功能。

1. 暂停二进制日志

可以使用SET语句暂停二进制日志功能，语法格式如下：

```
SET sql_log_bin= { 0 | 1 };
```

如果参数的值为0，暂停记录二进制日志；如果为1，则恢复记录二进制日志。

2. 关闭二进制日志

使用SET可以暂停二进制日志功能，当重启MySQL服务后，二进制日志将由my. ini文件中的选项决定。如果需要关闭二进制日志，在my. ini文件中的［mysqld］中添加下面选项：

```
[mysqld]
```

```
disable-log-bin
```

或

```
skip-log-bin
```

添加完成后保存,并重启 MySQL 服务。

15.3.7　设置二进制日志文件

　　log-bin选项开启二进制日志,同时也指定二进制日志文件保存的位置和默认二进制日志文件名。在配置文件my.ini中设置log-bin选项以后,MySQL服务器将会一直开启二进制日志功能。删除该选项后就可以停止二进制日志功能。如果需要再次启动这个功能,要重新添加log-bin选项。

　　如果需要更改二进制日志的存储路径等设置,则在 MySQL 的配置文件 my.ini 的[mysqld]组中使用如下选项:

```
[mysqld]
log-bin [ = path\[filename]]
expire_logs_days = 10
max_binlog_size = 100M
```

说明如下。

（1）log-bin:定义开启二进制日志的选项关键词。

（2）path:设置二进制日志文件保存的路径,如果省略,则默认保存在数据文件夹下。

（3）filename:设置二进制日志文件名,如果省略filename,则默认为"机器名-bin"。文件的全名为filename.000001、filename.000002等,以此类推。另外还有一个filename.index文件,文件内容为所有日志的清单,可以用记事本打开。

（4）expire_logs_days:设置清除过期日志的时间,即二进制日志自动删除的天数。

（5）max_binlog_size:设置单个二进制日志文件的大小限制。如果超出限制,就会关闭当前日志文件,再重新创建一个新的日志文件。该选项的大小是4KB~1GB,如果事务较大,日志文件可能超出1GB大小的限制。

　　必须具有对my.ini文件的修改权限才可以修改该文件,添加完毕后启动MySQL服务进程,即可改变二进制日志文件的路径等设置。

　　需要注意的是:在实际软件开发和应用过程中,日志文件最好不要和数据文件存放到一个磁盘上,防止出现磁盘故障而无法恢复数据的情况。

　　【例 15-9】　在 my.ini 文件中添加语句,把二进制日志文件的存储路径更改为 D:/MySQL_log,文件名为binlog。先创建文件夹D:/MySQL_log,然后在my.ini的[mysqld]组中使用如下选项:

```
[mysqld]
log-bin = "D:/MySQL_log/binlog"
expire_logs_days = 5
max_binlog_size = 100M
```

在"记事本"上右击并从弹出的快捷菜单中选择"以管理员身份运行"命令。选择"文件"→

"打开"命令打开 my.ini 文件。在[mysqld]下面添加上述参数,添加完毕后保存文件并关闭记事本。重启 MySQL 服务进程后,即可启动二进制日志文件。

说明:重启 MySQL 服务器后,在 D:/MySQL_log 文件夹下可以看到 binlog.000001 文件和 binlog.index 文件。要确认 D:\MySQL_log 文件夹是存在的,否则不能成功启动 MySQL 服务器。

15.4 通用查询日志

通用查询日志记录用户的所有操作,包括启动和关闭 MySQL 服务,更新语句,查询语句等。

15.4.1 启动和设置通用查询日志

默认情况下,通用查询日志功能是关闭的。通过 my.ini 文件中的 log 选项开启通用查询日志。将 log 选项加入 my.ini 文件的[mysqld]组中,其形式如下:

```
[mysgld]
log [= path\[filename]]
```

说明如下。

(1) path 为通用查询日志文件所在的路径。

(2) filename 为通用查询日志文件名。如果不指定文件名,通用查询日志文件将默认存储在 MySQL 数据文件夹中的 hostname.log 文件中。hostname 为 MySQL 数据库的主机名。

在不指定参数的情况下,启动通用查询日志的格式如下:

```
[mysqld]
log
```

15.4.2 查看通用查询日志

用户的所有操作都会记录到通用查询日志中。如果希望了解某个用户最近的操作,可以查看通用查询日志。通用查询日志是以文本文件的形式存储的,可以使用文本文件编辑程序查看。

15.4.3 删除通用查询日志

通用查询日志记录用户的所有操作。如果数据库的使用非常频繁,那么通用查询日志将会占用非常大的磁盘空间。数据库管理员可以删除很长时间之前的通用查询日志。

也可以使用 mysqladmin 命令开启新的通用查询日志。新的通用查询日志会直接覆盖旧的查询日志,不需要再手动删除了。mysqladmin 命令的语法格式如下:

```
mysqladmin-u root-p flush-logs
```

服务器打开日志文件期间不能重新命名日志文件。所以,首先必须停止 MySQL 服务;其次重新命名日志文件;最后重启 MySQL 服务,来创建新的日志文件。

15.5 慢查询日志

慢查询日志记录执行查询时长超过指定时间的查询语句。通过慢查询日志,可以找出执行时间较长,执行效率较低的语句,然后优化查询。

15.5.1 启用慢查询日志

默认情况下,慢查询日志功能是关闭的。通过my.ini文件的log-slow-queries选项开启慢查询日志。通过long_query_time选项设置时间值,时间以秒为单位。如果查询时间超过这个时间值,查询语句将被记录到慢查询日志中。将log-slow-queries选项和long_query_time选项加入my.ini文件的[mysqld]组中,其形式如下:

```
[mysqld]
log-slow-queries [= path\[filename]]
long_query_time = n
```

15.5.2 操作慢查询日志

执行时间超过指定时间的查询语句会被记录到慢查询日志中。如果希望找出执行效率低的查询语句,可以从慢查询日志中获得想要的信息,慢查询日志也以文本文件的形式存储。可以用文本文件查看程序查看。

【例15-10】 查看慢查询日志。使用记事本打开MySQL数据文件夹下的T-PC-slow.log文件,部分文件内容如图15-7所示。

图15-7　T-PC-slow.log文件的部分内容

15.5.3 删除慢查询日志

慢查询日志的删除方法与通用查询日志的删除方法相同,可以使用mysqladmin命令删除,也可以直接删除慢查询日志文件。mysqladmin命令的语法格式如下:

```
mysqladmin-u root-p flush-logs
```

在"命令提示符"窗口输入该命令后按 Enter 键,提示输入密码。输入正确的密码后,则执行删除操作。新的慢查询日志会直接覆盖旧的慢查询日志,不需要再手动删除了。数据库管理员也可以在"文件资源管理器"窗口直接删除慢查询日志文件,删除之后需要重新启动 MySQL 服务。重启之后就会生成新的慢查询日志。

如果希望备份旧的慢查询日志文件,可以改变旧的慢查询日志文件名。然后重启 MySQL 服务。

15.6 习题15

一、选择题

1. MySQL 中的日志有(　　)。
   A. 二进制日志、错误日志　　　　　B. 慢查询日志
   C. 通用查询日志　　　　　　　　　D. 以上均有

2. 当因为误操作删除数据时,可以利用(　　)日志来恢复数据。
   A. 错误　　　　B. 二进制　　　　C. 慢查询　　　　D. 通用查询

3. 如果 MySQL 启动异常,应该查看(　　)日志文件。
   A. 错误　　　　B. 二进制　　　　C. 慢查询　　　　D. 通用查询

4. MySQL 的日志在默认情况下,只启动了(　　)的功能。
   A. 二进制日志　　B. 错误日志　　　C. 通用查询日志　　D. 慢查询日志

5. MySQL 的日志中,除(　　)外,其他日志都是文本文件。
   A. 二进制日志　　B. 错误日志　　　C. 通用查询日志　　D. 慢查询日志

6. 下列属于 MySQL 服务器生成的二进制日志文件的文件名是(　　)。
   A. bin_Jog_000001　　　　　　　B. bin_log_txt
   C. bin_log_sql　　　　　　　　　D. errors. log

二、练习题

1. 使用 SHOW VARIABLES 语句查询当前日志设置。

2. 使用 SHOW BINARY LOGS 查看二进制日志文件的个数及文件名。

3. 使用 PURGE MASTER LOGS 删除某个日期前创建的所有日志文件。

4. 使用记事本查看 MySQL 错误日志。

参 考 文 献

[1] 姜桂洪.MySQL数据库应用与开发[M].北京:清华大学出版社,2018.

[2] 李辉.数据库系统原理及MySQL应用教程[M].北京:机械工业出版社,2019.

[3] 李月军.数据库原理及应用(MySQL版)[M].北京:清华大学出版社,2019.

[4] 钱冬云.MySQL数据库应用项目教程[M].北京:清华大学出版社,2019.

[5] 孔祥盛.MySQL数据库基础与实例教程[M].北京:人民邮电出版社,2014.

[6] 教育部考试中心.MySQL数据库程序设计[M].北京:高等教育出版社,2020.

[7] 鲁大林.MySQL数据库应用与管理[M].北京:机械工业出版社,2019.

[8] 孟凡荣.数据库原理与应用(MySQL版)[M].北京:清华大学出版社,2019.

[9] 翟振兴.深入浅出MySQL[M].北京:人民邮电出版社,2019.